日本土木技术译丛

日本建筑钢结构设计

［日］一般社团法人　日本建筑结构技术者协会　著
特定非营利活动法人　亚洲建设技术交流促进会　译
王昌兴　冯德民　校

中国建筑工业出版社

著作权合同登记图字：01-2019-6712 号

图书在版编目（CIP）数据

日本建筑钢结构设计/［日］一般社团法人 日本建筑
结构技术者协会著；特定非营利活动法人 亚洲建设技
术交流促进会译. —北京：中国建筑工业出版
社，2019.8
（日本土木技术译丛）
ISBN 978-7-112-23722-7

Ⅰ.①日… Ⅱ.①一… ②特… Ⅲ.①建筑结构-钢
结构-结构设计-研究-日本 Ⅳ.①TU391.04

中国版本图书馆 CIP 数据核字（2019）第 087630 号

Original Japanese Language edition
JSCA HAN S KENCHIKU KOUZOU NO SEKKEI DAI 2 HAN
by Japan Structural Consultants Association（JSCA）
Copyright © Japan Structural Consultants Association（JSCA）2018
Published by Ohmsha，Ltd.
Chinese translation rights in simplified characters arranged with Ohmsha，Ltd.
through Japan UNI Agency，Inc.，Tokyo
本书由日本一般社团法人日本建筑结构技术者协会（JSCA）授权我社独家翻译、出版、发行。

责任编辑：王 梅 刘文昕 刘婷婷
责任校对：党 蕾

日本土木技术译丛
日本建筑钢结构设计
［日］一般社团法人 日本建筑结构技术者协会 著
特定非营利活动法人 亚洲建设技术交流促进会 译
王昌兴 冯德民 校

*

中国建筑工业出版社出版、发行（北京海淀三里河路 9 号）
各地新华书店、建筑书店经销
霸州市顺浩图文科技发展有限公司制版
北京建筑工业印刷厂印刷

*

开本：787×1092 毫米 1/16 印张：21½ 字数：508 千字
2019 年 12 月第一版 2020 年 4 月第二次印刷
定价：88.00 元
ISBN 978-7-112-23722-7
（34027）

日本建筑钢结构设计
（本书为原著第二版）

第 2 版作者委员会

主任委员　长尾直治（第 1 章）

委　　员　达富浩（第 2 章）

　　　　　李在纯（第 3 章）

　　　　　藤田哲也（第 4 章）

　　　　　小口登史树（附录 中文版略）

第 2 版编辑委员会

麻生直木

佐藤芳久

中野正英

根津定满

最上利美

福岛正隆

第 1 版作者委员会

主任委员　长尾直治（第 1 章）

委　　员　达富浩（第 2 章）

　　　　　李在纯（第 3 章）

　　　　　藤田哲也（第 4 章）

　　　　　小口登史树（附录 中文版略）

第 1 版编辑委员会

主编　田中晃

委员　石冢秀教

　　　辻幸二

　　　中野正英

　　　福岛正隆

中 文 版 序

中国钢结构协会钢结构设计分会成立于 2015 年 8 月，致力于促进钢结构设计施工的技术交流和人才培养，推广钢结构设计施工新技术，提高钢结构设计水平，推动钢结构的健康和可持续发展。

为有效推动我国钢结构技术与国际水平接轨并协同发展，我们在成功举办了"中欧钢结构设计标准对比研讨会"、"中美钢结构设计标准对比研讨会"后，再次给大家隆重推出日本建筑钢结构设计技术书之《日本建筑钢结构设计》。

众所周知，日本是世界钢结构技术发展最先进的国家之一，钢结构应用比例占其新建总建筑面积约 40％，日本的建筑结构经历过多次大地震考验，1995 年阪神大地震，2011 年东日本大地震，2016 年熊本大地震，历次地震都证实了其设计、施工及维护管理的一系列工程技术是行之有效、技术可靠的。日本也是为数不多的采用容许应力设计法的国家，容许应力设计法简洁实用，能够清晰地掌握结构在弹性阶段、极限阶段等各个阶段的状态。日本对钢材新材料的研发和应用也做出了积极的贡献，如延性较高的低屈服点软刚钢材，考虑抗震性能定义了屈强比的 SN 规格钢材等，都值得我们学习借鉴。

日本建筑钢结构设计技术书之《日本建筑钢结构设计》是由分会常务理事冯德民博士带领的特定非营利活动法人亚洲建设技术交流促进会为中心完成的，本书内容专一，技术深入。希望技术人员通过本书对日本的设计规范、设计流程有全面、准确的认识，并积极借鉴和应用到实际的工作中。

中国钢结构协会钢结构设计分会

理事长　娄宇

2019 年 7 月

译　者　序

随着中国经济的高速发展，中国钢铁工业的发展也突飞猛进，近几年，中国的钢产量达到了世界总产量的 50% 左右。在建筑工程上，中国主要是以钢筋混凝土建筑为主，钢结构建筑还为数不多，但可以预见在不远的将来，中国的钢结构建筑也将会有快速的发展。

特定非营利活动法人亚洲建设技术交流促进会（http://actpro.jp）于 2014 年 12 月成立，其宗旨是为了促进日本建设技术的"走出去"步伐，积极利用日本的建设技术为国际社会做贡献，同时增进和加深亚洲的建设技术领域的相互理解和交流。

为了配合和促进中国的钢结构建筑的发展，促进国际间建筑技术的交流，使国内建筑结构同行对日本的钢结构设计有更多的了解和借鉴，我们协会组织翻译了由日本建筑结构技术者协会出版的《日本建筑钢结构设计》一书（日文原名《S建築構造の設計》）。本书于 2005 年 4 月在日本出版，2010 年 12 月改为 JASC 版，在增加和修订部分内容后于 2018 年 3 月出版了 JASC 版第 2 版，受到日本设计人员的广泛欢迎。众所周知，日本是一个地震频发的国家，据统计，从 2000 年至 2009 年间在全球发生的地震震级（magnitude）6 级以上的大地震中，有 20% 发生在国土面积狭小的日本（日本的面积仅为中国的约 1/25）。在如此严峻的环境下，日本的建筑震害相对较小，验证了日本建筑抗震设计的有效性。通过本书，期待读者对日本钢结构建筑设计有更加深入的了解。钢结构构件是由钢板构成，存在较容易发生屈曲的问题，在设计时需要考虑构件的连接等细节问题。本书通过 3 种不同类型建筑的设计案例，对钢结构建筑设计的许多细节问题进行了详细的解说，具有很高的实用价值。期望本书能对从事建筑结构设计、教学、研究及工程建设的工程师提供帮助。

本书由协会会员王忠明、文雪峰、卢德伟、田启祥、刘隆俊、张晓光、陈志刚、崔春华、崔海元、韩永辉和焦瑜（按姓名笔画排序）完成初期翻译，再经林林、陈志刚、张晓光、刘隆俊的分担校译以及大家的审议后，由刘隆俊进行总校译。最后，王昌兴和冯德民对全书进行了审校。

本书的翻译得到了特定非营利活动法人亚洲建设技术交流促进会各位会员的积极协助，该书的出版得到了中国钢结构协会钢结构设计分会的大力支持，中国建筑出版社的王梅女士、刘婷婷女士和刘文昕先生为本书的出版做了很多工作，在此一并致谢。

日文原版最后的附录部分，考虑到参考价值不大，我们进行了省略。

由于水平所限，如有翻译不妥之处，敬请读者批评指正。

特定非营利活动法人　亚洲建设技术交流促进会

《日本建筑钢结构设计》翻译委员会

主任委员　刘隆俊

2019 年 8 月

序

从 20 世纪末至今，在日本的所有开工总建筑面积中，钢结构建筑占了 35％左右，与木结构建筑大致相等。比起占 20％的钢筋混凝土建筑来说，应用更加广泛。

从超高层建筑、大跨度空间结构到轻钢工业化住宅等各种用途的建筑，虽然都是用钢结构，但绝大多数的钢结构建筑为不超过五层的低层建筑（约 95％）。即使从建筑的规模上来看，总建筑面积在 2000m² 以下的建筑也占了 85％左右。实际上，钢结构很适用于大跨度的工厂、仓库以及建筑工期短、不使用大规模脚手架而高效率施工的城市商业大楼。钢材是具有多种优点的建筑材料，而钢结构设计就是尽可能发挥钢材优点的工作，它需要众多知识和信息，因此对初学者来说有一定的难度，这与日本特有的钢构件制作体系以及在结构设计中需考虑采用各种各样的建筑部件也有关系，钢结构设计技术需要由丰富经验的设计师通过实际的设计工作承上启下。另外，钢结构建筑相关技术不断的多样化、地震灾害、层出不穷的新材料、国际动向等日新月异的技术更新以及结构设计所需信息分散，都给初学者带来困惑。

2005 年秋，以结构计算书的篡改事件为契机，日本的结构设计发生了较大变化。为了防止发生错误的设计，不仅对许多原先可以由结构设计师从工程的角度进行判断设计的部分进行了详细的法律明文规定，而且对建筑的审批和检查也更加严格。对建筑基准法和建筑师法也进行了修改，例如在建筑审批过程中，增加了结构计算适当性判定制度；并为有高度结构设计专业能力的设计师设立了结构设计一级建筑师资质，规定超过一定规模的建筑物的结构设计必须由结构设计一级建筑师进行设计。从结构设计的角度来说，这些变化可能让人感到失去不少设计上自由选择的部分，但这是社会（业主和消费者）对建筑结构要求有更严密的安全性保证的结果。这些变化对钢结构设计也产生了影响，例如，原以较小规模建筑为对象的设计路径 1（不需要进行结构计算适当性判定），被改为设计路径 1-1，并加上了新的设计路径 1-2。为了反映这种状况，我们相应进行了更新。鉴于"极限耐力计算"和"基于能量平衡的抗震计算"这两种新的设计方法在实际设计中应用较少、容许应力设计法仍然占主导地位，因此本书侧重论述容许应力设计法。需要特别强调的是，进行结构设计，也就是建立具有安定性和耐久性、制造和施工合理，并能满足建筑上的要求且力的传递确实可靠的结构方案，与如何使用计算机进行计算分析完全不同，在结构设计中这种技术更为重要。

本书是以结构设计入门者为主要对象，用三种类型的建筑（低层建筑、大跨工厂、中层建筑）为例题，对多样化的钢结构建筑相关技术进行论述的同时，着重对结构设计的流程进行了梳理。关于钢结构建筑的设计、施工已经由很多社会团体出版发行了许多图书，这些参考文献和本书采用的略称一并记述如后。

作者委员会主任委员

长尾直治

2010 年 11 月

第 二 版 序

从 2010 年发行旧版以来已经过了 7 年，这期间出版的《2015 年版建筑结构技术基准解说书》是我们这次再版的直接契机。旧版发行以来除了发生几个自然灾害之外，社会形势也发生了变化，这次的再版对钢结构设计技术的变化进行若干的补充。2011 年发生了东日本大震灾，该地震除了引发海啸产生了巨大的破坏力之外，还发生了由长周期地震波引起钢结构超高层建筑长达数分钟的晃动以及钢结构办公楼和商业楼等顶棚掉落等，对于易于发生振动的钢结构建筑，留下了对非结构构件在设计上也需给予充分的考虑等教训[1]。在 2016 年的熊本地震中，再次验证了以前就一直强调的内容：连接节点的好坏与否对钢结构建筑的抗震性能有很大的影响，对钢构件制作技术和施工给予充分的考量依然很重要。

由于 2020 年东京奥林匹克运动会工程以及地震后的震灾复兴工程，日本的建设业呈现出蓬勃景象，人员不足的情况显著。因此，以工厂生产＋干式工法为主、生产效率高的钢结构建筑不断增加[2]。随着 ICT（Information and Communication Technology）技术的发展以及 BIM（Building Information Modeling）的应用，设计和施工都面临提高生产效率的要求。

在钢结构设计方面，随着一贯式结构程序的不断完善以及在短时间内就能完成精确的计算，现在的结构设计从初步设计就开始使用程序进行结构分析，并伴随着设计的深入而不断修改输入数据直至设计完成。不断升级的一贯式结构程序也能应对《2015 年版建筑结构技术基准解说书》以及各种规范规程的变更等，多数的验证问题可由结构程序完成。但在另一方面，使用一贯式结构程序需要具备一定的钢结构设计专业知识，并且对程序的输入数据和计算结果要有充分的理解。若输入数据不当，就有可能设计成不良的结构[3]。

关于钢结构设计的许多书籍也在进行修订改版，但各书籍之间有时缺乏一致性。例如，对设计时所用的容许抗弯应力 f_b（考虑屈曲时）的取值，日本建筑学会的《钢结构设

---

[1] 对于非结构构件的顶棚，国土交通省于 2013 年发布了告示（平 25 国交告第 771 号），规定了结构设计者需对特定顶棚（高度超过 6.0m，面积超过 200m² 等条件的顶棚）进行验算，以确保顶棚不发生掉落。另外，针对将来可能发生的南海海沟巨大地震的长周期地震波，国土交通省还发出了技术指导（2016 年国住指 1111 号），规定了在受该地震影响的 4 大都市圈（东京、静冈、名古屋、大阪）建造超高层建筑等时，结构设计者需对长周期地震波进行充分的验证。

[2] 例如，2016 年度的钢结构用钢量虽然出现了高达 500 万吨的蓬勃景象，但是工期的延误（处理设计变更以及审查图纸的迟缓）成为常态。导致这种情形的原因之一，是因为钢结构施工技术没有得到充分的传承。

[3] 在日本的抗震设计中，设计路径1和设计路径2原本适用于为数众多的中小规模建筑，但是随着一贯式结构程序的发展和普及，复杂的计算能容易地完成，即使是小规模建筑也用设计路径3进行设计的案例逐渐增多。而设计路径3需要对结构的保有水平耐力和塑性变形能力进行评估，这要求结构设计者具备足够的判断能力。

计规范》在 2005 年改为以侧向整体失稳承载力为基础的计算公式，而政府的告示等沿用了以往的简略计算公式（采用抗扭刚度项），《2015 年版建筑结构技术基准解说书》似乎也是如此。在设计时，以告示等为准则是一般的做法，本书也采用这一做法。

像上述这类例子的计算公式，由于政府的告示等需要用法律文件的形式表达，从物理意义上对公式有时不容易理解（将具有物理意义以及量纲的几个值，经计算后简化成一个数值，该数值的物理意义以及量纲就变得不容易理解，等等）。要理解公式的内容时，需要参考其他的书籍。

钢结构设计技术发展速度迅速，结构设计者需不断地学习钻研，但本书的主要内容等基本事项并没有变化。我们期望本书能助读者以一臂之力。

作者委员会主任委员
长尾直治
2018 年 2 月

与钢结构设计有关的各种规范等

(1) 国土交通省住宅局建筑指导课等

2015 年版建筑结构技术基准解说书［日文原名：2015 年版 建築物の構造関係技術基準解説書］

主编：国土交通省国土技术政策综合研究所，国立研究开发法人 建筑研究所

编辑协助：国土交通省住宅局建筑指导课，日本建筑行政会议，一般社团法人 日本建筑结构技术者协会（JSCA）

编辑：一般财团法人 建筑行政情报中心，一般社团法人 日本建筑防灾协会

发行：全国官报贩卖协同组织

(2) 日本建筑学会

钢结构设计规范·容许应力设计法（2005 年，S 规范）［日文原名：鋼構造設計規準·許容応力度設計法］

钢结构塑性设计指针（2017 年，塑性指针）［日文原名：鋼構造塑性設計指針］

钢结构极限状态设计指针（2010 年，LSD 指针）［日文原名：鋼構造限界状態設計指針·同解説］

建筑物的振动对舒适性影响的评价指针（2004 年，舒适性指针）［日文原名：建築物の振動に関する居住性能評価指針·同解説］

钢结构屈曲设计指针（2018 年）［日文原名：鋼構造座屈設計指針］

钢结构接合部设计指针（2012 年）［日文原名：鋼構造接合部設計指針］

各种组合结构设计指针（2010 年，组合结构指针）［日文原名：各種合成構造設計指針·同解説］

SI 单位版·轻钢结构设计施工指针（2002 年）［日文原名：軽鋼構造設計施工指針·同解説］

钢管桁架结构设计施工指针（2002 年）［日文原名：鋼管トラス構造設計施工指針·同解説］

钢结构防火设计指针（2017 年）［日文原名：鋼構造耐火設計指針］

钢结构建筑设计的思考方式轮廓（1999 年）［日文原名：鋼構造建築物における構造設計の考え方と枠組］

建筑工程标准规格集·JASS6 钢结构工程（2018 年，JASS6）［日文原名：建築工事標準仕様書·JASS6 鉄骨工事］

钢结构工程技术指针·工厂制作篇（2018 年，S 工程指针·工厂篇）［日文原名：鉄骨工事技術指針·工場製作編］

SI 单位版·钢结构工程技术指针·现场施工篇（2018 年，S 工程指针·现场篇）［日文原名：鉄骨工事技術指針·現場施工編］

钢结构建筑焊接部的超声波探伤检查规范（2008 年）［日文原名：鋼構造建築溶接部の超音波探傷検査規準・同解説］

钢结构精度测定指针（2014 年）［日文原名：鉄骨精度測定指針］

建筑基础结构设计指针（2001 年，基础指针）［日文原名：建築基礎構造設計指針］

钢筋混凝土结构计算规范（2010 年，RC 规范）［日文原名：鉄筋コンクリート構造計算規準・同解説］

型钢混凝土结构计算规范（2014 年，SRC 规范）［日文原名：鉄骨鉄筋コンクリート構造計算規準・同解説］

钢管混凝土结构设计施工指针（2008 年）［日文原名：コンクリート充填鋼管構造設計施工指針］

（3）日本建筑结构技术者协会（JSCA）

建筑结构设计（2002 年，JSCA 设计指针）［日文原名：建築の構造設計］

建筑结构的计算和监理（2002 年，JSCA 计算指针）［日文原名：建築構造の計算と監理］

（4）日本建筑中心

压型钢板楼板技术标准解说及设计和计算例（2004 年）［日文原名：デッキプレート版技術基準解説及び設計・計算例］

2008 年版 冷成型方钢管设计及施工手册（2008 年，方形钢管手册）［日文原名：冷間成形角形鋼管設計・施工マニュアル］

有关报审的高层建筑物的结构设计业务（2002 年）［日文原名：評定・評価を踏まえた高層建築物の構造設計実務］

2001 年版极限承载力计算法的设计例及解说［日文原名：限界耐力計算法の計算例とその解説］

基于能量平衡的抗震计算法的技术基准解说以及计算例与解说（2005 年）［日文原名：エネルギーの釣合いに基づく耐震計算法の技術基準解説及び計算例とその解説］

（5）日本钢结构协会

结构用扭剪型高强锚栓、六角螺母、垫片配套（JSS II 09-2015）［日文原名：構造用トルシア形高力ボルト・六角ナット・平座金のセット］

（6）公共建筑协会

公共建筑工程标准规格集（2016 年）［日文原名：公共建築工事標準仕様書］

建筑结构设计基准（2016 年）［日文原名：建築構造設計基準］

（7）日本钢铁联盟

压型钢板楼板结构设计施工基准（2004 年）［日文原名：デッキプレート床構造設計・施

工规準]
薄板轻钢结构建筑设计指南（2014 年）［日文原名：薄板軽量型鋼造建築設計の手引き］

(8) 新都市房屋协会
钢管混凝土（CFT）结构技术基准（2012 年）　［日文原名：コンクリート充填鋼管
（CFT）造技術基準・同解説］
钢管混凝土（CFT）结构技术基准的运用及计算例（2015 年）［日文原名：コンクリート
充填鋼管（CFT）造技術基準・同解説の運用及び計算例等］

目　　录

第3章　带有吊车的单层厂房设计实例

第4章　8层办公大楼的设计实例

第 1 章

结构设计概论

1.1　钢结构建筑的特点

（1）强度和延性

钢材与另一种具有代表性的结构材料—混凝土相比，强度高，刚度大，而且塑性变形能力（延性）也强（如图 1.1 所示）。由于塑性应变耗能能力强，能够有效地抵御大地震，因此钢结构的抗震安全性较高。

此外，钢材既能抗压又能抗拉，对于弯矩和剪力也有很大的抵抗能力。在和石材、砌块以及混凝土这些抗拉强度较小的材料组合使用时，钢材提供了抗弯或抗剪的作用。

（2）工业产品

钢材是工业产品，材料的弹性模量、泊松比、屈服点、抗拉强度等物理性能指标和质量都相对稳定，产品的精度高，易于结构分析计算，即使对地震作用这样的不确定荷载也非常有效。随着高强螺栓、焊接工艺、加工机械等钢结构制作工艺技术的进步，建筑施工效率得到了极大的提高。

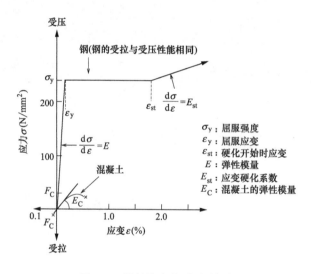

图 1.1　材料的应力-应变关系

（3）屈曲

钢材的强度大，在相同外力作用下，与钢筋混凝土构件相比可以采用较小截面，因此钢结构构件通常杆细板薄。钢结构建筑既有自重轻、地震作用小的长处，也有易屈曲的短处。所谓屈曲，是指像柱子这类细长构件在受压状态下，当外力超过某临界值（屈曲荷载）时，会突然发生横向变形并失去承载能力的现象。除了柱子和斜撑的整体屈曲以外，还有梁的面外屈曲和组成结构构件的板件发生的局部屈曲，以及框架本身的整体失稳等多种不安定现象。为了防止这些失稳现象，可以通过设置支承构件来减小构件的长细比以防止整体屈曲；通过在适当的间距内设置支承构件（如次梁等）来防止梁的面外屈曲；以及限制构件的宽厚比或径厚比来防止局部屈曲，从而在设计中充分发挥钢材的良好延性。

（4）节点和细部构造

钢结构建筑中一定存在构件连接节点，连接节点细部构造的良莠很大程度影响钢结构的加工性以及结构性能。连接节点包括：梁柱连接节点、柱拼接节点、梁拼接节点、斜撑拼接节点、次梁拼接节点、柱脚等。这些节（接）点都是为了便于组装或运输而设的，容易成为结构上的薄弱部位。

钢结构设计中，需要考虑安全性和经济性之间的平衡。钢结构的成本，一般由"材料费"和"加工费"构成，节点构造的好坏与加工费直接相关。近年来，多数情况下加工费占了总成本的一半以上。因此，与节约用钢量相比，简化节点细部构造来减少加工量更能降低成本。

（5）脆性破坏

钢材本身虽然延性好，但是不恰当的焊接（急热、急冷的焊接热循环或过大的焊接热输入）会造成钢材，特别是夏比冲击试验吸收功值较小钢材的局部延性的劣化。其次，在极厚构件中（特别是焊接连接的极厚构件），发生三向应力状态（不仅 x 方向（轴线方向），y 方向（轴线垂直方向）或者 z 方向（板厚方向）的应力也很高），会引起钢材的屈服点上升和延性丧失的现象。在 1995 年的阪神·淡路大震灾中，就发生过焊接节点周围的脆性破坏事例。破坏是由于焊接衬板、过焊孔或者组装焊接等构造上以及金属材料的缺陷等导致的应力集中而造成的，因此在焊接设计和施工时要考虑以上问题。

（6）变形与振动

因为钢材的比强度（＝强度/密度）大，自重轻，因此可能会由于刚度不足而导致挠度过大或者产生不舒适振动。俗话说，"钢结构首先看变形，其次是应力"；因此，对变形要给予足够的重视。图 1.2 是受地震灾害的钢结构建筑，外墙 ALC 板，玻璃虽然发生了破损而结构本身几乎完好无损，这些都很好地显示了作为柔性结构的钢结构建筑物的变形特征。此外，由于钢结构建筑刚度较小，阻尼也较小，较容易发生不舒适振动。振动发生源可能是工作机械、吊车、空调机械或者人行等，这些都是引起结构疲劳破坏或居住者不舒适的原因。特别是大跨梁，可能会因步行造成不舒适振动，需要使用钢筋混凝土楼板（利用栓钉）形成组合梁等措施来确保足够的刚度。作为居住者不舒适的例子，例如超高层建筑在台风时会发生缓慢的水平振动，而这种振动导致在建筑物里的人有类似"晕船"的感觉。还有在临海区域建造的钢结构超高层住宅，也曾经发生过浴缸里的水因为晃动而溢出的事例液面晃动效应。因此，在超高层酒店以及瞭望塔等受振动影响较大的建筑物中，在屋顶设置减振装置来抑制振动的设计例越来越多。

（7）风荷载

因为钢结构建筑物的自重小，风荷载常常会超过地震作用，因此有被台风吹垮的事例。风压在水平方向有压力（迎风墙面）和吸力（背风墙面）以及竖直向上吸力（屋面）等，这些风荷载还有相应的动力效应。而且，建筑物边缘、屋檐边缘、转角处等局部区域会承受更大的风压。日本是地震大国的同时，也是台风大国，因此在沿海附近或海岛上建筑房屋时要特别注意。

抗风设计时，采用 50 年重现期的设计风荷载来进行容许应力度设计，采用 500 年重

(*a*) 非承重墙的脱落　　　　　　　　　　　　　(*b*) ALC外墙板的掉落

(*c*) 钢丝网水泥砂浆的脱落　　　　　　　　　　(*d*) 顶棚的掉落

图 1.2　二次构件（非结构构件）的损伤

（*a*）的出处：梅村魁编著《新抗震设计》，日本建筑中心；（*b*）的出处：日本建筑学会近畿支部钢结构部会
《1995 年兵库县南部地震 钢结构建筑震害调查报告书》，p. 115（1995）；（*c*）的出处：日本建筑学会
《平成 7 年阪神·淡路大震灾建筑震害调查委员会中期报告》，p. 219（1995）；（*d*）的出处：国土交通省技术
政策综合研究所·独立行政法人建筑研究所《2003 年十胜冲地震的空港航站楼等顶棚震害现场调查报告》（2003）

现期（基准速度约为 50 年重现期的 1.25 倍，设计用风荷载约为前者的平方即 1.6 倍）来进行终局强度设计。由于风压会局部集中在建筑物边角部等部位，对屋顶彩钢瓦等外装材料的设计风荷载的规定，与结构本身的设计风荷载不同。告示"关于确定屋顶外装材料以及外幕墙风压对结构承载力的安全性结构计算准则（平 12 建告第 1458 号）"中，对于这个值有明确的规定。此外，在 2007 年修订的建筑基准法中，规定了在申请建筑许可时，除一部分小规模建筑物以外，需提交屋顶外装材料等的结构计算资料以及结构设计人员对风压力以及屋顶外装材料容许承载力的取值依据。

2004 年有 10 个台风在日本登陆，比过去 50 年间的平均值（约 3 个/年）多，大跨度钢结构建筑的金属屋面的风灾破坏引起了注意。有因日照使螺栓热胀冷缩引起疲劳导致强度降低的破坏，也有空中飞来物体导致的破坏。日本金属屋顶协会的金属屋顶工法标准（SSR 2007）以及金属外墙构法标准（SSW 2011）等经过修改，对金属屋顶以及外墙的安装进行了详细的规定。

日本发生的龙卷风，最大瞬间风速达到 100m/s，给建筑物带来了破坏。在日本，对于 1 栋建筑物来说龙卷风的发生概率极小，一般的抗风设计中并不考虑。将来，由于全球暖化效应的影响，有可能会发生超过现有设计风压的情况。对钢结构建筑来说，塑性铰的形成引起的内力重分配能使结构的最大承载力增强，应适当考虑风荷载下的结构最大承载力设计。

（8）雪荷载等竖向荷载

由于钢结构的自重小，与钢筋混凝土结构等自重大的建筑物相比，对活荷载的承载力富余度较小，因此，对雪荷载较敏感。在东北·北陆地区曾发生过暴雪将大跨度的体育馆、大剧场压塌的事故。积雪这一类分布不均匀的竖向大荷载对大跨度屋面结构较为不利。实际上许多情况下没有办法进行屋顶除雪。对活荷载的承载力富余度较小的话，容易引起意想不到的事故。例如炼钢厂钢结构车间的顶棚或者屋顶由于炼钢时所产生的粉末的堆积而倒塌；大雨时因排水管堵塞引起屋面积水至女儿墙高（ponding 效应）导致坍塌等。

在雪荷载设计时，一般采用 50 年重现期的设计积雪荷载（通常是短期荷载，但积雪量超过 1m 以上的多雪地区还需考虑积雪的长期荷载）来进行容许应力度设计，采用 500 年重现期（约为 50 年的 1.4 倍）来进行终局强度设计。这种设计方法不仅适用于结构主体本身，对屋顶外装材料也同样适用。

2014 年 2 月，关东甲信越地区下了罕见的大雪，在建筑基准法中规定的积雪量为 30cm、单位荷载 20N/m^2（短期荷载）的地区，积雪超过了 500 年重现期预计值。之后的降雨又导致了荷载增加，致使钢结构的室内体育馆以及坡度较小的大跨度屋顶发生了倒塌破坏，东京地区也发生了人行道顶棚、汽车棚的倒塌。在大跨度钢结构厂房和仓库等，常用彩钢瓦等轻量屋顶，这里需要特别注意的是，小坡度屋顶在雪后降雨时会因排水不畅而导致荷载增加，因此在设计材料富余度较小的屋顶时，在强度上应给予充分的考虑。积雪荷载的告示（平 19 国交告第 594 号）通过修订，加强考虑了雪后降雨的雪荷载。修改后的告示规定了大跨度（从顶梁到外墙的距离在 10m 以上）的小坡度（不超过 15 度）轻质屋面（钢板屋面等）的雪荷载放大系数计算式。例如，跨度为 25m、坡率为 2 度、垂直积雪量为 30cm 时，放大系数为 1.25。

（9）火灾

随着温度升高，钢材的强度和刚度都会降低。因此，当遇到火灾高温时，会失去强度和刚度，像软糖一样发生变形最终倒塌。关于火灾荷载的性质还有很多问题尚未探明，随着可燃物的种类、数量和换气状态等条件的不同，会在几分钟到几十分钟的时间内发生闪燃（超过 1000 摄氏度的温度急剧上升）并达到最高温度。因此，为了在一定的时间内（避难时间）将钢材表面温度控制在 350℃ 以下，对钢结构进行防火包覆。防火包覆工法主要是使用在标准加热曲线下能够具备 1～3 小时左右耐火性能的耐火材料来实现的。典型的防火包覆方法是岩棉喷涂工法（半干式以及湿式），但要注意以下几个缺点：①包覆层厚度较大，②作业时伴随粉尘，③结构改造时不易去除，④容易脱落等。除此之外，还有陶瓷材料等的喷涂工法、成型硅酸钙板用钉子固定的工法、陶瓷纤维等耐火卷材的铺设工法以及耐火涂料的涂装工法等方法。另外，过去还曾经采用石棉喷涂工法，但由于这种方法对人体健康有害，从 1975 年开始被禁止使用，并且在旧的钢结构建筑拆除以及维修时，石棉涂层必须由专业的施工人员来谨慎处理。

最近，随着新防火设计法的施行，以及耐火钢材（FR 钢，600℃ 时的强度能确保在常温规定强度（F 值）的 2/3 以上。图 1.3）的普及，可以减少防火包覆的厚度，甚至出现了不用防火包覆、呈现出更有力度美感的钢结构建筑。对于火焰无法到达的顶棚较高的部分以及可燃物较少的房间，钢材的温度不会上升太高，因此钢结构的强度也不会发生太大的下降，结构足以支承竖向荷载。新的耐火设计法是通过计算各个防火区域的火灾荷载并求出钢材的最高温度，或热胀后的梁柱等各构件的应力不大于长期容许应力（常温时的2/3）等进行验算的性能设计方法，可以依据《关于规定耐火性能验算法的计算方法（平13国交告第 64 号）》等进行设计。

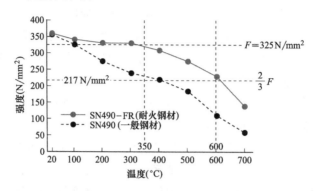

图 1.3　FR 钢材和一般钢材的强度-温度关系（材料对比）

［出处：钢材俱乐部《建筑结构用耐火钢材手册》（2000.1）］

（10）锈蚀和耐久性

在室内温度和湿度的条件下（湿度 70％以下，温度 $20\pm10℃$）锈蚀的发展速度缓慢，可以忽视室内钢构件的截面损失。在沿海附近的钢材由于受海风影响，每年会以 0.06～0.12mm 的速度发生锈蚀。在亚硫酸气体较多的工业地区，锈蚀的速度更快。对于轻钢等钢板厚度较薄的构件，因锈蚀导致的截面损失率大，因此需要特别注意。锈蚀的发生需要有铁、水及氧气这三个要素。作为特殊的例子，钢管构件的两端都被密封时，由于内部缺氧，所以钢管内部不需要做防锈处理。一般情况下，钢结构都会做防锈涂装处理，但对于很难仅靠涂装就能万无一失的室外钢构件，详细设计时需要尽量设计成不积水，且涂装易于维护。在严酷的环境下或者可能积水的柱脚等部位，可以采用热镀锌或者富锌涂料涂装等重防腐措施。

在建筑中，钢结构构件多用在室内，一般都会进行耐火包覆或内装修处理，并且不暴露在雨水中，温湿度环境也不严酷，所以主要是以施工时的防锈为目的，在建筑物的外围进行防锈处理。由于铅、铬化合物对人体健康会产生影响，铅丹防锈漆（JIS K 5622，2008 年已废止）和氰氨化铅防锈漆（JIS K 5625）等含铅防锈漆已经停止使用。此外，一般常用的防锈漆（JIS K 5621）也由于干燥所需时间较长或与耐火包覆的粘合性不好等原因，使用得越来越少。最近一般使用不含铅、铬的防锈漆（JIS K 5674，钢材表面处理一般采用打磨等方法来去除氧化层黑皮）。对半外露结构等会采用更高等级的结构用防锈漆（JIS K 5551，钢材表面采用喷砂处理进行去除氧化层黑皮）涂装，有时也会采用对环境更友好的水性涂料等。

此外，对钢结构埋入混凝土的部分、高强螺栓的摩擦面、现场焊接的坡口面等可以不进行涂装，对有耐火包覆的部分多数也不进行涂装。

在屋顶上的外露钢结构等对外观要求不高的情况下，也可以采用热浸镀锌（一般情况下 HDZ55，锌附着量为 550g/m² 以上）。热浸镀锌时，要注意以下几点：熔融锌液池的大小以及热应变、不使用衬板的焊接法是否适用、镀锌工艺孔的设置以及镀锌高强螺栓（F8T）的使用等。此外，对于冷弯成型方钢管角部等特定位置容易发生的镀锌开裂等也应考虑必要的对策。

在需要重视美观的情况下，可以采用重防锈蚀涂装。重防锈蚀涂装的一般作法是喷砂处理表面＋厚膜富锌漆＋高耐候合成树脂涂料。与用颜料作为主要防锈材料的传统油性防锈漆不同，合成树脂涂料（环氧树脂涂料、聚氨酯树脂涂料、含氟树脂涂料等）主要的防锈成分是展色剂，而防锈效果较好的富锌漆作为底漆，这样可以延长涂装设计寿命降低费用。

1.2　材料

(1) 钢材的性质

最常用的钢材，是碳含量不超过 1.7％的碳素钢（软钢），也就是 JIS 规格中的 SS 钢材（JISG3101：一般结构用轧制钢材）。其中，SS400 号钢材 $[\sigma_y$（屈服点）$\geqslant 235 N/mm^2$，σ_u（抗拉强度）$\geqslant 400 N/mm^2]$ 历史悠久，不仅在房屋建筑，而且在桥梁、车辆、储油罐等各种结构上被广泛使用。此外，为了改善焊接性能在软钢里添加锰和硅所制成的 JIS 规格 SM 钢材（JIS G 3106：焊接结构用轧制钢材）中的 SM490 号钢材（$\sigma_y \geqslant 325 N/mm^2$，$\sigma_u \geqslant 490 N/mm^2$）在大量采用焊接工艺的大型建筑中被广泛使用。1995 年阪神·淡路大震灾之后的钢结构建筑中，SN 钢材（JIS G 3136：建筑结构用轧制钢材）逐渐取代了上述两种钢材。为了在抗震设计中能够有效发挥钢材的塑性变形能力，SN 钢材规定了钢材屈强比（YR＝σ_y（屈服点）/σ_u（抗拉强度））的上限以及冲击功等指标，满足建筑结构焊接的特殊要求。

典型的钢材应力—应变曲线如图 1.4 所示。除了上述的钢材以外，还有 780N/mm² 钢（$\sigma_u \geqslant 780 N/mm^2$）以及 590N/mm² 钢（$\sigma_u \geqslant 590 N/mm^2$），或者 590N/mm² 高性能钢（SA440，$\sigma_y \geqslant 440 N/mm^2$，$\sigma_u \geqslant 590 N/mm^2$，YR$\leqslant 80％$）之类的高性能钢材，还有在消

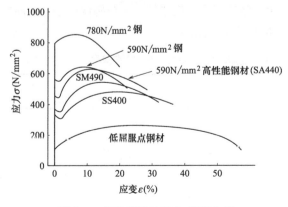

图 1.4　各种钢材的应力-应变曲线

能减震结构里用来吸收地震能量的阻尼器中所使用的低屈服点钢材、耐火钢材（FR 钢）、不锈钢、TMCP 钢（Thermo-Mechanical Control Process：控制轧制钢材，具有即使板厚超过 40mm 也不降低钢材屈服点的特性）、耐候钢等各种高性能钢材也在建筑结构中被广泛使用。

钢材的物理性能指标如表 1.1 所示。弹性模量以及泊松比等与材料的强度无关，是常量。伸长能力随着钢材强度的增大而降低，即便如此，一般伸长率仍能达到 20％以上，低屈服点钢材（屈服点在 $100\sim200N/mm^2$ 级的钢材）的伸长率甚至能超过 50％，极具延性。

表 1.1

钢材的材料性能

材料	弹性模量	剪切模量	泊松比	线膨胀系数
钢,铸钢,锻造钢	$205\times10^3N/mm^2$	$79\times10^3N/mm^2$	0.3	0.000012/℃

·建筑结构用轧制钢材（SN 规格）

为了保证大地震时钢材进入塑性，吸收地震能量，在 1994 年，对 SN 钢材进行了标准化。建筑结构用钢材需要具备的性能是：①足够的可焊性；②足够的塑性变形能力；③板厚方向的强度和延性；④截面尺寸的精度；⑤经济性以及流通性；⑥与国际规格接轨等。SN 规格的钢材，如表 1.2 所示，SN400 号钢材有 A、B、C 材，SN490 号钢材有 B、C 材。这里的 400 和 490 指的是抗拉强度 σ_u 的下限值，分别为 $400N/mm^2$ 和 $490N/mm^2$。A、B、C 表示性能级别，B 材规定了屈服点的上下限、屈强比、冲击功、含碳量等。C 材则在 B 材的基础上，还规定了板厚方向（Z 方向）的截面尺寸收缩率等。这里的屈强比 YR（$=\sigma_y/\sigma_u$）与计算需考虑螺栓孔截面损失的高强螺栓连接的保有耐力连接等有关，对于 B 材和 C 材，除薄板外，YR 规定在 80％以下。此外，夏比冲击试验吸收功值 vE（钢材的韧性指标，通过有 2mm 深度的 V 型开口的 $10mm\times10mm\times55mm$ 的小型试验片进行冲击断裂时得到的能量值，一般采用 0℃时的值）与防止焊接等部位的脆性破坏有关，一般规定 B 材和 C 材 0℃时要达到 27J 以上。柱和梁等主要的结构构件通常采用 SN400B 或者 SN490B；在梁柱节点中，由于柱贯通型的柱构件或梁贯通型的横隔板在板厚方向（Z 向）会产生拉应力，因此这些部位的钢材一般采用 SN400C 或者 SN490C 等 C 钢材。SN400A 材用于大地震时也不会发生大塑性变形的次梁等。在结构设计中，取屈服点的下限值为钢材基准强度（F 值），SN400 钢材为 $F=235N/mm^2$，SN490 钢材为 $F=325N/mm^2$。

表 1.2

建筑结构用轧制钢材（SN 规格钢材）的机械性能

种类	板厚分类	屈服强度 $\sigma_y(N/mm^2)$	抗拉强度 $\sigma_u(N/mm^2)$	屈强比 YR	夏比冲击试验吸收功 $vE(J)$
SN 400 A	$6\leqslant t\leqslant40$ $40<t\leqslant100$	$235\leqslant\sigma_y$ $215\leqslant\sigma_y$	$400\leqslant\sigma_u\leqslant510$	—	—
SN 400 B SN 400 C	$6\leqslant t\leqslant40$ $40<t\leqslant100$	$235\leqslant\sigma_y\leqslant355$ $215\leqslant\sigma_y\leqslant335$	$400\leqslant\sigma_u\leqslant510$	$YR\leqslant0.80$	$27\leqslant vE$
SN 490 B SN 490 C	$6\leqslant t\leqslant40$ $40<t\leqslant100$	$325\leqslant\sigma_y\leqslant445$ $295\leqslant\sigma_y\leqslant415$	$490\leqslant\sigma_u\leqslant610$	$YR\leqslant0.80$	$27\leqslant vE$

注：SN400A 以及板厚 12mm 未满的 SN400B、SN490B 钢材不规定屈服强度以及屈强比的上限。

(2) 构件形状

通过轧制、焊接组装或者常温加工成形等方式，可以制作各种各样的构件。表 1.3 列举了钢结构建筑中常用的典型构件截面形状。

截面形状的种类和用途　　　　　　　　　　　　　　　表 1.3

名称	形状	主要用途	表示方法(数字为举例)
H 型钢	![]	柱,桁架(宽翼缘) 梁(中翼缘、窄翼缘)	H-$600\times200\times11\times17$ (H-高×宽×腹板厚度×翼缘厚度)
钢管	○	柱,桁架	ϕ-216.3×4.5 (ϕ-外径×板厚)
方形钢管	▢	柱,桁架	□-$300\times300\times16$ (□-外径×外径×板厚)
角钢	⌐	桁架,斜撑,内外装修支承构件	L-$75\times75\times6$ (L-边长×边长×板厚)
槽钢	[	斜撑,桁架	[-$150\times75\times6.5\times10$ ([-高×宽×腹板厚度×翼缘厚度)
轻钢	[	檩条,墙檩	C-$100\times50\times20\times2.3$ (C-高×宽×卷边长×板厚)
扁钢	❘	一般	PL-16×200 (PL-板厚×宽)

(a) H 型钢

H 型钢，如图 1.5（a）所示，由两片翼缘和一片腹板组成，其截面尺寸按顺序分别表示高（H）、宽（B）、腹板厚度（t_w）、翼缘厚度（t_f）。H 型钢，有如图 1.5（b）所示的轧制成型材（轧制 H 型钢：RH），也有如图 1.5（c）所示的由钢板焊接组合而成的 H 型钢（焊接成型 H 型钢：BH）。H 型钢的抗弯刚度（截面惯性矩）和强度（截面模量）具有方向性，分为强轴和弱轴。主要用于柱构件的宽翼缘 H 型钢的弱轴方向的刚度和强度约是强轴方向的 1/3，而主要用于梁构件的中翼缘或窄翼缘 H 型钢，这个值大约是 1/10～1/50。

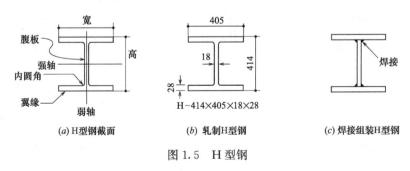

(a) H型钢截面　　　　(b) 轧制H型钢　　　　(c) 焊接组装H型钢

图 1.5　H 型钢

(b) 钢管（圆钢管）

按照制造方法，钢管可以分为电缝钢管、无缝钢管、UOE 钢管、压弯钢管、离心铸造钢管等不同种类。电缝钢管是中小直径的薄壁钢管，将钢板加工成圆形，然后在接缝处进行接缝焊接而成，通常用做桁架结构或者中低层建筑的柱。无缝钢管是通过热轧的方式成型，可以加工成管壁较厚的钢管。UOE 钢管和压弯钢管是将钢板通过弯曲加工而成的大直径并且管壁较厚的钢管，用于梁柱节点处焊接环状加劲板的高层建筑的柱构件。离心铸造钢管是残留应力较小的厚壁钢管，过去用于高层建筑中的梁柱节点环状加劲板与柱一体成型的柱构件，最近这种做法越来越少。圆形钢管柱与 H 型钢柱不同，具有无方向性的特征，可以在多个方向上连接梁，也适用于平面不规则的建筑。

(c) 方钢管

如图 1.6 所示，方钢管分为几种，有用中、小直径的圆形电缝钢管进行冷弯加工成型的方钢管（图 1.6*a*），也有用钢板进行弯曲加工后焊接的冷冲压成型方钢管（图 1.6*b*），以及由 4 片厚钢板通过焊接组装成的焊接组装箱形钢管（图 1.6*c*）。

一直以来，一般结构用方钢管（STKR400，STKR490）常被用作桁架构件或中低层建筑物的结构柱，这种钢管采用图 1.6 (*a*) 的制作方法。由于常温下的塑性加工会导致转角部的屈服点和屈强比上升以及夏比冲击试验吸收功值降低，采用 STKR 钢材为柱子的不少钢结构建筑在 1995 年的阪神·淡路大地震中发生了破坏。

此后，为了改善这一类的材质劣化，开发了适合作为钢结构建筑结构柱的建筑结构用方形钢管。方钢管使用 SN 规格的钢板，并采用了适用于建筑结构的加工方法，有图 1.6 (*a*) 的冷弯成型加工方钢管（BCR295），以及图 1.6 (*b*) 的冷冲压成型方钢管（BCP235，BCP325）等，这些方钢管被作为钢结构建筑的结构柱广泛使用。目前 BCR 材（卷成型柱）的板厚一般在 25mm 以下，而 BCP 材（冲压成型柱）可以达到 40mm 的厚度，也可以用于高层建筑。

采用极厚高强钢板焊接制成的方钢管，其制作过程需要十分慎重，并且价格较高，一般用于出现较大内力的超高层建筑的结构柱。

STKR400，STKR490 材的设计基准强度 F 分别为 $F = 235N/mm^2$，$F = 325N/mm^2$。此外，BCR295 钢材考虑了屈服点的上升，设计时使用的基准强度 F 值设定为 $F = 295N/mm^2$，BCP235 和 BCP325 则分别与 SN400 和 SN490 钢材相同（F 值分别为 $F = 235N/mm^2$，$F = 325N/mm^2$）。

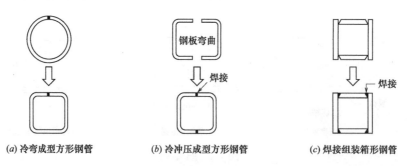

(*a*) 冷弯成型方形钢管　　　　(*b*) 冷冲压成型方形钢管　　　　(*c*) 焊接组装箱形钢管

图 1.6　方钢管的制造方法

(d) 角钢、槽钢等

单根型钢可用于受拉支撑以及各种装修材料的支架。近年角钢、槽钢在主要结构部位使用得越来越少，它们是传统的轧制钢材，通过铆钉等连接组合可适用于柱、梁以及屋顶桁架等。钢材种类以 SS400 为主。

（e）轻钢

板厚在 6mm 以下的型钢称作轻钢。表 1.3 所示的卷边槽钢是轻钢的典型代表。单根用作屋面檩条、装修材料的竖向支承。此外，两根轻钢通过焊接组合成箱形截面，可用于住宅等小规模建筑的柱子或梁。

（3）构件的组装以及节点

构件的组装或构件之间的连接，通常使用高强螺栓或焊接。

高强螺栓连接，施工性好，可靠性高，常用于高空和室外等"现场"施工环境，设计时必须考虑由于螺栓孔造成的截面损失。

焊接连接时，不需要考虑截面损失，也不需要高强螺栓连接时所需的节点板、连接板等附属构件，因此在连接厚钢板时更加经济，但必须要注意其施工质量。为了保证全熔透焊接的力学性能，推荐在"工厂"进行加工，工厂有屋顶等围护可以做到防风，而且通过各种夹具基本能做到全部俯视姿势的平焊，易于质量管理。最近，在"施工现场"的焊接越来越多，这种情况下必须聘用合格的专业技能焊工，并采用合适的设备，同时采用精选的焊接材料。随着对工艺要求的提高，焊接施工后仔细的检查和施工监理必不可少。

（a）角焊缝　　*（b）全熔透焊缝*　　*（c）部分熔透焊缝*

图 1.7　焊接的种类

（a）焊接

焊接是通过电弧热在短时间内将金属熔融后凝固的工艺，焊缝以及焊接热影响区（HAZ：Heat Affected Zone）发生大量的冶金反应，该处的硬度以及切口韧性等会发生复杂的变化。如图 1.7 所示，焊接分为角焊缝、全熔透焊缝和部分熔透焊缝。各种焊接的形式如图 1.8 所示，有 I 形连接、L 形连接、T 形连接等。此外，按照焊接施工时的姿势，分为俯视焊接（flat）、横向焊接（horizontal）、竖向焊接（vertical）以及仰视焊接（overhead）等，难易度各有不同。

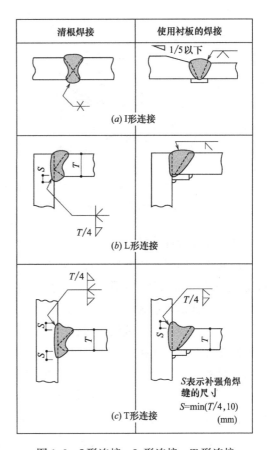

图 1.8　I 形连接，L 形连接，T 形连接

　　基本的焊接方法是用焊枪夹住长约 300mm 的焊条徒手作业的手工电弧焊，不过现在多采用效率更高、焊接金属的力学性能更好的气体保护半自动焊（二氧化碳气体或者氩气等的混合气体作为保护气）。此外，还有埋弧焊（用于组装方管柱角的焊接）、电渣焊（用于组装方管柱内部横隔板的焊接）、自屏蔽电弧焊（在日本使用较少，但美国等国常用于现场焊接）、栓钉焊（用于组合梁的剪切键）等多种焊接方法，适用于不同的部位。

　　角焊缝有效焊喉截面积的容许应力度以及基准强度，分别采用母材的容许剪切应力度以及材料的抗剪强度。如图 1.9 所示，根据作用力方向的不同，角焊缝可分为正面角焊缝和侧面角焊缝。正面角焊缝与侧面角焊缝相比强度较大但是塑性变形能力较低，两者的力学性能（刚度、强度、塑性变形能力）有所不同。因此，当两者混合使用时，需要注意强度的叠加方法，但是建筑基准法施行令第 92 条规定两者具有相同的容许应力度，并未进行区分。全熔透焊缝以及部分熔透焊缝，是在连接部位开 V 形或者 K 形的坡口，然后填充焊接金属的焊接方式。全熔透焊缝可以做到全强连接，因此梁柱节点等产生较大应力的部位通常采用全熔透焊缝，但是需要设置过焊孔、引弧板、衬板等辅助板材，通过焊接将钢板和钢板组合成一体。这种情况下如果施工方法不正确，容易发生焊接缺陷，将不能满足设计预期的塑性变形能力。进行类似部位的焊接节点的设计和施工，必须注意热输入、道间温度等的管理。

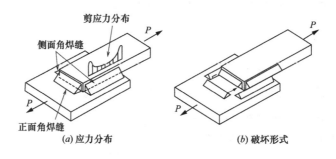

图 1.9　角焊缝中的正面角焊缝和侧面角焊缝

[出处：村田义男《新抗震设计讲座 钢结构的抗震设计》，日本 Ohmsha 出版社（1984）]

(b) 高强螺栓连接

　　高强螺栓的强度比普通螺栓大，在 JIS 规格中有 F8T、F10T、F11T（这里的 8、10、11 是指螺栓抗拉强度的下限值，它们分别为 800、1000、1100N/mm²），与螺帽、垫片等配套使用，分别表示为 1 类、2 类以及 3 类。但是，3 类（F11T）有滞后断裂的问题（由于扩散性氢的侵入等导致使用过程中突然发生破坏的现象），在实际工程中几乎不用。高强螺栓连接有摩擦连接和抗拉连接，如图 1.10 所示。摩擦连接是向螺栓导入轴力使节点各部分紧密结合，通过各部件之间产生的摩擦力（＝摩擦系数(μ)×螺栓轴力(T)）来传递力，不同于通过承压传递力的铆钉以及普通螺栓的连接原理。当外力超过摩擦力时会产生滑移，但是当外力小于摩擦力时，即使有螺栓孔间隙，这种连接方式都可以在不发生变形的情况下传递力。在抗拉连接节点中，所受的外力大于螺栓轴力(T)时会发生分离，当外力小于螺栓轴力时，则可以在不发生变形的情况下传递力。对于这两种连接方式，螺栓轴力的管理（摩擦连接时，还需要管理摩擦系数）都非常重要。螺杆轴向张力的导入方法有扭矩控制法以及螺帽旋转法等，但是轴向张力的导入不容易控制，因此专门开发了一种可以通过目测来检查螺栓轴向张力是否符合要求的特殊高强螺栓。这种在日本常用的扭剪型高强螺栓（S10T：日本钢结构协会规格 JSS II-09 以及日本道路协会规格，图 1.11）有一个可旋转的端头，拧紧螺栓，张力达到设计施工要求时端头会被切断。最近，F14T 级的超高强螺栓也逐渐被用于实际工程中，可以实现更为小巧紧凑的连接节点。

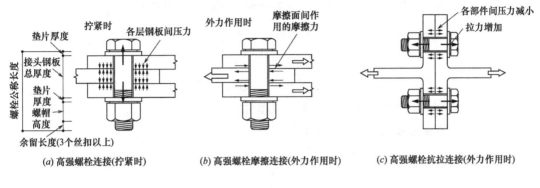

图 1.10　高强螺栓连接

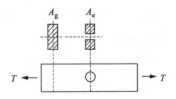

- $A_e\sigma_u \geq A_g\sigma_y$ 时（$A_e/A_g \geq \sigma_y/\sigma_u = YR$时），母板部分可以达到屈服点，有螺栓孔截面损失的构件作为一个整体具有塑性变形能力（保有耐力连接节点）。
- $A_e\sigma_u < A_g\sigma_y$ 时，母板部分在达到屈服点前，截面损失部分会发生断裂，使构件在整体上不能发挥塑性变形能力（非保有耐力连接节点）
  A_g —— 母板部分的截面积
  A_e —— 截面损失部分的有效截面积

旋转拧断端头

剪扭型高强螺栓，螺栓头一侧的垫片可以省略

图 1.11　扭剪型高强螺栓

[出处：日铁住金螺栓株式会社　产品目录]

图 1.12　保有耐力连接

(c) 保有耐力连接

节点连接形式可以分为："存在内力连接（连接强度能够满足传递构件间实际存在的内力）"和"全强连接（连接强度能够满足传递构件的屈服状态承载力）"。存在内力连接一般用于像短跨梁的中间连接节点这种应力明显较小的部位，而抗震设计中一般倾向于采用全强连接。

高强螺栓连接，由于螺栓孔造成截面损失，不能做到可传递构件的极限承载力的这种全强连接，但是可以做到满足构件屈服状态的全强连接，也就是"保有耐力连接"。如图

1.12 所示的单纯受拉杆件的节点，若满足下式时则被认为是保有耐力连接。此连接方式可以保证节点在破坏前主构件部分先屈服，从而使主构件的塑性变形能力能够得到充分发挥，但前提是钢材的屈强比 YR 必须足够小。

$$_jP_u \geqslant \alpha \cdot {_mP_y}$$

式中　$_jP_u$——节点的极限承载力＝有效截面积×钢材的抗拉强度＝$A_e \cdot \sigma_u$；

　　　　α——安全系数（400N/mm² 级钢材取 1.3，490N/mm² 级钢材取 1.2）；

　　　　$_mP_y$——被连接构件的屈服强度＝全截面积×钢材的屈服应力＝$A_g \cdot \sigma_y$。

此外，受弯情况下的保有耐力连接的条件，同样可由下式表示。

$$_jM_u \geqslant \alpha \cdot {_mM_P}$$

式中　$_jM_u$——节点的极限承载力，根据断裂形式所决定的承载力；

　　　　$_mM_P$——构件的全塑性抗弯承载力（全塑性弯矩）；

　　　　α——安全系数（＝1.3 或者 1.2）。

1.3　结构方案

结构方案是指在适当的造价以及技术水准范围内，保持足够的力学可靠度的同时，实现建筑空间具体化的过程。在设计结构方案时，要考虑场地和地基条件、建筑方案、设备方案、工期、工程造价、建筑物使用年限、结构目标性能（抗震，抗风，抗雪）等因素，确定合适的建筑基础及上部结构形式。结构方案应当在充分发挥钢结构优点的基础上，确定结构的跨度、层高、楼板形式，柱、梁、抗震结构要素的布置以及拼接节点位置等。另外，针对钢结构容易发生变形的特征，需对内外装修材料、设备机器等非结构构件进行验算。

（1）钢结构建筑的架构

钢结构建筑的结构形式多种多样，有附加抗震/减震构件框架结构的超高层建筑，双向框架结构的中低层建筑，门式刚架结构的工厂或仓库，还有采用钢管桁架结构的各种空间结构，以及轻钢结构的住宅等。铁塔、储液罐、张力膜结构、悬吊结构、空气膜结构、大空间结构等也都是利用钢结构的强度高这一特点的结构形式。另外，以高层建筑为主，柱采用刚度大强度高的 CFT（Concrete Filled Tube，钢管混凝土柱），梁采用 H 型钢构成的轻量大跨度的 CFT 结构也越来越多。高层建筑主要考虑抗震设计，但是在工厂、仓库或者空间结构中，风荷载或雪荷载有时会成为主控荷载。

（a）使用冷成型方钢管柱的框架结构

图 1.13 所示的双向框架结构，是中低层办公楼、商铺等采用较多的结构形式。柱采用冷成型方钢管，梁采用 H 型钢，梁柱节点采用梁贯通隔板形式，楼板采用压型钢板为模板的钢筋混凝土楼板。在图 1.13 中，柱脚采用的是外包式柱脚，但更经常采用的是外露式柱脚。在非结构构件中，常采用均为干式工法的 ALC 外墙、铝合金门窗、轻钢龙骨的石膏板隔墙等。另外，还时常会遇到在狭窄用地上建单跨建筑（柱均为外柱的建筑），这类建筑在地震作用下的水平变形（层间位移角）较大。

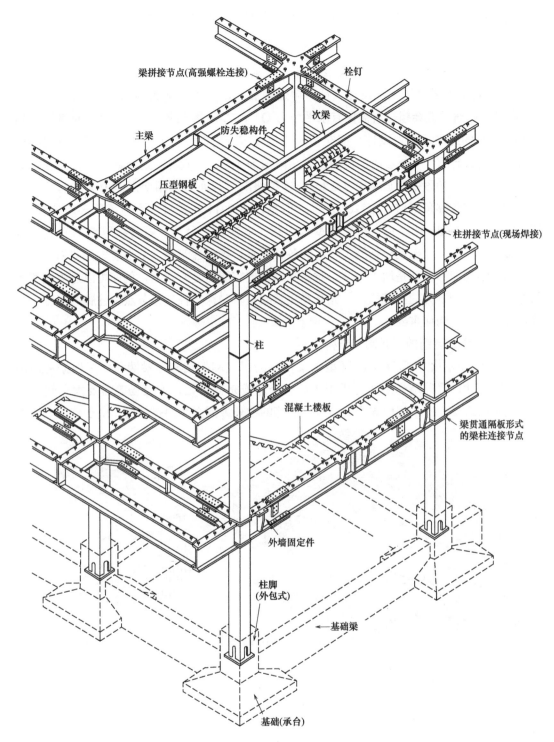

图 1.13 双向框架结构的中低层建筑

[出处：日本建筑学会《结构教材》，改订第 3 版，p. 40（2014）]

在中低层建筑中，一般来说，可用结构计算路径 ① 或 ② 进行设计，但是最近采用计算路径3进行设计的建筑也在增多。虽然需要推覆分析法等较复杂的计算，但是随着一贯式结构计算程序的普及，计算变得相对容易，这也是采用计算路径3进行设计的案例增多的原因之一。由于钢框架结构的塑形变形能力（延性）较大（结构特性系数 D_s 能够降至 0.25），因此只要满足了一次设计（针对罕遇地震 $C_0=0.2$ 的容许应力度设计），其保有水平耐力 Q_u 通常就会超过所需保有水平耐力 Q_{un}，二次设计的强度验算（针对极罕遇地震 $C_0=1.0$ 的终局承载力设计）能充裕地满足要求。有时，也有由变形限制而决定结构构件截面的设计（$C_0=0.2$ 时的层间位移角限值为 1/200。但若建筑物具备充分的变形能力时，层间位移角限值可放宽至 1/120），这种情况下，通过采用变形能力大的非结构构件，放宽层间位移角限值（1/120 以下）。但是，在 2011 年东日本大地震等多起地震中，不少非结构构件如 ALC 板、挤塑成型水泥板、玻璃板、吊顶、石膏板隔墙等发生了脱落、破坏。因此，考虑到包括施工在内的各种因素，确保建筑物的变形能力并非易事。

  抑制结构变形也就是增大刚度，对提高综合抗震能力是有效的，例如可以适当地使用斜撑或者其他刚度大的抗震构件。尤其要注意的是，确保梁柱连接节点和柱脚的刚度，与确保强度和延性同样重要。

(b) 使用 H 型钢的门式刚架结构

  图 1.14 所示由 H 型钢柱和 H 型钢梁构成的门式刚架结构，梁端和柱头根据弯矩加大了截面尺寸。这种结构形式适用于工厂、仓库或是体育馆、大会场等需要大空间的建筑。大跨的跨度方向采用门式刚架结构，小跨的柱列方向采用斜撑结构。由于跨度方向的

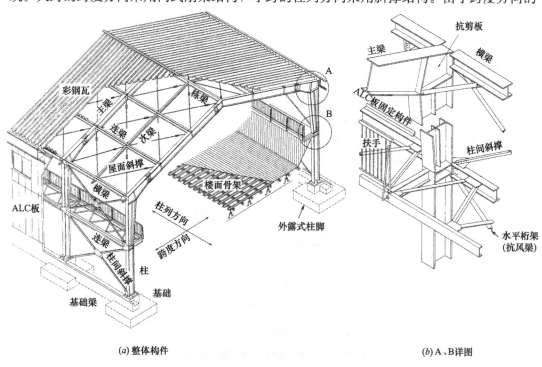

(a) 整体构件   (b) A、B详图

图 1.14   门式刚架结构

[出处：日本建筑学会《结构教材》，改订第 3 版，p.42 (2014)]

主梁有坡度，而柱列方向的梁是水平的，因此梁柱节点结构比较复杂。另外，柱间斜撑以及屋面水平斜撑也交汇在梁柱节点处，因此需要将梁柱节点设计成内力传递顺畅、焊接加工简洁的构造形式。

柱列方向的柱间斜撑如果被布置在长期轴力较小的角柱边上的话，在水平荷载时会发生上拉力，并通过柱脚的地脚锚栓对基础产生上拉作用，因此不能承受太大的水平力。屋面水平斜撑需要有足够的强度和刚度将屋面产生的地震作用或局部风荷载等传递到周边框架。由于有不少屋面水平斜撑的地震破坏案例，因此将水平斜撑端部连接节点（高强螺栓连接）设计成保有连接节点较为妥当。

在跨度方向多数不设基础梁，这时需采用能够承受柱脚弯矩的基础形式。地面通常采用地基直接承载楼板形式，如果需要行驶叉车，则需考虑反复荷载和冲击力的作用，布置双排配筋以抑制裂缝。活荷载较大时，可考虑采用桩基础。

门式刚架结构的建筑自重较轻，在不少情况下风荷载会比地震作用大，因此可采用桁架等延性较低的构件。在抗风设计时，需对柱列方向风荷载进行山墙抗风梁等的设计。在使用彩钢瓦之类的金属屋面等轻量外装材料时，除了彩钢瓦的强度，确保包括固定连接节点在内的强度也是很重要的（当然，采用 ALC 板外墙时，确保它们在地震时的层间位移追随能力也同样是很重要的）。

支撑屋面的檩条和支撑墙体的龙骨等二次构件多数采用轻钢（C 型钢等）或角铁等，通过紧固件（螺丝等）安装在结构躯体上。紧固件要有能力调节结构躯体的施工误差，例如采用长孔，并在一次拧紧螺丝后进行焊接固定等。现场焊接需要有资格的焊工进行施工。

（2）跨度和层高

与钢筋混凝土结构等其他结构形式相比，钢结构适合于大跨度建筑，高层办公大楼现在一般的跨度为 12~20m。

随着跨度增大，梁截面高度也相应增大，层高也随之增大，虽然在经济上不合理，但是跨度太小则会影响建筑使用效率，而且基础以及节点数量的增加也会导致建筑成本的增加。选择适当的跨度，也就是确定柱的间距是结构方案的重要一步。跨度的确定（也决定了楼板的大小以及次梁位置），不仅与建筑模数有密切关系，还与设备设计（照明器具以及管道的分布）相关，因此需要充分协调各方。

层高包括净高和吊顶高度（楼板装修、楼板、钢梁、设备管线、吊顶等的尺寸）。降低吊顶高度，在有限的层高中确保足够的楼层净高是确保舒适度并且降低建筑成本的重要方法。为此需与建筑和设备等方面进行协调，而在结构设计中，确定楼板的构成和梁高是重要的一步。

楼板一般采用以压型钢板为模板进行钢筋混凝土现场浇筑的工法，有时也采用 ALC 板加水平斜撑或者采用预制混凝土叠合楼板进行钢筋混凝土浇筑等工法。

梁是构成框架的构件，如果能够设置斜撑等抗震构件，就可以降低框架的水平力分担比率，起到减小梁高的作用。为了让梁柱节点简洁，尽可能对梁宽、板厚进行调整使得 X 方向和 Y 方向的梁高一致。另外，为了便于焊接施工，节点域连接隔板的高低差需在

150mm 以上。但是，为了调整楼面的高度差或为空调管道而设的倒梁以及为配合建筑要求，需对梁的高度进行调整等，有时需要焊接多道连接隔板，这时需进行充分的调整和设计（图 1.15）。

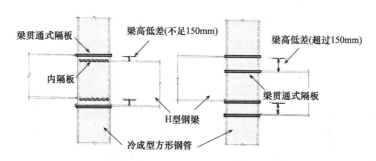

贯通式隔板通常用机器人进行焊接，效率高质量好。
若是内隔板时，机器人则难以胜任或效率低下等。

图 1.15 梁的高度差和梁贯通式隔板

（3）设计水准

（a）结构的抗震安全性

建筑基准法要求结构构件（柱、梁、基础）在罕遇地震下（震度 5 强左右的中等程度的地震，再现期为 30～50 年）具有防止损伤的性能（只受小破坏，没有产生需进行大规模修复的大损伤），在极罕遇地震下（震度 6 强左右的大地震，再现期为 300～500 年）具有结构安全性能（只受中等破坏以下，即使有损伤，也不发生牺牲人命的大破坏）。1995年的阪神·淡路大地震后，对建筑的抗震要求进一步提高，不仅需确保大地震时的安全性，还需控制损伤使建筑物仅进行修补就能继续使用；对抗灾据点的重要建筑物则期待在大地震后能继续维持其使用功能。与此同时，还认为对装修材料等非结构构件、建筑设备、家具及什器等，进行适当的抗震设计以确保建筑物的综合抗震安全性也非常重要。这就是在适当的成本范围内完成比建筑基准法（最低标准）规定的性能更高的抗震性能，这种设计法即为性能型抗震设计法。

抗震性能选项表   **表 1.4**

（a）建筑物的抗震性能选项表

		地震的大小		
		中等地震（震度 5 强）	大地震（震度 6 强）	超大地震（震度 7）
建筑物的级别	特级	无破坏、轻微	无破坏、轻微	小破坏
	高级	无破坏、轻微	小破坏	中破坏
	标准级	小破坏	中破坏	大破坏、倒塌

无破坏、轻微：地震后建筑物可以继续使用（能维持功能的抗震性能）

小破坏：地震后经过修补可以重新使用（控制损伤的抗震性能）

中破坏：建筑物的修复有困难，但可以确保人命安全（确保安全的抗震性能）

大破坏、倒塌：难于确保人命安全

(b)JSCA 的性能设计例("高级"高层钢结构建筑物的例子)

地震动	大小	罕遇地震动 [震度5弱左右]	相当罕遇的 地震动 [震度5强左右]	极罕遇的 地震动 [震度6强左右]	验算富余度 的地震动 [震度7左右]	建设场地特有 的地震动 (场地波) [震度6强左右]
	地震波名称 最大速度	告示波×0.2 (神户相位) 8.4cm/s	告示波×0.5 (神户相位) 21cm/s	告示波×1.0 (神户相位) 42cm/s	告示波×1.5 (神户相位) 63cm/s	首都直下地震 62cm/s
建筑物的 状态	受害程度	无破坏	轻微的破坏	小破坏	中破坏	大破坏
	维持功能的 程度	确保功能	确保主要功能	确保指定功能	确保部分功能	确保部分功能
	需要修复的 程度	无需修复	轻度修复	小规模修复	中规模修复	中规模修复
规定值	层间位移角	1/200 以下	1/150 以下	1/100 以下	1/75 以下	1/75 以下
	层塑性率	—	—	$\mu \leqslant 2.0$	$\mu \leqslant 3.0$	$\mu \leqslant 3.0$
反应值	层间位移角	1/476	1/235	1/113	1/78	1/89
	层塑性率	—	—	$\mu_{max}=1.54$	$\mu_{max}=2.86$	$\mu_{max}=2.10$
性能富余度*		2.38	1.57	1.13	1.04	1.18
抗震性能等级		高级				
结论		本建筑是具有设计目标为高级抗震性能的建筑物。对震度6强左右的地震仅限于小破坏,在使用上可以确保指定的功能。对发生概率很低的最大级地震的首都直下型地震,破坏程度为中破坏,不能维持其功能,但进行修复后可以恢复抗震性能。				

* 性能富余度:各个评价指标中的最小值

[出处:日本建筑构造技术者协会"JSCA 性能设计(抗震设计篇)手册"(2018.2)]

　　表 1.4(a)为性能型抗震设计法的抗震性能选项表(作为业主和设计人员为确定建筑物抗震等级进行对话时的工具,并附上成本概算)的例子。建筑物分为三个等级,即在大地震(震度6强左右的极其罕见的地震动)作用下受到中等程度以下的破坏但能确保结构构件的安全性为"标准级";小破坏以下且具有安全性能和控制损伤的抗震性能的建筑物为"高级";无破坏或轻微破坏且具有安全性能和控制损伤的抗震性能并能维持功能的建筑物为"特级"。标准级的结构为能够满足建筑基准法所规定的性能;"高级"的结构是在标准级的设计地震作用上乘以 1.25 重要度系数来加大强度等,以在震后无需很大的修补费用为目标;"特级"为乘以 1.5 重要度系数的建筑物或隔震、消能减震结构(具有吸收地震能量装置的结构),以大地震后能够继续维持建筑物功能为目标。

　　表 1.4(b)为将这些性能要求以具体数据来表达的性能设计例子之一(日本建筑结构技术者协会 JSCA 制作)。针对用时程反应分析方法的"高级"高层钢结构建筑物抗震设计性能标准(判定值),例如在极其罕遇地震(震度6强大地震)时满足小破坏以下条件的"层间位移角≤1/100 及层塑性率 $\mu \leqslant 2.0$"的具体判定值,该建筑物的最大反应值(层间位移角为 1/113 及层塑性率 $\mu_{max}=1.54$)均小于上述判定值。另外,该建筑物还满足在 1.5 倍告示波(震度7左右的极大地震)作用下其反应值为"中破坏以下"的抗震设计标准(层间位移角≤1/75 及层塑性率 $\mu \leqslant 3.0$)。该建筑物还验算了在设定为最大地震的

首都直下型地震（场地波）作用下也只会发生"中破坏以下"的损伤，从而得知该建筑物具有"高级"的抗震性能。

还有其他此类例子。为了确保地震防灾功能，国家制定了"政府设施的综合抗震、抗海啸规划标准（政府相关部门联络会议统一标准，2013 年 3 月改定）"，明确了政府设施的抗震安全性能目标。结构构件（柱、梁、基础）分为Ⅰ至Ⅲ类：Ⅰ类为将所需保有水平耐力增加到 1.5 倍的建筑物，用于需要特别地提高结构物整体抗震性能的设施。Ⅱ类为将所需保有水平耐力增加到 1.25 倍的建筑物，用于需要提高结构物整体抗震性能的设施。Ⅲ类为满足建筑基本法所规定的抗震性能的设施。同时，不仅对结构构件，对非结构构件（A、B 类）及建筑设备（甲、乙类）也做出了规定，从而对抗震综合安全性予以妥善的考虑。

2000 年施行的"关于促进确保住宅质量的法律（品确法）"，以促进确保住宅质量、保护住宅购买者的利益以及迅速且妥善解决有关住宅的纠纷为目的，规定了第三方机构（指定的性能评价机构）对结构性能、火灾时的安全、减缓劣化、维护管理的重视以及保温隔热性能等，进行检查、评估并标识。其中，针对抗震性能规定了 1 至 3 级。1 级采用建筑基准法所规定的设计地震作用，而采用 1.25 倍和 1.5 倍的设计地震作用则分别定义为 2 及 3 级，以此提高建筑物的抗倒塌性能和抗损伤性能。

（b）非结构构件的安全性

让易于变形的钢结构建筑性能与内外装修材料、设备机器、家具什器等非结构构件的性能相匹配是非常重要的。非结构构件的抗震性能指标有二个：变形追随性和固定部的强度。然而，对非结构构件所需的必要性能和非结构构件的保有性能，尚未有足够的认识。

关于变形追随性，所需变形量可采用结构本体的反应分析（各种地震水准的弹塑性分析）计算得到。但是非结构构件的变形追随性能，因工法不同而相差甚远。玻璃、外装修材料等已经通过许多实验开发出相应的工法，在 1995 年的阪神·淡路大地震中，也有没受损伤的玻璃幕墙，其技术水平在世界上也得到了认可。而这些技术，需要进一步应用到天棚吊顶等内装修材料上（包括其与自动喷水灭火装置、照明器具之间的相互作用的验证）。

关于固定部的强度，重要的是如何推算所发生的作用力，若知道了作用力，便能很容易地进行锚固件的设计。固定部的作用力，需根据楼层反应分析来进行计算，但非结构构件和固定部一般呈现非线性特性，锚固件的设计并不简单。例如，家具用松弛的绳索来固定，当绳索绷紧时会在固定部产生很大的冲击力；但如果使用填充材料等进行弹性支撑（允许一定的变形）时，锚固件作用力比完全固定要小。无论如何，对众多的室内非结构构件，特别是设备机器进行固定是很有效果的，有必要开发合适的锚固详图，并将其标准化。非结构构件的锚固设计，通常是根据楼层反应谱分析（弹性）的等效静力设计法来进行计算，日本的设计指针（日本建筑中心编：建筑设备抗震设计和施工指针，2014，等）也是如此。非结构构件的动力特性（固有周期等）和形态多种多样、通过实验验证非常有效。在日本，系统吊顶、活动地板、管道系统、电梯零部件等的抗震性能是由供货厂商通过振动台实验等来进行验证的。

·防止吊顶掉落的对策

在艺予地震（2001 年）中的体育馆等大空间结构、十胜冲地震（2003 年）中的机场候机楼以及宫城县冲地震（2005 年）中的体育设施，都发生了顶棚掉落的，过去的这类震灾不胜枚举。加上在东日本大震灾（2011 年）中，地震摇晃的时间较长，不仅是体育馆或大型场馆等大空间结构，一般的钢结构办公楼或商业楼都发生了不少顶棚掉落的现象。上述震灾表明，钢结构的变形能力较大，结构构件的损伤较小，可以再利用；但非结构构件的变形能力较差，导致综合抗震安全性能及防止损伤性能不足。

图 1.16 显示采用钢结构支架传统工法的顶棚概要。在该工法中，安装在结构体上的悬吊螺栓通过主吊件固定主龙骨，然后进一步通过吊挂件固定副龙骨，而顶棚是用螺丝固定的。固定龙骨的主吊件和吊挂件在精度调整和施工上非常方便，但在动力荷载作用下容易滑移，变形脱落，存在抗震安全性能不足的问题。特别是吊挂件一旦脱落，顶棚则连锁性地掉落。悬吊螺栓固定件的脱落以及主吊件螺纹部分的破坏也时有发生。另外，顶棚与周围的墙壁等一旦相撞，主龙骨和副龙骨会受压造成屈曲，随之造成悬吊螺栓的屈曲。通过振动实验发现，悬吊螺栓会发生一颤一颤随机扭曲的独特振动。

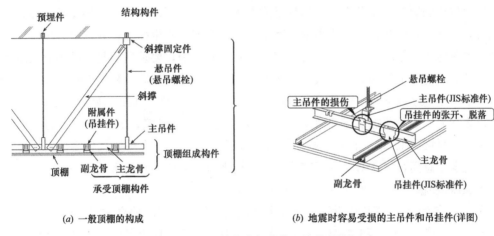

(*a*) 一般顶棚的构成　　　　　　　(*b*) 地震时容易受损的主吊件和吊挂件(详图)

图 1.16　采用钢结构支架传统工法的顶棚概要

· 特定顶棚

2013 年国土交通省发布施行了关于防止顶棚脱落的一系列技术标准的告示（平 25 国交告第 771 号，关于特定顶棚以及特定顶棚结构承载力的安全结构方法的规定，等），将有可能因脱落而引发重大危害的顶棚定义为特定顶棚（高度大于 6m，面积大于 $200m^2$ 的顶棚），并要求确认其安全性。确认安全性的方法，包括确认其是否满足一定的构造标准（构造确认）或通过计算进行确认（计算确认或大臣认证确认），从而需要由结构工程师参与设计。

2013 年，在顶棚和周围墙壁之间设置空隙，并由斜撑抵抗地震作用的构造标准（图 1.17（*a*)）为主流。而到了 2016 年，取消了这一空隙，同时追加了由周围墙壁来抵抗地震作用的构造标准（图 1.17（*b*)）。在顶棚和周围墙壁之间有空隙时，在顶棚面发生的地震惯性力会通过斜撑传递到楼板或屋顶面，而顶棚和周围墙壁之间无缝隙时，地震力是通过周围墙壁传递到结构体上的。

通过计算进行安全性确认时，则需要确认这一传力途径上的强度是否足够。地震力根据楼层反应值来计算，但对如何评估计算顶棚的固有周期以及各个零部件的非线性特性，目前尚不充分，有待于今后进一步的研究。

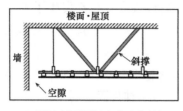 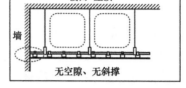

(a) 顶棚和周围墙壁之间有缝隙的情形　　　　(b) 顶棚和周围墙壁之间无缝隙的情形

图 1.17　特定顶棚的构造标准

- **自动扶梯**

2011 年东日本大震灾时发生了多起自动扶梯脱落的事故。自动扶梯采用的结构形式是将内置的桁架梁以两端非固定或一端固定的方式搭放在上、下楼层的梁上。为了避免受到楼层间位移的影响，用角钢等金属件做成在水平方向上可以自由滑动的支承。如果桁架梁的搭放长度不足时扶梯会发生滑落，间隙不足时桁架梁发生碰撞、变形导致脱落。在自动扶梯脱落防止措施的告示（平 25 国交告第 1046 号）中，要求确保足够的搭放长度和间隙。计算标准的水平位移规定取大于一次设计（弹性设计）层间位移的 5 倍，即一次设计的位移角为 1/200 以下的话所需层间位移角为 1/40 以下；而 1/120 时则为 1/24 以下，其值变得非常大。随后通过实验证实，即使桁架梁等发生了碰撞，但只要发生的变形小于 20mm，便可回复到原来的长度，故在修订的告示（2016 年）中对搭放长度做出了可以放宽的新规定，总而言之这对于易于变形的钢结构来讲是需要注意的事项之一。

- **ALC 墙板**

在 2013 年的 ALC 板结构设计指针（建筑研究所主编，ALC 协会发行）中，对于外墙，规定了"竖墙转动工法"和"横墙锚固工法"。而对于内墙，规定了转动工法、竖墙底板工法以及参照外墙的工法。内墙转动工法是根据东日本大震灾调查后新设立的工法。另外，对于外墙曾采用的竖墙滑动工法以及内墙曾采用的墙体锚固筋工法（均为在 ALC 板之间的接缝里填充水泥砂浆的湿式工法），由于施工合理化等原因采用案例渐少而被取消。

ALC 墙板的层间位移角容许值在 1/75 以上，具有很大的变形能力。为了实现该性能，需要对包括作为支承的钢结构构件细部进行充分的设计。在很多情况下，工程师是将工法标准图直接拷贝到设计图纸里，必须注意这是以把外周梁移至外边（为了将梁的翼缘板外侧和柱外面对齐，梁的中心线从柱子的中心线水平外移）进行焊接固定 ALC 墙板的角钢为前提的。如果无法将主梁向外移动（冷弯成型钢管柱的四角部成圆弧形）或因结构稳定性等不对主梁进行外移处理时，则需要设置支撑墙板角钢的金属件。

1.4　结构设计

钢结构设计一般以计算荷载、假定构件截面、结构分析、确定构件截面的顺序来进行，因为钢结构建筑中一定有节点，所以在假定构件截面的同时也必须考虑节点细部。

设计时，要事先准备钢材表以及各家钢材企业的产品资料，但是这些资料在一般的书店很难买到，日本大部分的建筑材料都存在这个问题，需要分别从各家制作厂家获得资料。最近，各厂家开发了很多新产品，特别是针对节点构造的新产品，在进行设计时，各个厂家都有针对本厂产品专门的技术资料，结构设计师必须要理解这些技术资料。

钢结构建筑基本上是装配式结构，一般需要大量的将结构构件和其他建筑产品有效连接的金属连接件。此外，楼板、外墙、窗、内墙、顶棚以及各种设备管道都有各自的安装方法，作为设计人员，必须具备建筑物整体的知识以及一定的从业经验。

(1) 计算荷载

计算中考虑恒荷载、活荷载、地震作用、风荷载、雪荷载等。钢结构建筑的结构自重比钢筋混凝土建筑小，在计算荷载时需要注意这点。对于一般的建筑来说，地震时的单位面积楼板重量（恒荷载＋用于计算地震作用的活荷载）通常在 $7\sim 8kN/m^2$，而采用彩钢瓦的门式刚架结构的屋面重量在 $2kN/m^2$ 左右。可事先记住一些诸如此类的计算例，便于校核输入的数据是否正确。一般来说，荷载等是根据下述各项进行计算。在计算恒荷载时，应尽可能准确计算。

① 对于内墙、次梁、桁架、檩条等的自重，特别是在略算时，可换算成楼板的单位面积重量。

② 对于跨度或者层高较大、屋面较轻的工业建筑以及板式高层建筑的短边方向，与地震作用相比，有时风荷载会占主导地位。在进行风荷载作用下的结构分析时，需计算几种荷载组合的工况。在设计向上吹风荷载时，活荷载可按 0 来计算，偏于安全设计。

③ 对于多雪地区的大跨度屋面结构，雪荷载决定构件截面。此外，斜屋面必须考虑只有单侧荷载（荷载的偏心）的情况。

④ 对于平面尺寸较大的结构，必须考虑温度应力。

⑤ 对于电梯、自动扶梯的支架以及设置有桁车起重机的工厂建筑，必须将冲击荷载计入长期荷载来进行计算。

(2) 假定构件截面

构件包括楼板、梁（主梁、次梁）、柱、斜撑等。设计初期需要先假定梁高和柱尺寸等。当 X 方向和 Y 方向的梁高不同时，需要考虑梁柱节点处的横隔板的设计和施工的可行性。此外，为了决定柱拼接节点和梁拼接节点的位置，以及是采用工厂焊接还是现场焊接，需要考虑钢结构的运输手段以及吊车的能力等。在设计节点周围的节点板、加劲肋时（在钢结构建筑中经常出现），也必须考虑焊接工人的操作姿势、螺栓的插入方向以及能否进行质量检查等问题。

(a) 楼板、次梁

在钢结构中，一般采用各种形状的压型钢板混凝土楼板。

图 1.18 所示的用 U 形压型钢板为混凝土模板，在其上配筋并且浇筑轻质混凝土的方法，是在建设日本的第一座真正意义的超高层建筑霞关三井大楼时开发的。由于这种方法安全性高、施工操作性良好，之后被大量应用在钢结构建筑中。后来，又开发了双向楼板

的钢制混凝土永久性模板（平顶压型钢板），采用这种楼板可以方便进行给水排水等楼板开洞工程的后续施工。此外，为了增加钢制混凝土模板的表面附着力，将钢板表面加工成凹凸不平，使现浇混凝土和钢板连成一体形成组合楼板（组合楼板所用的压型钢板并非仅作为模板，它还作为结构体负担拉应力）。这种组合楼板取得了 2 小时耐火性能的认证，楼板本身的配筋也可以适当减少。这些通过冷弯加工的钢制混凝土模板的表面有厚度为 0.8～1.6mm 的镀锌层（镀锌重量在 120g/m² 左右，主要为了防止搬运时钢板生锈）。这些楼板的跨度大约在 3.6m 以下，在布置结构时需要按照这个间隔布置次梁。将压型钢板作为混凝土模板来使用时，混凝土保护层能够保证足够的耐火性能；但如果压型钢板同时作为组合楼板的受力构件，则必须通过耐火实验（跨度以及混凝土厚度的限制等）来确认楼板的耐火性能。

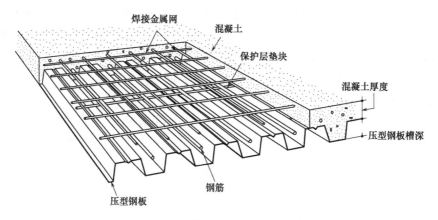

图 1.18 采用 U 形压型钢板的楼板
［出处：日铁住金建材株式会社产品目录］

次梁用于支撑楼板，同时还可以防止主梁发生侧向屈曲。次梁主要承受竖直方向的荷载，一般以铰接方式搭接在主梁上。通常，混凝土楼板通过次梁上部翼缘上的圆头栓钉来约束次梁的侧向移动，而下部翼缘在全跨上处于拉力状态，在这种情况下不用考虑由侧向屈曲引发的抗弯强度的折减。高强螺栓常用于主梁的拼接，还常用于焊接性能差的 SS400、SN400A 等钢材的连接。施工时次梁支撑作为模板的压型钢板，当压型钢板以连续支撑方式布置时（虽然连续支撑处会产生负弯矩，但施工时变形量减小，可以增强承载能力），在焊接施工上需透过压型钢板才能将栓钉焊接在梁上，这有一些难度。在这种情况下，一般的处理方法是事先进行焊接实验以确保健全的焊接施工，而预先在压型钢板上开出栓钉焊接孔是很好的处理办法。

小规模钢结构建筑的楼板，或钢结构工厂、仓库的屋面有时使用 ALC 板材。由于 ALC 板材在连续支撑时容易在产生负弯矩的地方发生裂缝，因此原则上采用简支梁方式进行支撑，但因为板材的刚度较小，跨中的变形有时较大，采用 ALC 板屋面时还要注意积水问题。此外，原则上要设置屋面水平斜撑以确保刚性楼板假定。

(b) 主梁

主梁是与柱一起构成框架结构的构件，常用的是由两块翼缘板和一块腹板组成的 H

型钢梁。对于主梁来说，虽然窄至中翼缘 H 型钢的截面效率很好（用少量的钢材获得较大的抗弯性能），但钢板较薄的话容易发生局部屈曲，因此对宽厚比（FA～FD）和梁开孔等需注意。

作为热轧 H 型钢的基本制造方法（整体轧制法），采用基本制造方法（整体轧制法）制造的 H 型钢，其内侧尺寸是固定的，因此当翼缘、腹板的板厚发生变化时，型钢的截面高度、宽度尺寸也会发生变化。而在钢结构建筑物的设计和制作过程中，如果采用外尺寸固定的 H 型钢，则对构件的连接、外墙以及装饰材料的安装都能够更方便，因此一般希望采用外尺寸固定的 H 型钢。这种 H 型钢在 1990 年开始批量生产，制作精度很高（例如，$H=600mm$ 能做到 $H=600±2mm$ 的精度），逐渐取代了传统的焊接组合 H 型钢。

主梁有时采用平行弦桁架或山形桁架形式。桁架梁虽然是由承受轴向力的弦杆和缀杆组成的高效率结构构件，但桁架梁的最大承载能力大多数是由弦杆或缀杆的屈曲所决定的。这种情况下它的塑性变形能力很小，因此桁架梁用于框架结构时，它的构件类别等级为最低的 D 等级（缺乏韧性）。

(c) 柱

在中低层建筑中宽翼缘 H 型钢和冷成型方钢管柱较为常用。H 型钢从 1961 年开始生产迄今，作为具有优良基本性能的型钢产品而广受关注，逐渐取代了曾长期使用的用钢量少但加工量大的 L 型钢/槽钢拼装的组合构件。到了 1970 年代，以梁构件为主的 H 型钢占了建筑用钢量的 60%，作为柱构件也被广泛使用。1981 年新抗震设计法颁布后，方钢管柱得到了迅速地发展。当时作为主流的 H 型钢柱建筑结构是"一个方向为框架结构，另一个方向为斜撑框架"的结构系统，而采用了方钢管柱的结构，做到了"两个方向都是框架结构"的结构系统。这不但增加了建筑设计的自由度，同时也让结构系统变得更加单纯，并且更加有利（结构特性系数 D_s 值变小，可以减少用钢量）。因此，目前方钢管柱成为中低层建筑的代表性柱构件。另外，由极厚的高强度钢板焊接而成的组合方钢管柱（组合箱形柱）用于应力大的建筑，如超高层建筑。

(d) 斜撑、抗震要素

斜撑提高了由柱和梁组成的框架结构的刚度，因此可减小风荷载和地震作用时的结构水平变形。此外，斜撑会在梁和柱屈服之前先吸收地震能量，可防止对支撑竖向荷载的柱和梁的损伤。

用受压时容易在弹性范围发生屈曲、长细比很大的圆钢或角钢等作斜撑时，仅作为不考虑抗压强度的抗拉斜撑进行设计。当斜撑受到反复的抗拉屈服时，所累积的塑性抗拉应变使斜撑变长，滞回特征呈滑移型。对于受压时在弹塑性范围发生屈曲、长细比为中等程度的 H 型钢或钢管斜撑，作为考虑受压屈曲后抗压强度的抗拉压斜撑进行设计，但它的滞回特征呈伴有劣化的滑移型。同时还有抗压强度与抗拉强度一样的防屈曲斜撑（长细比按 0 计算）。除此之外，还有可防止柱梁损伤、作为抗震构件可减少变形并且在斜撑发生屈曲之前让其他更有韧性的部分先屈服的特殊斜撑，以及油阻尼器（抵抗力与速度成正比）等。

带有斜撑的结构的结构特性系数 D_s 是由斜撑的有效长细比及其水平荷载分担率来决

定的。斜撑的形状有 X 形、Z 形、K 形等，为了使斜撑能充分的发生屈服，连接节点的设计很重要。特别是 K 形斜撑，在梁的中央有节点，当受到水平力时受压斜撑先屈服，随后受拉斜撑也发生屈服，最后斜撑受力达到最大时，斜撑对梁会产生向下的不平衡力，因此梁要有足够的强度和刚度来抵抗由斜撑的不平衡力所产生的弯矩。不平衡力一般是通过由有效长细比所得的屈曲后强度（约为屈曲强度的 1/3 左右并发生很大变形时的强度）求得。当梁的强度不足时在梁的中央会发生塑性屈服、从而降低斜撑的效果，这时的保有水平耐力不是单纯的相加。此外，为防止 K 形斜撑与梁的节点处向面外发生水平变位，需要考虑布置次梁。

（e）柱脚

柱脚通常有外露式柱脚、外包式柱脚和埋入式柱脚（图 1.19）。外露式柱脚的锚栓位

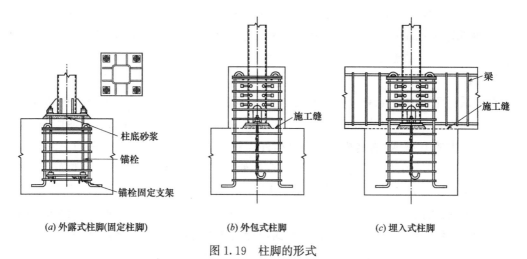

(a) 外露式柱脚(固定柱脚)　　　　(b) 外包式柱脚　　　　(c) 埋入式柱脚

图 1.19　柱脚的形式

出处：村田义男《新抗震设计讲座 钢结构的抗震设计》，日本 Ohmsha 出版社（1984）

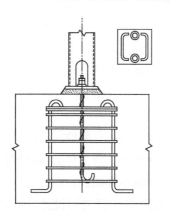

图 1.20　外露式柱脚（铰接柱脚）

出处：日本建筑学会《结构教材》，

改订第 2 版，p.47（1995）

置难以精确调整，施工难度较大而且力学性状不安定，在 1995 年阪神·淡路大地震中，出现了锚栓被拔出以及螺纹部分的断裂等破坏现象，此外还有由于焊接不良、施工不良引起外露式柱脚破坏，成为导致建筑物整体倒塌破坏的主要因素。当时，外露式柱脚一般作为铰支座进行设计（铰接柱脚，图 1.20），简单地采用一块节点底板和几根锚栓固定。尽管柱脚的固定度小，抗弯刚度也较小，但还是会在柱脚处产生弯矩，导致锚栓受拉。地震后，虽然建设省（当时）对铰接柱脚增加了一系列的设计要求，但是，还是不推荐这种设计方法。随意进行设计以及施工的外露式柱脚，常常是结构严重损伤的原因。

• 外露式柱脚的固定度

增强了固定度的外露式柱脚（图 1.21）目前采用较多，然而仍然存在以下问题：

①柱脚底板和砂浆层不密实；②紧固锚栓时轴向拉力导入不足；③底板刚度的不足等原因导致柱脚固定度降低，形成柱脚的半固定状态。柱脚固定度的不足会导致底层柱的反弯点下移，增大 1 层的层间位移，因此需要考虑增加第二层大梁的刚度和强度等。

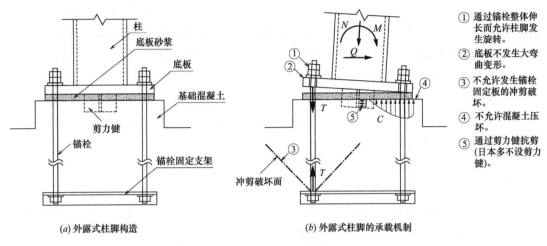

图 1.21　外露式柱脚

［出处：日本建筑学会《钢结构建筑结构设计的思考和框架》，p.105（1999）］

- **锚栓**

锚栓的螺纹部分一旦发生屈服，有可能发生断裂。为了提高变形能力，让锚栓在屈服时螺纹部分不发生断裂，JIS B 1220：2015 规定了用低屈强比的钢材、并为减小应力集中在螺纹部分进行改良的锚栓配件规格（旋造螺纹 ABR 400/490，切削螺纹 ABM 400/490）。锚栓的固定程度因固定方式而不同，以①配备锚栓固定支架、②配备锚板、③锚栓端部弯钩的顺序，固定度逐次降低。作用在锚栓上的拉力，大部分通过其端部锚固区周围的局部承压传递给混凝土，但混凝土握裹强度较小，仅靠握裹力锚固的锚栓有可能会被拔出。要注意的是，受拉锚栓一旦进入塑性状态，在反复荷载作用下呈现滑移滞回特性，其耗能能力会降低。

- **柱脚底板**

为了传递柱子的轴力以及避免混凝土被压坏，底板需要有足够的刚度和面积。因此，底板会采用较厚的钢板，或设置加劲肋进行补强，另外也可以采用铸造预制柱脚构件。为了吸收施工误差，锚栓的孔径通常比锚栓直径大 5mm。

- **剪力**

作用在柱脚上的剪力是通过底板与砂浆之间的摩擦力，或者锚栓的侧压力来传递。

为了让锚栓的侧压力来传递剪力，一般会对螺母（选择双重螺母或者导入轴力使螺母不会松弛）、垫片（25mm 以上的厚垫片，孔径不大于锚栓直径＋1mm）进行焊接，有时也会采用对锚栓和底板之间的缝隙填充高强度砂浆的方法。

即使柱脚在受弯矩作用下，只要轴力是受压状态，摩擦力仍然有效。此外，还有在底板下方焊接剪力键（shear key）的方法，不过这种方法在日本不常用。

柱受拉情况在中低层框架结构里很少发生，但常发生在斜撑结构（特别是有斜撑的外侧柱的柱脚)。在这种情况下，无法通过摩擦力来传递剪力，因此需要采用大直径锚栓（否则在拉剪的组合应力下，容易断裂）或设置剪力键的方法。

- **外露式柱脚的设计**

《2015年版建筑结构技术基准解说书》的附录1-2记载了关于外露式柱脚的设计方法。根据锚栓的拉伸变形能力的有无、柱脚的保有水平连接的条件等，对保有水平耐力和D_s的评估均有所不同。并且对2007年版增加了防止柱脚基础承台破坏的计算公式，①柱脚基础承台边缘的混凝土破坏；②防止柱脚基础承台混凝土的受拉破坏；③防止柱脚基础承台的侧面由于受剪导致混凝土的脱落。

受弯柱脚部位的破坏形式有：①锚栓的拔出；②底板的弯曲；③柱构件的受弯屈服；④基础梁的受弯屈服等。要实现满足保有耐力连接条件的破坏形式③或④，需要数量多到无法布置的锚栓，因此现实中难以实现。所以，通常会将柱脚设计成破坏形式①（对于破坏形式②，会采用刚度较大的底板来防止）。

从作用于柱脚的轴力与弯矩之间的相互关系，可以计算出所需的锚栓根数、柱脚的回转刚度以及底板的厚度。当柱脚较早出现塑性（锚栓屈服）时，为了确保变形能力，推荐采用JIS规格的锚栓（ABR400，ABR490，ABM400，ABM490等）。在反复荷载作用下柱脚呈现滑移滞回特性（耗能能力较小），因此在根据容许应力等设计法来计算所需保有水平耐力时，作为设计惯例对D_s值增加0.05（例如，一层的$D_s=0.3$的框架，采用外露式柱脚时，按照$D_s=0.35$来设计）。

- **制成品的外露式柱脚**

另外，还有一些通过了大臣认证的外露式柱脚制成品，它们的回转刚度、弯曲强度、剪切强度以及塑性变形能力等力学特性都能够通过计算得到（多数已包含在一贯式结构计算程序内）。制成品柱脚的底板采用了具有良好焊接性能的铸钢或极厚高强度钢板，锚栓采用了屈强比较小、有塑性变形能力的大直径锚栓，为确保锚栓的施工位置的精度采用了刚度大的固定支架。此外，它们还具有良好的施工性能，可以有效吸收预埋锚栓的施工误差。为使柱脚的剪力可直接传递给锚栓，采取了在锚栓和底板螺栓孔之间的空隙灌入高强度砂浆或插入金属垫片，或在底板下设置剪切键等对策。而且，反复受弯时的滑移型滞回特性得到改善，有些产品可以不需要考虑对D_s值的0.05放大系数。

(3) 结构分析

(a) 刚性楼板假定

立体的实际建筑结构，经常作为平面构架的集合体进行结构分析，在水平荷载下的结构计算中，利用刚性楼板假定将水平荷载分配到各平面构架。刚性楼板假定，是以楼面的水平刚度（面内的剪切刚度）足够大为前提的，因此对下述情况需要注意。另外，有的一贯式结构计算程序具有可以指定非刚性楼板范围，并设定该范围的楼板面内的抗剪刚度以求出楼板面内剪力的功能。在设计连接上部结构与地下外墙的一层楼板等，应充分合理地利用该功能。

① 像单层厂房那样细长的建筑平面、楼板或屋面的水平刚度较小，即便在端榀构架中设置斜撑也起不到有效的作用。较合理的方法是分别计算各榀构架所分担的荷载，并控

制各榀构架的水平位移基本相同（分区设计）。在这种情况时，很难考虑偏心的影响，即使计算在刚性楼板假定条件下的偏心率，也没有什么力学意义。

② 在电梯、楼梯、设备通道或者中庭等楼板需要开洞较大的情况下，由于水平力无法通过楼板传递，即便在端榀构架中设置斜撑也起不到预期效果，因此在设计上有必要综合考虑各榀平面构架的刚度和承载力的均衡。为了增加楼板的水平刚度和强度，有时也采用铺设 9mm 厚左右的钢板并增加混凝土楼板厚度的组合结构。

③ 对于体育馆的金属屋面或者由 ALC 板等构成的楼板，可以通过在楼面设置水平斜撑构成刚性楼面。但是只用直径 9～12mm 的圆钢斜撑（设有螺旋扣），经常难以达到足够的刚度，大多数的情况下需要使用刚度更大的 L 型钢斜撑等。

（b）结构分析模型

框架结构是由梁和柱经刚接而成的结构。将构件视为具有弯曲变形、剪切变形以及轴向变形的杆件，并将梁柱连接部作为点来建立结构分析模型。对于中低层框架结构，作为设计仅考虑梁和柱的弯曲变形就足够了，可以采用更加简略的分析模型。对于高层框架结构或带斜撑的框架结构，在受到水平荷载作用时因无法忽略整体的弯曲变形，需要考虑柱的轴向变形（不过，竖直荷载作用下的结构计算，大部分都不考虑柱轴向变形，因为它的影响在施工过程中会被消除掉）。另外，有必要的话，对于剪跨比较小的梁、短柱的剪切变形以及 H 型钢柱与梁的节点域的剪切变形加以考虑。

计算梁的刚度时需考虑与楼板的组合效应。

柱脚有刚接、半刚接和铰接：埋入式柱脚和外包式柱脚作为刚接进行计算；外露式柱脚在一般情况下作为半刚接进行计算（转动刚度通过锚栓的轴向刚度等进行计算），但在特殊情况下（如第 2 层梁的设计用内力的计算或底层的层间位移最大值的计算等）作为铰接计算。

此外，用静力弹塑性推覆分析（Pushover 分析）来计算保有水平耐力时，需要做许多假定，例如屈服强度 M_p 是否考虑梁腹板的承载力等。尤其是使用一贯式计算程序时有必要对初始值（计算程序开发人员设定了标准值，设计人员在必要的情况下对数值进行更改）进行确认。对各种情况如柱发生拉力、45°方向水平力加载、平面形状不规整且沿主轴方向水平力加载或进行复杂的立体分析（比如，在框架面外方向发生较大内力）等情况时，参考实际震害例或众多的实验结果等来判断结构内力的传递是很重要的。

（4）截面验算

在进行截面验算时，除了进行容许内力设计以外，还需要进行以下的各项验算。

① 针对柱、梁等受弯构件的局部屈曲，验算宽厚比。

② 对于斜撑、柱等受压构件，须考虑整体失稳造成的容许应力折减。

③ 针对受弯构件的整体稳定（扭转失稳），配置侧向支承构件。

④ 对于斜撑等受拉构件，须考虑螺栓孔导致的截面损失后的有效截面积来进行截面验算。

⑤ 对于直交方向有大跨度梁的柱验算，须考虑直交方向在重力荷载工况下的弯矩叠加。

⑥ 对于角柱，须作为两个方向受弯（双向受弯）的构件进行验算。

⑦ 计算梁的变形，防止有害挠度或不舒适振动。

⑧ 在确定构件的拼接位置时，要考虑钢材的规格尺寸、运输能力限制、建筑机器吊装能力等。

（5）基础的设计

由于钢结构比钢筋混凝土结构轻，即使地基条件不好，通过采用合理的基础形式，中低层钢结构建筑也有可能采用天然地基基础（比桩基础更经济）。对于大跨度工业建筑，由于要设置机械设备的基础，有时无法设置基础梁，这时的基础要能同时承受轴力和弯矩。

（6）结构图

结构图是设计图（由建筑图、结构图、设备图等组成）的一部分。钢结构建筑的结构图包括平面图、框架剖面图、构件（柱、主梁、次梁、斜撑、楼板、基础等）的截面表、拼接节点表、焊接标准图、结构大样图、节点大样图等。在标准层平面图上，标注有柱、梁、楼板、次梁、梁的侧向支承构件、梁开孔位置及高度等。在框架剖面图上，标注有柱和梁的现场拼接位置、梁的高度、柱脚和柱头的位置、隔墙固定构件等。在节点大样图上，标注有梁柱节点处的焊接细节等。

（7）规格书

规格书中记述有各项工程的施工和检查方法等。与结构设计相关的有室外工程、地下工程、钢筋工程、混凝土工程以及钢结构工程等。

规格书分为标准和特记两种。

标准规格书中，一般性注意事项大多采用公共建筑协会颁布的《公共建筑工程标准规格集》等，而钢结构工程一般采用 JASS 6（日本建筑学会《建筑工程标准规格集 JASS 6 钢结构工程》）作为标准。

特记规格书，是设计者根据每一栋建筑的特点而编制的。在钢结构工程中，材料（钢材、焊接材料、高强螺栓等）的规格、钢结构制作工厂的级别（S 级，H 级，M 级，R 级等）、检查的种类/要点以及数量、柱脚的施工方法和柱底砂浆的材料等，跟施工和预算有关联的信息会详记其中。梁柱节点焊接的详细信息（过焊孔的形状、引弧板的种类、焊接热输入/道间温度的上限等）或柱脚施工的详细信息（锚栓的固定方法和材质、柱底砂浆的施工方法等）对抗震性能影响很大，往往会写入特记。

1.5　抗震设计

在 2000 年修订的建筑基准法中，对钢结构建筑的抗震设计方法做出了规定：①容许应力等计算；②极限状态承载力计算；③标准化的特殊验算法（基于能量的计算方法等）；④特殊验算法（时程分析法等）。作为法定流程划分了结构设计路径（①，②，③）和大臣认证的设计路径（④）。

修订后的建筑基准法，旨在将规格规定型（规定了规格，但不明示性能）向性能规定型（明确性能并验证性能）转型，"②极限状态承载力计算"便是相对应的计算方法。2005 年通过告示规定了将"③标准化的特殊验算法（基于能量守恒的抗震计算等的结构计算)"作为能够发挥钢结构建筑特性的性能规定型抗震设计法。

此外，以 2005 年秋天发生的篡改结构计算书的事件为契机，新设了结构计算妥当性判定制度。这个制度要求对需要进行保有水平耐力、容许应力、极限承载力等（建筑基准法第 20 条第二号中关于"要把握地震力作用下各层的水平方向位移"等要求的）计算的建筑物，必须由各都道府县知事或者指定的结构计算妥当性判定机构对结构计算的过程和结果进行更为详细的审查或者重新验算。就钢结构来说，如表 1.5 所示，高度在 60m 以下的多数建筑适用于该制度。此外，对钢材的化学及机械性能、宽厚比、保有耐力连接等各种结构规定、冷成型方钢管柱节点的详细构造、柱脚设计等有关技术资料也得到了补充，对以往依靠结构设计师进行综合判断的部分在《2007 年版建筑结构技术基准解说书》中做了明文规定，并且在 2015 年的修改版中再一次作了强化。另外，执行得更加严格，设计变更手续不再那么容易。

符合结构计算妥当性判定的建筑（钢结构） 表 1.5

适用于高度 60m 以下建筑
符合以下任一条件的建筑
＊不包括地下室 4 层以上建筑
＊建筑高度超过 13m，或结构檐口高度超过 9m 的建筑
＊构成结构框架的柱距超过 6m 的建筑(不包括地下室时 2 层以下建筑,其各层的偏心率在 15/100 以下时,柱距可宽限至 12m)
＊建筑总面积超过 500m² 的建筑(单层建筑并满足上述括弧内的条件时,建筑面积可宽限至 3000m²)
＊地震作用标准剪力系数增至 0.3,经容许应力计算验算为安全的建筑以外的建筑
＊负担水平力的斜撑在轴向屈服时,端部和节点不发生破坏的建筑以外的建筑
＊根据施行基准第 1 条 3 第 1 项第一号的规定,经大臣安全认证的建筑或相应部分以外的建筑

(1) 容许应力等计算

1981 年的建筑基准法启用了俗称的"新抗震设计法"。该设计法的适用案例数量众多，而且其有效性在 1995 年阪神·淡路大地震中得到了验证。

如图 1.22 的流程图所示，新抗震设计法规定了多种结构计算方法（设计路径），根据建筑高度和规模等进行划分，选用合适的设计路径。

一次设计是按照容许应力确定结构构件截面的设计法。二次设计是对层间位移角、偏心率/刚度率、保有水平耐力等进行计算，验算结构抗震安全性的设计法。

地震作用以楼层剪力系数的形式表示，它是根据建筑自振周期与场地类别所决定的加速度反应谱（振动特性系数 R_t），以及楼层剪力分布系数 A_i 等进行计算。一次设计以及计算层间位移角、偏心率以及侧向刚度比的标准楼层剪力系数为 $C_0 = 0.2$（罕遇地震），保有水平耐力的二次设计为 $C_0 = 1.0$（极罕遇地震）。在钢结构建筑物中，柱较多采用冷成型方钢管（板厚 6mm 以上）。但由于它是脆性构件，为了保证建筑物不形成柱倒塌破坏机制，对其做了详细的规定。

设计路径 $\boxed{1}$（对象为与木结构等同的小型建筑）

按照标准层剪力系数 $C_0 = 0.3$ 进行容许应力设计。

在 2007 年的告示里划分了按照设计路径 $\boxed{1\text{-}1}$、$\boxed{1\text{-}2}$ 的计算方法。它们都不需要进行

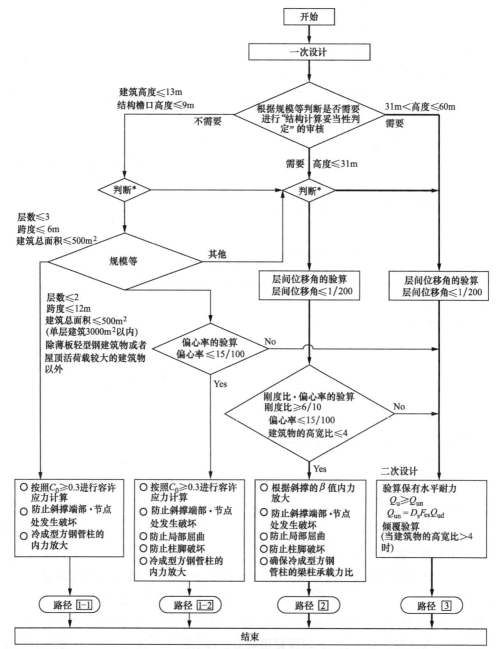

* "判断"是指设计人员根据设计方针进行的判断。例如：虽然是建筑高度 31m 以下的建筑，经过判断可以
　选择更加详细的验算方法路径 ③ 来进行设计。

[出处：2015 年版建筑结构技术基准解说书]

图 1.22　钢结构建筑的二次设计结构计算流程图

[出处：《2015 年版建筑结构技术基准解说书》]

"结构计算妥当性判定"审查。如果柱采用冷成型方钢管的话，在验算设计应力时，需根据柱梁节点形式（内隔板形式、贯通式隔板形式、外隔板形式等）以及方形钢管的种类（STKR 钢，BCR 钢，BCP 钢等），对柱的内力乘以 1.1～1.4 的放大系数进行设计。

• 路径 1-1 的计算

选择路径 1-1 计算的建筑须符合以下规定：

① 不包括地下室时 3 层以下建筑；②建筑高度 13m 以下，同时结构檐口高度 9m 以下；③柱距 6m 以下；④建筑面积 500m² 以内；⑤标准层剪力系数 $C_0=0.3$ 及以上；⑥斜撑的连接部为保有耐力连接。

• 路径 1-2 的计算

选择路径 1-2 计算的建筑须符合以下规定：

①不包括地下室时 2 层以下建筑；②建筑高度 13m 以下，同时结构檐口高度 9m 以下；③柱距 12m 以下；④建筑面积 500m² 以内（单层建筑 3000m² 以内）；⑤标准层剪力系数 $C_0=0.3$ 以上；⑥斜撑的连接处为保有耐力连接；⑦各层的偏心率在 0.15 以下；⑧柱梁板件的宽厚比满足设计路径 2 的规定；⑨梁柱节点为保有耐力连接；⑩柱拼接节点和梁拼接节点均为保有耐力连接。

设计路径 2（建筑高度 31m 以下的建筑）

在完成一次设计之后，进一步验算层间位移角、偏心率、刚度率以及其他抗震设计上的必要安全基准（构件板件的宽厚比、梁的侧向支承间距、各种节点的极限承载力等），确保满足所有规定指标。另外，如果柱子采用冷成型方钢管的话，为了确保梁倒塌（整体倒塌）破坏机制，所有柱梁节点（最上层柱头及 1 层柱脚除外）需满足柱梁承载力比（柱与梁的塑性弯矩和之比）在 1.5 以上。若 1 层柱采用 STKR 钢时，根据柱梁节点形式（内隔板形式、贯通式隔板形式、外隔板形式等），柱脚内力需乘以 1.3～1.4 的放大系数进行设计应力的验算。

设计路径 3（建筑高度在 60m 以下的建筑）

在完成一次设计之后，进一步验算层间位移角、偏心率、刚度率，然后验算"保有水平耐力"超过"所需保有水平耐力"。如果设计路径 2 的某项验算结果不能满足规定值时，就要按照路径 3 进行计算。所需保有水平耐力是用标准层剪力系数 $C_0=1.0$ 乘以结构特性系数 D_s 来计算的。结构的塑性变形能力（延性）越大，所需的 D_s 值就越小。塑性变形能力（韧性）较大的钢结构建筑的 D_s 被设定为较钢筋混凝土低的 0.25～0.5。

设计路径 3 是用 D_s 代表地震时建筑物的弹塑性耗能能力（阻尼，延性等），通过验算结构耗能能力大于地震能量的方法来确保大地震时的结构安全性，因此保有水平耐力 Q_u 和 D_s 的计算方法就成了问题的关键。在 1981 年"新抗震设计法"中，Q_u 的计算方法是以采用极限承载力分析方法作为前提的，而现在由于计算机的发展，通常采用静力弹塑性推覆分析进行计算。2007 年国土交通省告示（平 19 国交告第 59 号第 4）中，以静力弹塑性推覆分析为前提，对计算流程进行了详细的规定：各层的保有水平耐力可以按超过所需保有水平耐力但结构整体尚未形成倒塌机制时的各层耐力来取值，而 D_s 则必须按照倒塌机制形成时来取值，这类规定主要是针对存在脆性构件的情况。

柱子采用冷成型方钢管时的保有水平耐力，根据柱的种类计算方法也不一样。STKR钢时，除了需确保实现梁倒塌（整体倒塌）破坏机制，与计算路径 ② 相同，所有节点的柱梁承载力比（最上层柱头与1层柱脚除外）还需达到1.5倍以上，并对柱脚内力进行放大。BCR钢或BCP钢时，如果能够确认其为整体倒塌机制，则可以直接计算保有水平耐力。但如果是局部倒塌（柱倒塌）破坏机制时，根据柱梁节点形式（内隔板形式、贯通式隔板形式、外隔板形式等）以及钢管种类（BCR钢，BCP钢等），需对柱承载力乘以0.75～0.85的折减系数计算保有水平耐力。倒塌机制是通过层的柱梁弯矩比进行判别，当各楼面上下柱的承载力之和与梁承载力之和的比达到1.5倍以上或者与节点域承载力之和的比达到1.3倍以上时，可判定为整体倒塌（梁倒塌或节点域倒塌）破坏机制。除此以外的情况属于局部倒塌（柱倒塌）破坏机制。

带斜撑框架的保有水平耐力，是按受拉斜撑的屈服承载力和受压斜撑的屈曲后安定承载力之和进行计算。长细比较大的情况下，只考虑计算受拉斜撑的屈服承载力，对受压斜撑则忽略不计。

结构特性系数 D_s 的计算，首先，根据各斜撑的有效长细比区分为BA、BB或BC，并按区分的斜撑承载力所占比例确定斜撑群的构件类别A、B或C。然后，根据各柱梁的翼缘及腹板宽厚比和径厚比区分为FA、FB、FC或FD，并按它们的承载力所占比例确定柱梁构件群的构件类别为A、B、C或D。

最后，根据斜撑群的水平力负担率 β_u、斜撑群类别（A、B或C）、柱梁构件群的种类（A、B、C或D）确定 D_s（0.25～0.5）。

（2）极限状态承载力计算

极限状态承载力计算是按照工学地基反应谱定出设计用地震作用，并根据表层地基和建筑的地震反应特性，对建筑结构性能进行验算的性能规定型抗震设计法。

工学地基是S波的传递速度在400m/s以上的硬质地基，设计时采用的地震反应谱是针对"罕遇地震作用"以及"极罕遇地震作用"来定义的。

工学地基的地震反应谱经过场地表层地基特性的增幅后得到建筑物的输入反应谱（地震作用）。表层地基的增幅率（G_s）的计算方法，有根据场地土类别的简便计算法，也有考虑地基特性的精算法。精算法可以考虑地基和建筑物的相互作用，比较合理。

建筑物的地震反应是通过将建筑物简化成单自由度体系来进行等效线性法的计算。

先用静力地震作用（规定的层剪力分布）进行静力弹塑性推覆分析（Pushover分析），计算出各层的荷载（层剪力）-位移（层间位移）关系，再计算出简约成单自由度体系的荷载-位移曲线（计算等效质量以及代表位移）。由以上计算结果和建筑物的输入地震反应谱来计算结构反应（伴随着塑性的发展，以阻尼增加的形式表达地震耗能能力的增加），再计算各层的层剪力以及层间位移。

在罕遇地震作用下，验证上述地震反应控制在损伤极限以下。在极罕遇地震作用下，验证上述地震反应控制在安全极限以下。

（3）能量设计法（基于能量守恒原则的抗震计算等结构计算方法）

在修订后的建筑基准法中，能量设计法被规定为"一般化特别验算法"。它是通过将地震时输入结构的能量与结构自身能够消耗的能量进行比较，来验证结构安全的方法。这种方法较适用于能够明确定义结构各部分的累积塑性变形能力的钢结构，以及消能减震结构（结构内部安装有吸收地震能量的装置）。

（4）动力时程分析法

动力时程分析法是选用数个适当的地震波（实测地震波或者人工地震波）对结构进行弹性以及弹塑性动力分析，来验证结构安全性的方法。采用这种方法的设计对象是高度超过 60m 的超高层建筑等，设计时必须通过指定审查机构的性能评价以及大臣认证。指定审查机构性能评价的方法（两个水准的输入地震波以及各种地震反应的评价方法等）在审查要领书（参照各审查机构的网页）中有详细的规定。

1.6 钢结构施工（钢构件的制作）

（1）工厂制作

一般来说，钢结构制作厂家从建筑承包施工公司取得图纸后，编制包括钢结构加工所需全部信息的加工图。加工图包括一般图和详图。在一般图中标注有跨度、层高、主要构件截面、材质、柱和梁的拼接位置、梁的高度、偏心尺寸、锚栓平面图、焊接标准等，缩尺比例为 1/200～1/100。在详图中标注有压型钢板连接件、钢筋孔、幕墙固定件、各种内外装修材料固定件、电梯/楼梯/烟囱等的固定件，设备开孔、柱的现场焊接连接件、施工用的爬梯和塔吊的固定件等，缩尺比例为 1/50～1/20。

在设计监理确认了一般图之后，钢结构制作厂家开始订购主要构件；当详图被确认后，开始订购拼接构件、紧固件、压型钢板、施工用金属件等。在此意义上，加工图的确认意味着钢结构制作的开始，保证这段工期对工程的顺利进展非常重要。例如，梁拼接位置和外墙固定位置有冲突的时候，需要对双方做详细调整。当这类设计变更的数量繁多时，各分包工程厂家之间的进度也会推迟，造成无法按时取得相关施工图等一系列问题。顺利进行加工图的确认工作并非易事。最近由于 BIM（Building Information Modeling）的不断进步，建筑、结构、设备的信息可以通过软件在同一虚拟空间上建模和调整，并能反映到施工上，帮助钢结构构件制作的顺利进行。

通常，结构设计师受设计监理人的委托检查加工图。加工图包括了与钢结构制作有关的全部信息，看起来非常复杂，要理解大量的记号和符号，通过训练提高工作效率。钢结构制作工厂购入钢材，依据事先确认的工厂制作要领书，经标记、切割、开孔、坡口加工、组装、焊接、矫正、检查、涂装等制作工序，最终制成钢结构产品，并由工厂运到工地。

（2）现场施工

钢结构产品被运到工地以后，按照事先确认好的现场施工计划书进行吊装（使用吊车起吊构件，由高空作业人员装入临时螺栓进行组装），并经过调整构件安装精度、拧紧高强螺栓、进行现场焊接、铺设压型钢板、焊接栓钉等工序后，再进行楼板混凝土工程、防火涂装工程、内外装修工程及设备工程，最后成为钢结构建筑。

(3) 质量保证、检查

钢结构产品的质量是通过各种质量保证制度，以及各项工序检查得以保证。

在质量保证制度中，有与人相关的各种资格制度（一般焊接技能者、焊接技术者、检查技术者、高强螺栓、镀锌高强螺栓、栓钉焊接技术者、钢结构制作管理技术者、无损伤检测技术者等的技术检定制度及资格认证制度），以及与钢结构制作工厂相关的资格制度（全国钢铁构造工业联合会制订的工厂认证制度以及 ISO 9000 系列规定的质量保证制度等）。

检查工作要在工程中的适当时期进行，这一点很重要。检查工作有承包方施工人员及设计监理人员进行的检查和委托具备检查资格的技术人员来进行的检查（焊缝内部缺陷的超声波探伤检查等）。

(a) 足尺检查（工厂）

随着 CAD 和 CAM（利用计算机制作加工图并进行各种详细的验证，用来制作钢结构）的普及，放大样绘制足尺图的详细验证方法已逐渐被淘汰，但在钢结构制作前，通过检查打印在薄膜上的足尺图，能有效防止加工错误。

(b) 中间检查（工厂）

在焊接施工前，特别要对全熔透焊接的坡口形状等进行检查。焊接前的检查对提高钢结构加工质量是有效的。

(c) 验收检查（工厂）

验收检查是检查加工制作的完成程度、材质、钢结构的尺寸精度、外观、附属连接件、焊接部分是否有缺陷等。这是采购方决定是否接收这批制品时通常要做的检查。焊接部分的检查，包括超声波探伤检查等对内部缺陷的检查以及外观检查，在承包方施工人员及监理人员验收检查前，一般会委托第三方检查公司来进行检查。为了顺利通过验收检查，钢结构制作厂家会事前进行内部自检。

(d) 现场管理

包括有现场安装检查（检查跨度、柱的垂直度、柱接点层的层高等）、现场焊接的坡口检查和焊接后的检查、高强螺栓拧紧检查、栓钉焊接检查等与钢结构施工有关的检查，以及与 PC 板、ALC 板、挤塑成型水泥板、幕墙等内外装修材料的安装有关的检查。另外对与内外装修材料的安装有关的钢结构工程（ALC 板固定 L 型钢的现场焊接等，不属于钢结构工程范围而是属于各个分项专业工程厂家的工作范围）也需要正确地监理和检查。

(e) 各种试验

根据工程需要，有特别要求时需进行材料试验、特殊焊接方法的试验、用于确认结构性能的加载试验以及临时组装测试等。

1.7　钢结构建筑发展趋势

1995 年 1 月，神户发生了震度 7 的阪神·淡路大地震，钢结构建筑也遭到了较大程度的破坏。除了过去就一直受诟病的焊接不良导致的破坏（图 1.23a）之外，还有柱脚的破坏（图1.23b）、从框架梁柱节点处的梁翼缘过焊孔底为起点的脆性破坏（图1.23c），以及高层建筑极厚钢柱的脆性破坏（图1.23d）等意料之外的破坏。钢结构一直被认为是有足够变形能力的结构形式，但是这次地震使人们认识到不良焊接等也会导致钢结构发生脆性破坏。地震之后，为了防止钢结构框架梁柱节点处发生脆性破坏，进行了大量的研究。针对过焊孔和引弧板的形式以及焊接材料和钢材的化学、机械性质等对塑性变形能力的影响进行定量化，对焊时控制连接板间的错位，控制焊接热输入以及道间温度等与细部设计和焊接施工相关的经验有了一定的积累，梁柱节点处的无过焊孔工法及图1.24（a）所示的主梁翼缘板端部扩幅细节（将梁塑性铰的位置从梁柱的焊接处移到质量稳定的主材上）也是一种有效方法。

(a) 梁柱节点域焊接处的破坏

(b) 外露式柱脚锚栓的破坏

(c) 梁下翼缘破坏以及腹板开裂

(d) 极厚板钢柱和斜撑的破坏

图1.23 1995年阪神·淡路大地震的钢结构破坏实例

[出处：日本建筑学会近畿支部钢结构部会《1995年兵库县南部地震 钢结构建筑
地震破坏调查报告书》p.37，p.48，p.83，p.100（1995）]

阪神·淡路大震灾发生前1年，美国也发生了北岭地震，近代钢结构建筑的焊接部位也发生了脆性破坏。在地震之后美国研发出一些和日本不同的对策（也就是常说的北岭后结构形式），比如采用局部缩小梁端截面的细部构造等（Reduced Beam Section：RBS，图1.24b）。虽然此方法的意图也是将梁塑性铰的位置从梁柱的焊接处移到质量稳定的主材上，但在美国市场上能买得到的钢材大部分都是再生钢材（电炉钢材），一般的做法是将这些钢材轧成的H型钢梁用自保护焊接焊在极厚的H型钢柱上，有很多方面和日本不同。让人感受到钢结构建筑反映出国家和地区的工业能力及产业、文化的一面。另一方面，以中国为代表的亚洲各地出现了各种形式的钢结构建筑，钢结构技术在不断国际化。

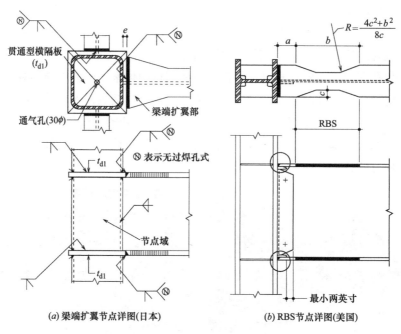

图 1.24　日本和美国的梁柱节点细部改良

［(*b*) 的出处：FEMA 350《Recommended Seismic Design Criteria For New Steel Moment-Frame Buildings》July 2000］

在 2011 年的东日本大地震里，灾害的绝大多数是由海啸引起的，但也有以前就担心的长周期地震对钢结构建筑物的灾害（新宿的超高层大楼发生了超过 10 分钟以上的摇晃，离震源 800km 远的大阪港湾区域的咲洲行政楼（52 层）记录到最大位移约 1.3m 的水平振动，不少非构造构件受到损坏）。由此国土交通省汇总了「关于超高层建筑等对南海海沟巨大地震的长周期地震动的技术性指导」（2016 年国住指 1111 号），并通知了相关的地方公共团体等。在技术性指导中，对关东、静冈、中京以及大阪这四个地方不同地基条件的 10 个区域提供了包括长周期成分的速度反应谱，在该地区设计超高层建筑时，有义务用这些速度反应谱进行时程分析。

再生钢材的使用在逐渐增加。在美国和欧洲，建筑结构用钢几乎都是以废钢铁为原料的电炉钢材。日本的电炉钢占粗钢生产量的 30％左右，以铁矿为原料的高炉钢仍然是主流。但目前在日本以各种结构形式存在的钢材有 12 亿吨之多，在结构拆除时回收再生利用这些钢材，对于形成可持续发展的社会是重要的。最近开始了更加节能的钢材再利用。钢材的再利用虽然还存在于一些课题中，如便于拆卸的节点的设计与施工、再利用钢材规格的保证制度、存在轻微损伤构件承载力的评估方法等，但已经计划在博览会、奥运会等临时性建筑物里尝试再利用技术。

第 2 章

3层办公楼的设计实例

A　建筑物概要

本建筑物为三层办公楼，一层是入口门厅和停车场，二层和三层是办公室。建筑平面呈 14.14m×23.34m 长方形，为了便于空间的自由分割，办公室部分采用无柱空间（表2.1～表 2.5，图 2.1～图 2.9）。

一般概要　　　　　　　　　　　　　　　　表 2.1

工程名称		○○大楼 新建工程	
开 发 商	姓名	○○○　○○	
	地址	○○省○○市	
地　域地　区	防火指定	法第 22 条区域	
	用途地域	近邻商业地域	城市规划区域	区域内 城市化区域
	高度地区	—	特别用途地区	—
	城市设施	—	日影限制	无
法定构造		准耐火建筑	
建 筑 密 度		法定建筑密度 80%	
容 积 率		法定容积率 200%	

建筑物概要　　　　　　　　　　　　　　　表 2.2

建筑物用途		主　办公室副　—
消防法上防火对象物		15 项
层数	屋突	1 层
	地上	3 层
	地下	无
高度	设计 GL	TP＋3.266m
	平均地表面	TP＋3.383m
	最高高度	11.48m（平均地表面以上）
	最高檐口高度	11.01m（平均地表面以上）
	1 层楼面高度	0.08m（平均地表面以上）
	地下室深度	m
工程种类		新建工程
工期	动工日期	○○年 7 月 1 日
	竣工日期	○○年 12 月 15 日
	工期	5.5 个月（预计）

面积概要　　　　　　　　　　　　　　　表 2.3

用地面积	446.64m²	总建筑面积	998.06m²
基底面积	337.55m²	建筑密度	75.58%
容积率对象面积	798.45m²	容积率	178.77%

外装修材料表 表2.4

(a)屋顶

部位	装修材料	备考
屋顶,出屋面结构	混凝土直接找平,柏油防水 外隔热工法,楼面倾斜度:1/50	轻步行用保护材 t6 隔热硬质泡沫塑料 t50
屋顶管线出口	清水混凝土上聚氨酯薄膜防水	

(b)女儿墙

部位	顶板	竖墙
屋顶,小塔楼屋顶	铝合金成品(阳极化处理)	屋顶防水卷材
屋顶(南面转角)	铝合金成品工厂焊接加工(阳极化处理)	屋顶防水卷材

(c)屋檐

部位	打底	装修材料
南面、北面1楼	轻钢结构	纤维水泥板

(d)外墙

部位	装修材料
南面	挤塑成型水泥预制板 t60(宽 600,900,1000)横贴,聚氨酯丙烯酸树脂工厂涂装 缝隙/外侧防水密封,内侧衬垫
东、西、北面,屋突	挤塑成型水泥预制板 t60(宽 450,500,600)竖贴,使用角板(W300)后 涂单层弹性涂料(有机硅丙烯酸树脂)缝隙/外侧防水密封,内侧衬垫

(e)开口部位

部位	装修材料
南面	铝合金成品,跟墙面同平面,厚70mm, 双层玻璃(可能延烧范围:RFLt6+At6+PWt6.8,其他:RFLt6+At6+FLt5)
东、南、北面	铝合金成品,厚70mm,双层玻璃(FWt6.8+At6+FLt3)
门厅	不锈钢双开门框(带防风门塞)PWt6.8
边门	铁门(到FL+300为止采用不锈钢)B-FUE 烤漆
卷帘门	重型电动卷帘门(抗风型)UE 烤漆

(f)柱梁

部位	装修材料
停车场内柱	硅酸钙板 t8,缝隙封口

(g)腰墙

部位	装修材料
全部	混凝土清水墙修补后,单层弹性涂料(有机硅丙烯酸树脂)伸缩缝@3000 密封

(h)楼面

部位		装修材料
玄关前面	1楼玄关,边门	水泥砂浆打底,瓷砖(防冻)□100

内装修装潢材料表 表2.5

层	室名	顶棚高度(mm) 内部装潢限制		楼面	踢脚板·腰墙	墙	顶棚	顶棚与墙交接处
1	入口门厅	2400 准不燃令129	装修材料	瓷砖(防冻)口200	不锈钢踢脚板 H=100	塑料墙纸	带肋岩绵吸声板 t15	塑料
			打底	水泥砂浆打底 混凝土抹子找平	石膏板 t12.5	石膏板 t12.5	不燃积层石膏板 t9.5	
			[备考]	告示板:在强化玻璃 t12 上张贴氯乙烯树脂薄膜 铝合金竖叶片片百叶窗帘:手动 W—100,百叶窗帘盒:SOP,向导板,邮箱				
1	停车场	2550	装修材料	铺设柏油地面 混凝土找平	混凝土清水墙修补	挤塑成型水泥预制板 t60 透明涂料 硅酸钙板 t8 透明涂料	硅酸钙板 t6	铝合金

续表

层	室名	顶棚高度（mm）内部装潢限制	楼　面		踢脚板·腰墙	墙	顶棚	顶棚与墙交接处
1	停车场	准不燃令1284	打底			轻钢结构		
			[备考]　冲洗池,防撞杆,转角防护					
2	办公室多用途室	2600	装修材料	方块地毯 t6.5	塑料踢脚板 H=75	塑料墙纸	岩棉吸声板 t9	塑料
		难燃令129	打底	混凝土直接找平	石膏板 t12.5	石膏板 t12.5	不燃积层石膏板 t9.5	
			[备考]　百叶窗帘盒:S-OP,铝合金横叶片百叶窗帘:手动 W=35					
2	仓库(1)	2600	装修材料	塑料方块地板 t2.0	塑料踢脚板 H=75	塑料墙纸	不燃装饰石膏板	塑料
		难燃令129	打底	混凝土直接找平	石膏板 t12.5	石膏板 t12.5	不燃积层石膏板 t9.5	
			[备考]　百叶窗帘盒:S-OP,铝合金横叶片百叶窗帘:手动 W=35					
3	支店办公室进修室(1)进修室(2)	2600	装修材料	方块地毯 t6.5	塑料踢脚板 H=75	塑料墙纸	岩棉吸声板 t9	塑料
		难燃令129	打底	混凝土直接找平	石膏板 t12.5	石膏板 t12.5	不燃积层石膏板 t9.5	
			[备考]　百叶窗帘盒:S-OP,铝合金横叶片百叶窗帘:手动 W=35 进修室(2):移动隔墙 D60W1100,塑料墙纸					
3	更衣室	2600	装修材料	方块地毯 t6.5	塑料踢脚板 H=75	塑料墙纸	岩棉吸声板 t9	塑料
		不燃	打底	混凝土直接找平	石膏板 t12.5	石膏板 t12.5	不燃积层石膏板 t9.5	
			[备考]　百叶窗帘盒:S-OP,铝合金横叶片百叶窗帘:手动 W=35					
共通	厅·走廊	2600	装修材料	方块地毯 t6.5	塑料踢脚板 H=75	塑料墙纸	岩棉吸声板 t9	塑料
		难不燃令129	打底	混凝土直接找平	石膏板 t12.5	石膏板 t12.5	不燃积层石膏板 t9.5	
			[备考]　墙内预埋灭火器(2处)					
共通	茶水间	2600	装修材料	塑料地板 t2.0	塑料踢脚板 H=75	塑料墙纸 半瓷砖□100	岩棉吸声板 t9	塑料
		难燃令129	打底	混凝土直接找平	石膏板 t12.5	石膏板 t12.5 防水石膏板 t12.5	不燃积层石膏板 t9.5	
			[备考]　不锈钢洗碗池:L1800 H850。不锈钢控水架。吊橱:L=1050 H=500。墙壁防水:不锈钢					
共通	男厕所	2500	装修材料	塑料地板 t2.0	卫浴 半瓷砖□100	瓷砖□100	岩棉吸声板 t9	塑料
		难燃	打底	混凝土直接找平	防水石膏板 t12.5	防水石膏板 t12.5	不燃积层石膏板 t9.5	
			[备考]　洗脸台:组合式洗脸柜台					
共通	A楼梯	2600	装修材料	方块地毯 t6.5	楼梯踢脚板 S-OP	塑料墙纸	岩棉吸声板 t9	塑料
		难不燃令129	打底	水泥砂浆		石膏板 t12.5	不燃积层石膏板 t9.5	
			[备考]　防滑:不锈钢嵌入橡胶条 W40(端部平滑加工)胶粘剂,螺丝钉一起使用 扶手栏杆:钢材 OP,扶手:集成木材 OS					

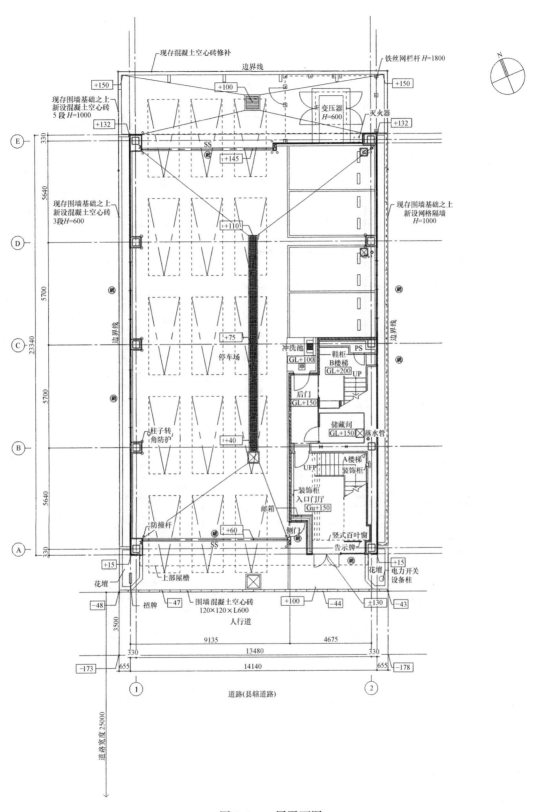

图 2.1 一层平面图

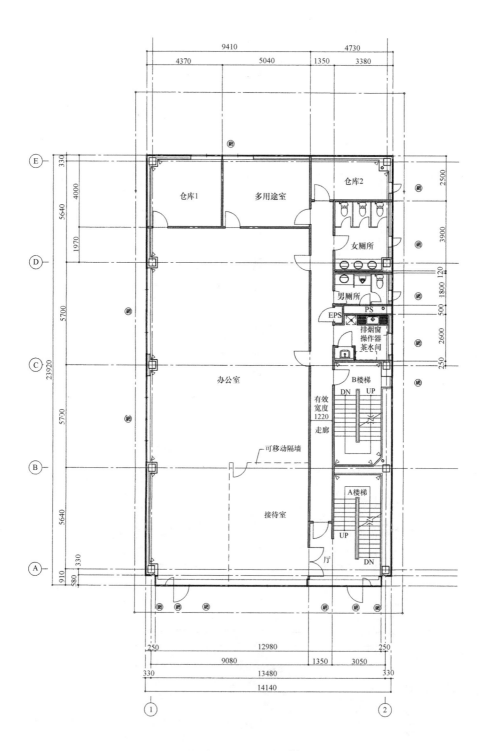

图 2.2 二层平面图

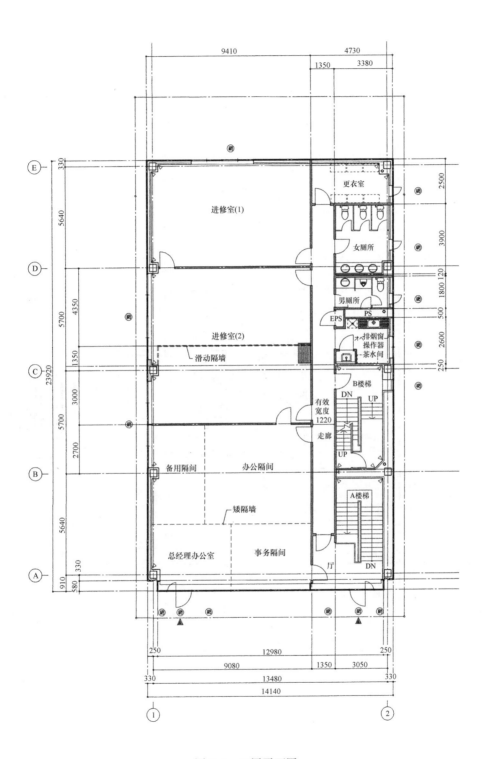

图 2.3　三层平面图

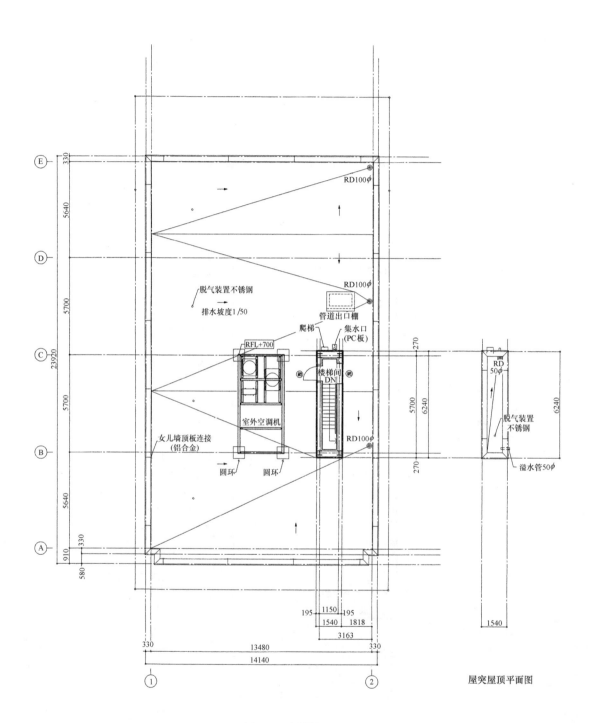

屋突屋顶平面图

图 2.4   小塔楼平面图

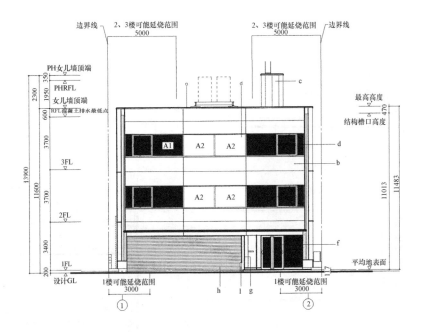

图 2.5　南面立面图

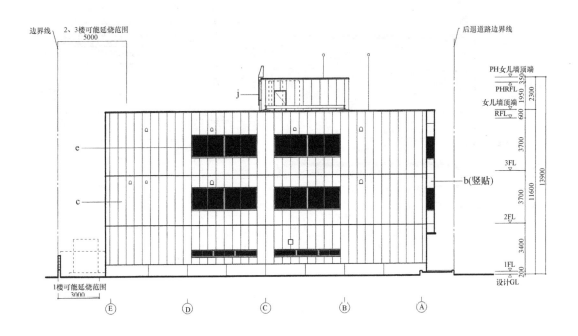

图 2.6　西面立面图

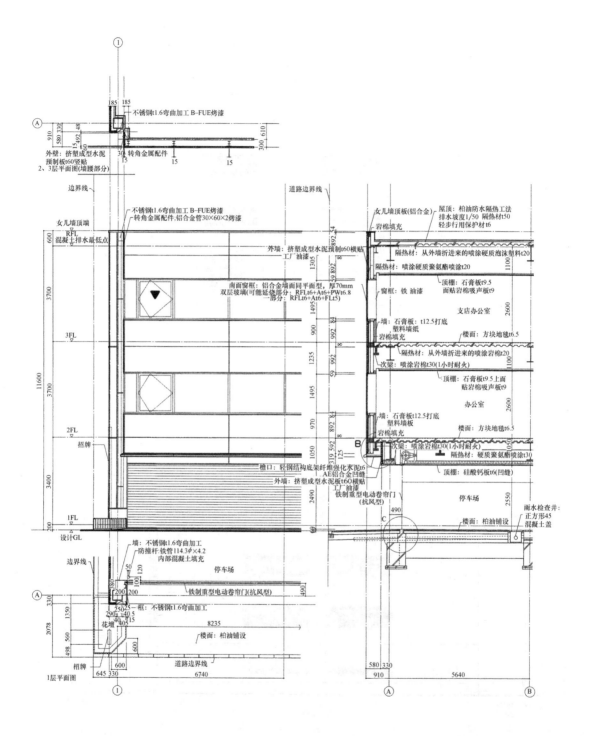

不锈钢t1.6弯曲加工 B-FUE烤漆

外壁：挤塑成型水泥
预制板t60竖贴
2、3层平面图(墙腰部分)

转角金属配件

边界线

道路边界线

不锈钢t1.6弯曲加工 B-FUE烤漆
转角金属配件，铝合金管30×60×2烤漆

女儿墙顶端
RFL
混凝土排水最低点

女儿墙顶板(铝合金)
岩棉填充

屋顶：柏油防水隔热工法
排水坡度1/50 隔热材t50
轻步行用保护材t6

外墙：挤塑成型水泥预制板t60横贴
工厂油漆

隔热材：从外墙折进来的喷涂硬质泡沫塑料t20
隔热材：喷涂硬质聚氨酯喷涂t20

南面窗框：铝合金墙面同平面型，厚70mm
双层玻璃(可能延楼部分：RFLt6+At6+PWt6.8
一部分：RFLt6+At6+FLt5)

顶棚：石膏板t9.5
面贴岩棉吸声板t9

窗框：铁 油漆

支店办公室

墙：石膏板t12.5打底
塑料墙纸
岩棉填充

楼面：方块地毯t6.5

隔热材：从外墙折进来的喷涂岩棉t20
次梁：喷涂岩棉t30(1小时耐火)

顶棚：石膏板t9.5上面
贴岩棉吸声板t9

办公室

墙：石膏板t12.5打底
塑料墙板
岩棉填充

楼面：方块地毯t6.5

招牌

次梁：喷涂岩棉t30(1小时耐火)
隔热材：硬质聚氨酯喷涂t30

顶棚：硅酸钙板t6(凹缝)

檐口：轻钢结构底架纤维强化水泥t6
AE铝合金凹缝
外墙：挤塑成型水泥板t60横贴
工厂油漆

铁制重型电动卷帘门
(抗风型)

停车场

雨水检查井：
正方形45
混凝土盖

楼面：柏油铺设

设计GL

墙：不锈钢t1.6弯曲加工
防撞杆：铁管114.3∅×4.2
内部混凝土填充

边界线

停车场

铁制重型电动卷帘门(抗风型)

框：不锈钢t1.6弯曲加工

花坛

招牌

楼面：柏油铺设

1层平面图

道路边界线

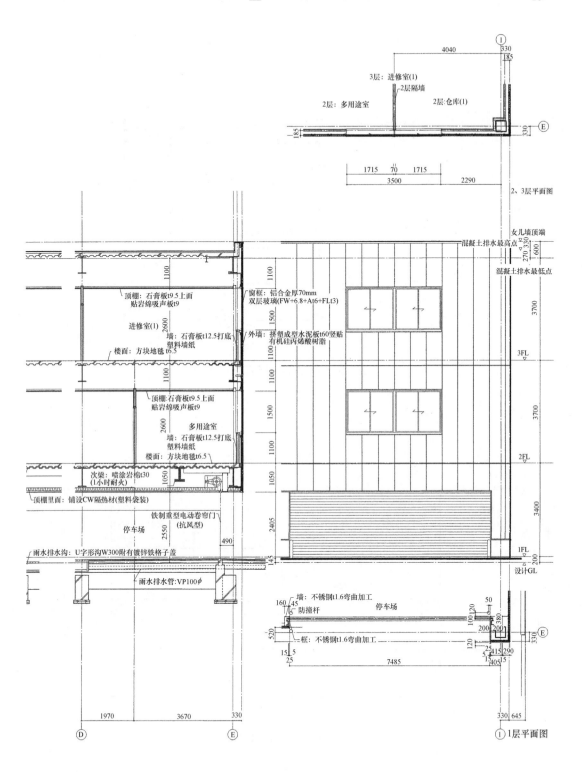

图 2.7 断面详图

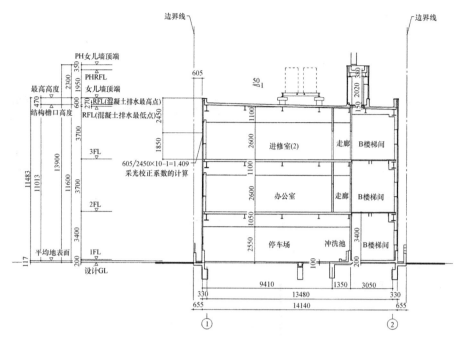

图 2.8   东西向断面图

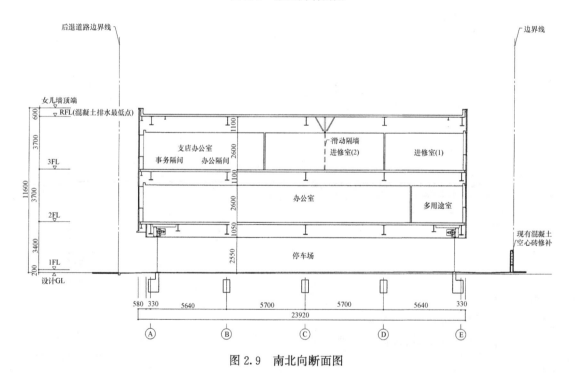

图 2.9   南北向断面图

B   结 构 方 案

结构方案设计是为了创造出满足要求功能的建筑空间，大致上定出结构骨架的形式和布置的行为。在结构方案设计阶段，不仅在结构体系以及梁柱的布置上考虑结构的合理性，还要考虑建筑以及设备的要求和施工性，在整体上做出均衡的方案，这个过程非常重要。在结构设计中，认真地做好概念设计能够有效地减少返工，提高效率。

钢结构需要选用何种钢材，采用哪种节点连接（细部构造）方式，这些在概念设计阶段就必须考虑。如果事先没有推敲钢结构节点细节就完成结构计算的话，到了绘图阶段，有可能就会出现节点无法设计或者设计成不合理的节点细部构造。不良的节点细部构造会导致构件之间力的传递不流畅，或者施工不良且不经济。

随着计算机以及计算程序的性能提升，结构分析计算和截面验算变得容易，结构方案设计中也常常利用电脑做多种方案比较。但是，使用计算机分析时容易过度关注细微的数值或各个杆件的截面验算结果。通过粗算方法，全面掌握各层重量的分布和框架的特性是很重要的，对校验计算机的计算结果也有帮助。本例的结构方案设计主要是以手算为主，对假定截面进行计算和验证。

1. 结构类型与结构体系

1.1 结构类型

对于 3 层建筑，在结构上通常可选钢结构（S 结构）、钢筋混凝土结构（RC 结构）和钢骨混凝土结构（SRC 结构）。RC 结构的跨度一般在 10m 以下，而本例的跨度为 13.5m，设计上会有困难。根据本例的建筑规模，SRC 结构一般会比 S 结构的造价高。所以，本例采用更具经济性且更适合大跨度的钢结构。

1.2 结构体系

结构体系与结构类型密切相关。S 结构一般采用框架结构或斜撑结构，根据建筑的条件也可以考虑桁架结构或悬吊结构等其他结构体系。

与框架结构相比，斜撑结构用较少的钢材就能获得所需的水平刚度和强度，能够实现既合理又经济的结构设计，但是斜撑的布置一般会受到建筑设计的限制。在本例中，考虑到外墙开口以及建筑平面规划的自由度，在 XY 两方向上均采用纯框架结构。

在材料选择上，因为是低层建筑，无需特地采用高强度材料，因此主梁选用 SN400，钢管柱选用 BCR295，混凝土选用 FC21，钢筋选用 SD295A 以及 SD345。

2. 构件的组成

2.1 楼板结构的选用

钢结构的楼板，除了现浇混凝土外，也可以采用 ALC 板、PC 板等装配式楼板。楼板不但负担竖向荷载，还通过其面内刚度向结构框架传递水平荷载。

一般来说，现浇混凝土楼板具有足够大的面内刚度和强度，而装配式楼板则需要附加水平斜撑以确保所需的水平面内刚度。为了满足刚性楼面假定这一结构分析的前提条件，在钢梁上焊上栓钉，使钢梁与混凝土楼板连成一体传递水平力（参照图 2.10）。

为了减轻建筑物的重量，本例的办公室楼层采用了经济性良好的组合楼板。考虑到女儿墙以及设备基础钢筋的锚固，屋盖楼板采用以闭口型压型钢板为模板的厚 150mm 混凝土非组合楼板。

2.2　次梁的布置

次梁需根据目的进行布置，有的是承受楼板荷载，有的是承受集中荷载等特殊荷载，也有布置在楼板开口周围的次梁，还有防止框架梁横向失稳的次梁。对于承受楼板荷载的次梁，如果将楼面分割成同样大小，可以减少次梁截面种类。另外，楼板、钢梁即使有足够的抗弯强度，但如果抗弯刚度不足，会变形过大，使得装修材料无法施工；或会有让居住者感到不安的振动问题。因此，需要有足够的刚度来防止这类变形和振动。有关梁的振动问题，可以参考《建筑物的振动对舒适性影响的评价指针》（日本建筑学会，2004 年）。

本例中，根据日本对组合楼板的耐火认证条件，次梁的间距按 2.7m 以下进行概念设计。

2.3　柱的布置

一般来说，跨度越大所需的梁截面高度也越大，这样会对层高有影响。对同样的楼板面积，支承的柱子越多，每根柱子承受的荷载就越小。但是如果柱子过多，钢材用量也会随之增加，会变得不经济。地基条件不好时，事先考虑好包括基础工程的经济平衡，这点至关重要。

在本例中，考虑到办公空间平面的灵活性，在 X 方向上采用单跨结构。因为采用单跨结构，估计 X 方向在地震作用下变形（层间位移角）会较大，所以 Y 方向的跨度控制在 6m 以下，以确保 X 方向的框架数量（图 2.11）。

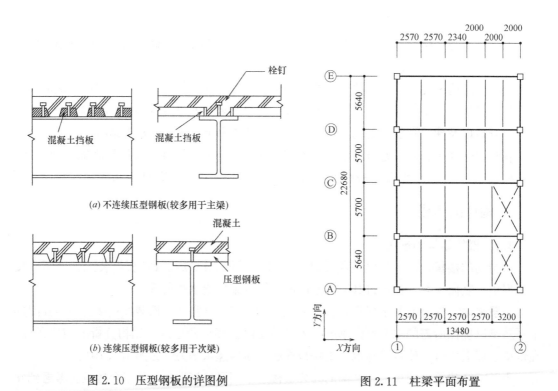

图 2.10　压型钢板的详图例　　　　　　　图 2.11　柱梁平面布置

2.4 层高

决定层高的因素有房间的顶棚高度、顶棚厚度以及支架高度、管道/灯具的大小、梁截面高度、防火保护层厚度、楼板厚度以及楼板装修厚度。需要事先与建筑设计师和设备设计师进行沟通，设定层高（图 2.12）。

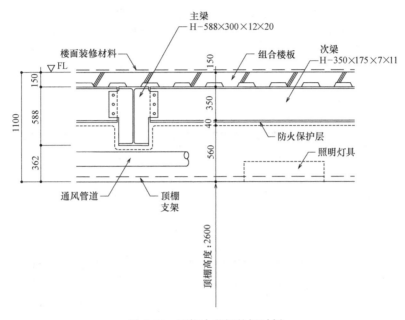

图 2.12 顶棚内空间的探讨例

3. 平面与立面的布置

在本例中，采用了能确保楼层平面内刚度的混凝土楼板和组合楼板，因此可以考虑各个框架所负担的水平荷载是与各个框架的水平刚度成正比（即刚性楼板假定）。像本例这样，平面形状规整，而且层高也基本均等的纯框架结构，估计平面偏心率和竖向刚度比不会成为问题。

如本例所采用的单跨（ X 方向）纯框架结构，构件截面的大小有时是由层间位移角决定的，对此要引起注意。

4. 柱脚

柱脚是将上部结构传下来的荷载，传递到钢筋混凝土基础的重要连接部位。根据柱脚的固定程度进行分类，可以分为固定、铰接以及这两者中间的半固定（图 2.13）。

固定柱脚同时传递轴力、剪力和弯矩。固定柱脚虽然要比铰接柱脚的施工难度大，但是由于反弯点在柱子中央附近，对柱子和梁的受弯有利，而且由于刚度大，层间位移小。

铰接柱脚在传递轴力和剪力的同时，还必须具有旋转能力。铰接柱脚一般用于像平房这类小规模建筑，或者跟斜撑组合使用。

对于本例来说，若采用铰接柱脚的话，估计一层的层间位移角较大，可能超过规定值，因此不适用。单从减少层间位移角的角度来看，可以采用固定柱脚，但是考虑到施工方便并为了缩短工期，本例采用外露式的半固定柱脚。

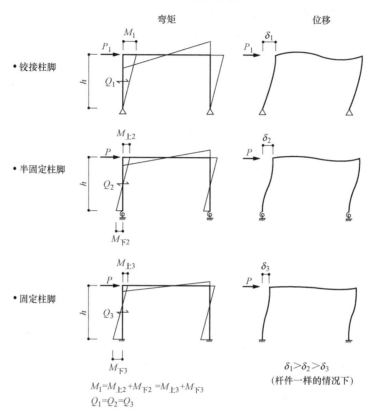

图 2.13　不同的柱脚所产生的力与位移的概念图

5. 基础形式

5.1　地质概要

根据地基勘察的土柱状图（图 2.14），土层分布如下：从地表到地下 8.9m 是 N 值 1～6 的不安定回填土层，8.9～10.0m 是火山灰土层，10.0～13.35m 是砂层，13.35m 以下是 N 值 50 以上的砂砾层。

5.2　地基和基础形式

地表的回填土是软弱土层，在上面直接建房屋的话，会发生不均匀沉降。作为地基持力层可以考虑的是 13m 以下的砂砾层，桩基础的持力层选在该砂砾层。1 层部分因为是停车场，为了减轻桩基础和基础梁的荷载，不做结构楼板，而是采用地基直接承载楼板（铺设沥青面层）。另外，一层的 X 方向跨度较大，因此在跨中央布置桩基础。

铺设沥青的地基直接承载楼板即使发生下沉表面不平，也很容易进行修补，这样的考虑也得到了业主的认可。

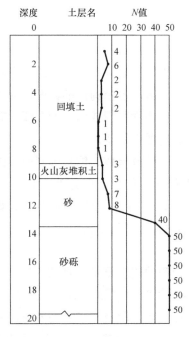

图 2.14　土柱状图

5.3　桩基础工程

桩基础可分为预制桩和现浇灌注桩两大类型（表 2.6）。各个公司的预制桩工法不同，承载力计算式也不同。

预制桩锤击法的承载力比其他工法大、经济效益高，但是它有噪声大、振动大的问题，近年来在市区内的施工中几乎不用。

本例采用市区内常用的钻孔现浇灌注桩工法。当然，也可以采用钻孔埋入预制桩的工法等。

桩基础施工法分类　　　　　　　　　　　　　　表 2.6

预制桩	打入工法	锤击工法 振动工法 打入工法 预钻孔打击工法	
	埋入工法	预钻孔中掘	锤击工法 桩端加固工法 桩端扩底加固工法
		旋转钻入	桩端加固工法
灌注桩	全套管工法 钻孔工法 反循环钻孔工法 大开挖工法 使用钻孔机其他工法		

6. 假定截面的研讨

6.1 假定截面

至此为止，对建筑物的基本思考进行了叙述。在结构方案设计的初期阶段，需要跟建筑以及设备的设计人员相互协商，暂定各个构件的截面。随后通过结构计算验证假定截面的合理性，如果不合理就需要调整构件截面或构件的布置。有时这类调整会影响到建筑物的整体设计，因此要慎重进行假定截面的研讨。

一般来说，构件截面的大小是随着层数、位移限制值等因素而变化的，但是比较低层的钢框架结构，可以假定梁截面高度为跨度的 $1/20 \sim 1/15$，柱截面宽度为层高的 $1/9 \sim 1/6$。小梁截面高度为跨度的 $1/18 \sim 1/15$，楼板厚度为短边跨度的 $1/30$ 以上，且组合楼板一般厚度 150mm 以上，并通过概算进行确认。

6.2 地震层间剪力

钢结构办公楼的单位建筑面积的建筑重量（楼板、梁、柱、墙的总恒载加上活荷载）大约在 $6 \sim 10 \mathrm{kN/m^2}$（图 2.15，表 2.7）。在日本，虽然活荷载在计算楼板/小梁、框架、地震作用时取不同的值，但是在概算阶段没有必要去考虑这种不同。本例楼板采用组合楼板、外墙采用挤塑成型水泥板，属于轻型建筑物，因此办公楼层的重量假定为 $6 \mathrm{kN/m^2}$。对于屋盖层，考虑到采用 RC 楼板和设备荷载，所以假定为 $7 \mathrm{kN/m^2}$。

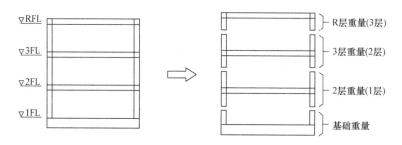

图 2.15   计算重量的范围示意图

地震层间剪力   表 2.7

层	$W_i[\mathrm{kN}]$	$\sum W_i[\mathrm{kN}]$	α_i	A_i	C_i	$Q_i[\mathrm{kN}]$
R	2368	2368	0.369	1.428	0.286	676
3	2029	4397	0.684	1.176	0.235	1034
2	2029	6426	1.000	1.000	0.200	1285

在初算阶段，根据建筑物高度（最高檐口高度）$h = 11.20\mathrm{m}$，计算第一阶自振周期。

（1）建筑物重量 W_i
- R 层 $7\mathrm{kN/m^2} \times 14.14\mathrm{m} \times 23.92\mathrm{m} = 2368\mathrm{kN}$
- 3 层 $6\mathrm{kN/m^2} \times 14.14\mathrm{m} \times 23.92\mathrm{m} = 2029\mathrm{kN}$
- 2 层 $6\mathrm{kN/m^2} \times 14.14\mathrm{m} \times 23.92\mathrm{m} = 2029\mathrm{kN}$

（2）设计用第一阶自振周期 T 以及振动特性系数 R_t（公式的解说，可参照 C 4.4）

- 建筑物高度 $h=11.20\text{m}$
- 钢结构 $\alpha=1.0$
- 地基按照 2 类场地土计算（$T_c=0.6\text{s}$）

$$T=h\times(0.02+0.01\alpha)$$
$$=11.20\times(0.02+0.01\times1.0)=0.336\text{s}<T_c=0.6\text{s}$$

所以 $R_t=1.0$

（3）层间剪力 Q_i（公式的解说，可参照 C 4.4）

$$\alpha_i=\sum_{j=1}^{n}W_j\Big/\sum_{j=1}^{n}W_j$$

$$\alpha_3=2368/(2368+2029+2029)=0.368$$

$$\alpha_2=(2368+2029)/(2368+2029+2029)=0.684$$

$$\alpha_1=(2368+2029+2029)/(2368+2029+2029)=1.00$$

$$A_i=1+\left(\frac{1}{\sqrt{\alpha_i}}-\alpha_i\right)\frac{2T}{1+3T}$$

$$A_3=1+\left(\frac{1}{\sqrt{0.368}}-0.368\right)\times\frac{2\times0.336}{1+3\times0.336}=1.428$$

$$A_2=1+\left(\frac{1}{\sqrt{0.684}}-0.684\right)\times\frac{2\times0.336}{1+3\times0.336}=1.176$$

$$A_1=1+\left(\frac{1}{\sqrt{1.00}}-1.00\right)\times\frac{2\times0.336}{1+3\times0.336}=1.00$$

$$C_i=Z\cdot R_t\cdot A_i\cdot C_0 \quad (Z=1.0,\ R_t=1.0,\ C_0=0.2)$$

$$Q_i=C_i\times\sum W_i$$

6.3 设计路径

根据以上条件，本建筑物的跨度、结构高度以及建筑总面积超出了设计路径 1—1 和 1—2 的规定范围（表 2.8）。建筑物的高度没有超过 31m，设计路径 2 和路径 3 都适用。建筑物是平面和竖向都规则的纯框架结构，能满足偏心率以及刚度比的规定值，因此按路径 2 进行计算。

设计路径 表 2.8

本建筑物		设计路径 1—1		设计路径 1—2	
		条件	判定	条件	判定
层数	3	≤3	○	≤2	×
高度	11.48m	≤13.0m	○	≤13.0m	○
结构高度	11.01m	<9.0m	×	≤9.0m	×
跨度	13.48m 5.70m	≤6.0m	×	≤12.0m	×
建筑总面积	998m²	≤500m²	×	≤500m²	×
适用性的判定		×		×	

6.4   内力计算

结构方案设计阶段的内力按照 D 值法进行计算。层高按照结构层高进行计算（关于结构层高，可参照 $\boxed{C}$ 1.2 平面图及框架图的解说）。

(1) C、M_0、Q_0 的计算

• 单位面积的建筑物重量，采用与求地震力时相同的数值。严格来说，活荷载以及是否考虑墙的重量，稍有差异，但在概算阶段予以忽略。

• X 方向主梁的荷载，主要是从次梁传过来的集中荷载。但是次梁数量较多，因此按均匀分布荷载进行计算。

• Y 方向跨度按均等跨度 5.7m 计算。

2、3 层主梁的计算举例如下所示。

• X 方向 2、3 层（B、C、D 轴框架）

$$C=\frac{1}{12}wl^2=\frac{1}{12}\times6.0\times5.7\times13.48^2=518\text{kN}\cdot\text{m}$$

$$M_0=\frac{1}{8}wl^2=\frac{1}{8}\times6.0\times5.7\times13.48^2=777\text{kN}\cdot\text{m}$$

$$Q_0=\frac{1}{2}wl=\frac{1}{2}\times6.0\times5.7\times13.48=231\text{kN}$$

• Y 方向 2、3 层（1、2 轴框架）

次梁的间隔，按 2.57m→2.60m 计算。

$$C=\frac{1}{12}wl^2=\frac{1}{12}\times6.0\times\frac{2.6}{2}\times5.70^2=21\text{kN}\cdot\text{m}$$

$$M_0=\frac{1}{8}wl^2=\frac{1}{8}\times6.0\times\frac{2.6}{2}\times5.70^2=32\text{kN}\cdot\text{m}$$

$$Q_0=\frac{1}{2}wl=\frac{1}{2}\times6.0\times\frac{2.6}{2}\times5.70=22\text{kN}$$

(2) 重力荷载作用下的内力

根据 C、M_0、Q_0 的计算结果，概算重力荷载作用下的内力（图 2.16，图 2.17）。

• 假定在重力荷载下，梁的外端弯矩为 $0.7C$，内端弯矩为 $1.1C$。

• 2 层柱头和 3 层柱脚的弯矩，按主梁端部弯矩的 1/2 进行分配（因为 2、3 层的层高大致相等）。

• 1 层柱头和 2 层柱脚的弯矩，按层高的反比例（≒刚度比）进行分配。

• 1 层柱脚的弯矩，假定为柱头弯矩的 1/2。

• 1 层楼板采用的是地基直接承载楼板，受重力荷载的影响甚微，因此 1 层基础梁的重力荷载忽略不计。

(3) 柱轴力

各层的柱轴力，按单位面积的建筑物重量乘以柱子的负担面积进行计算。

• C1（①轴框架的©轴柱子）

3 层 $7.0\text{kN/m}^2\times(1/2\times5.7\text{m}\times13.48\text{m})=269\text{kN}$

2 层 $269\text{kN}+6.0\text{kN/m}^2\times(1/2\times5.7\text{m}\times13.48\text{m})=500\text{kN}$

1 层 $500\text{kN}+6.0\text{kN/m}^2\times(1/2\times5.7\text{m}\times13.48\text{m})=731\text{kN}$

(4) 地震作用下的内力

根据 D 值法计算地震作用下的内力。实际设计的柱脚是半固定式，但在概算阶段按

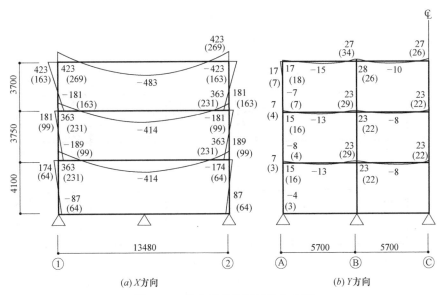

图 2.16 重力荷载作用下的内力图

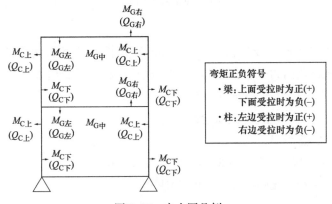

图 2.17 内力图凡例

固定式柱脚进行计算。

- 柱子剪力的分配比率（D 值）按中柱为 1.0，外柱为 0.7 进行计算。
- 假定 1 层柱子的反弯点（y）为 0.6，顶层为 0.4，中间层为 0.5。

1 层柱子的内力计算以及地震水平荷载内力图如图 2.18 所示。

X 方向　1 层　外柱

$Q_E = Q_i / D / \sum D_i = 1285\text{kN} \times 0.7 / (0.7 \times 10\ \text{根}) = 129\text{kN}$

柱脚 $M = Q_E \cdot h \cdot y = 129\text{kN} \times 4.1\text{m} \times 0.6 = 316\text{kN} \cdot \text{m}$

柱头 $M = Q_E \cdot h \cdot (1-y) = 129\text{kN} \times 4.1\text{m} \times (1-0.6) = 211\text{kN} \cdot \text{m}$

Y 方向　1 层　外柱

$Q_E = 1285\text{kN} \times 0.7 / (0.7 \times 4\ \text{根} + 1.0 \times 6\ \text{根}) = 102\text{kN}$

柱脚 $M = 102\text{kN} \times 4.1\text{m} \times 0.6 = 251\text{kN} \cdot \text{m}$

柱头 $M = 102\text{kN} \times 4.1\text{m} \times (1-0.6) = 168\text{kN} \cdot \text{m}$

Y 方向　1 层　中柱

$Q_E = 1285\text{kN} \times 1.0 / (0.7 \times 4\ \text{根} + 1.0 \times 6\ \text{根}) = 146\text{kN}$

柱脚 $M=146kN×4.1m×0.6=359kN·m$

柱头 $M=146kN×4.1m×(1-0.6)=239kN·m$

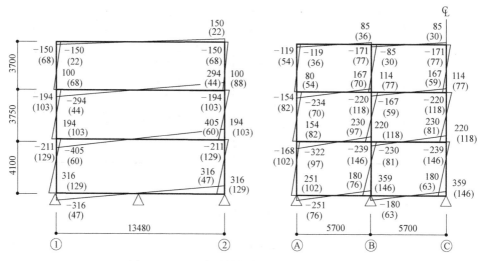

图 2.18 地震水平荷载作用下的概算内力图

6.5 主梁的截面验算

钢构件的短期抗弯强度设计值（235N/mm²）是长期抗弯强度设计值（156N/mm²）的 1.5 倍。因此将长期内力 M_L 与短期内力 M_S 进行比较可以定出如下关系。

$1.5M_L<M_S$ 时，用 M_S 进行截面验算

$1.5M_L≥M_S$ 时，用 M_L 进行截面验算

（1）X 方向 2 层 G1

端部内力 $M_S=M_L+M_E=363+405=768kN·m$

$\qquad Q_S=Q_L+Q_E=231+60=291kN$

跨中内力 $M_L=414kN·m$

因为 $1.5M_L<M_S$，所以采用短期内力进行端部截面验算。

$H-700×300×13×24$（SN 400）

$Z_x=5640×10^3 mm^3$　　$i_y=68.3mm$　　$i_b=79.5mm$

• 侧向稳定支撑 $λ_y=l/i_y=13480/68.3=197$

根据 $λ_y≤170+20n$，保有承载力的侧向稳定支撑的所需构件数量是 $n=2$

• 侧向稳定支撑的间距 $l/(n+1)=13480/(2+1)=4493mm>l_b=3200mm$ OK

• 宽厚比 翼缘 $150÷24=6.3<9$ 　　　　　　OK

　　　　腹板 $(700-24×2)÷13=50.2<60$ OK

因此，满足设计路径 ② 的宽厚比规定值。

• 短期容许抗弯应力 $λ_b=l_b/i_b=3200/79.5=40.3$　　　$η=7.73$

$\qquad\qquad →f_b=156×1.5=235N/mm^2$（根据 f_b 计算图表计算）

$\qquad\qquad σ_b=M_s/Z_x=(768×10^6)/(5640×10^3)=136N/mm^2$

$\qquad\qquad σ_b/f_b=136/235=0.58<1.0$ OK

- 长期容许抗剪应力 $f_s = 90\text{N/mm}^2$

$$\tau = Q_L/A_w = 231 \times 10^3/(652 \times 13) = 27.3 < f_s \quad \text{OK}$$

（2）Y 方向 2 层 G2

端部内力 $M_S = M_L + M_E = 15 + 322 = 337\text{kN} \cdot \text{m}$

$$Q_S = Q_L + Q_E = 29 + 97 = 126\text{kN}$$

跨中内力 $M_L = 13\text{kN} \cdot \text{m}$

因为 $1.5M_L < M_S$，所以采用短期内力进行端部截面验算。

H-488×300×11×18（SN400）

$Z_x = 2820 \times 10^3 \text{mm}^3$ $i_y = 71.4\text{mm}$ $i_b = 81.0\text{mm}$

- 侧向稳定支撑 $\lambda_y = l/i_y = 5700/71.4 = 80$

根据 $\lambda_y \leq 170 + 20n$，保有承载力的侧向稳定支撑的所需构件数量是 $n = 0$ OK

- 宽厚比 翼缘 $150 \div 18 = 8.3 < 9$，$(= 9\sqrt{235/F})$ OK

 腹板 $(488 - 18 \times 2) \div 11 = 41.1 < 60$，$(= 60\sqrt{235/F})$ OK

- 短期容许抗弯应力 $\lambda_b = l_b/i_b = 5700/81.0 = 70.4$ $\eta = 7.32$

 $\rightarrow f_b = 156 \times 1.5 = 235\text{N/mm}^2$（根据 f_b 计算图表计算）

 $\sigma_b = M_S/Z_x = (331 \times 10^6)/(2820 \times 10^3) = 120\text{N/mm}^2$

 $\sigma_b/f_b = 120/235 = 0.51 < 1.0$ OK

- 短期容许抗剪应力 $f_s = 135\text{N/mm}^2$

$$\tau = Q_S/A_w = 126 \times 10^3/(452 \times 11) = 25.3 < f_s \quad \text{OK}$$

X 方向因为是大跨度的单跨结构，考虑到层间位移的规定值，采用的构件截面有一定的余量。

另外，考虑到梁柱连接部位的节点细部处理，X 方向和 Y 方向的大梁的梁截面高度高差设定在 150mm 以上。

6.6 柱的截面验算

1 层 C1

X 方向柱脚内力 $M_S = M_L + M_E = 87 + 316 = 403\text{kN} \cdot \text{m}$

$$N_S = N_L + N_E = 731 + (22 + 44 + 60) = 857\text{kN}$$

Y 方向柱脚内力 $M_S = M_L + M_E = 0 + 359 = 359\text{kN} \cdot \text{m}$

$$N_S = N_L + N_E = 731 + (36 - 30 + 70 - 59 + 97 - 81) = 764\text{kN}$$

一般来说，框架结构的构件是由弯矩支配的，由于 $1.5M_L < M_S$，因此验算短期应力。

□-400×400×22（BRC295）$A = 31600\text{mm}^2$ $Z = 3650 \times 10^3 \text{mm}^3$ $i_x = i_y = 152\text{mm}$

- 宽厚比 $\lambda_y = 400/22 = 18.2 < 29.5$，$(= 33\sqrt{235/F})$ OK

所以冷成型方钢管柱的宽厚比满足设计路径 $\boxed{2}$ 的规定值。

- 短期允许抗压应力 $\lambda = l_c/i = 4100/152 = 27.0$

 $f_c = 186 \times 1.5 = 279\text{N/mm}^2$

- 短期允许抗弯应力 由于是方形钢管，f_b 无需折减 $\rightarrow f_b = 295\text{N/mm}^2$

X 方向　$\dfrac{\sigma_c}{f_c}+\dfrac{\sigma_b}{f_b}=\dfrac{857\times10^3}{31600\times279}+\dfrac{403\times10^6}{3650\times10^3\times295}=0.10+0.37=0.47<1.0$　OK

Y 方向　$\dfrac{\sigma_c}{f_c}+\dfrac{\sigma_b}{f_b}=\dfrac{764\times10^3}{31600\times279}+\dfrac{359\times10^6}{3650\times10^3\times295}=0.09+0.33=0.42<1.0$　OK

6.7　层间位移角

对预测有较大层间位移角的 X 方向进行验算。

跟计算内力一样，采用 D 值法进行计算（表 2.9，表 2.10，图 2.19）。

用弹性模量比（n）将钢筋混凝土基础梁贯性矩换算成钢结构贯性矩。

FG1：$B\times D=500\times900$　　　弹性模量比：$n=15$

$$I_0=\frac{BD^3}{12\times n}=\frac{500\times900^3}{12\times15}=202500\times10^4\,\mathrm{mm^4}$$

$$K=\frac{I_0\cdot\phi}{L}=\frac{202500\times10^4\times1.0}{6740}=150222\,\mathrm{mm^3}$$

$$K_G=K/K_0=\frac{150222}{1.0\times10^6}=0.15$$

B 轴大梁 $K_0=1.0\times10^6\,\mathrm{mm^3}$　　　　　　　　　　　表 2.9

层	符号	截面	I_0 [$\times10^4\,\mathrm{mm^4}$]	ϕ	L (mm)	$K=I_0\cdot\phi/L$	$k_G=K/K_0$
R,3 层	G1	H-588×300×12×20	114000	1.80	13480	152226	0.15
2 层	G1	H-700×300×13×24	197000	1.80	13480	263056	0.26

I_0——梁柱截面贯性矩；ϕ——楼板的组合效应引起的刚度增大系数；L——杆件长度；K——刚度（$=I_0\cdot\phi/L$）
K——标准刚度；k——刚度比（$=K/K_0$）。

B 轴柱子　　　　　　　　　　　　　　　　　表 2.10

层	符号	截面	I_0 [$\times10^4\,\mathrm{mm^4}$]	ϕ	L (mm)	$K=I_0\cdot\phi/L$	$k_c=K/K_0$
3 层	C1	□-400×400×16	57100	1.00	3700	154324	0.15
2 层	C1	□-400×400×16	57100	1.00	3750	152267	0.15
1 层	C1	□-400×400×22	73000	1.00	4100	178049	0.18

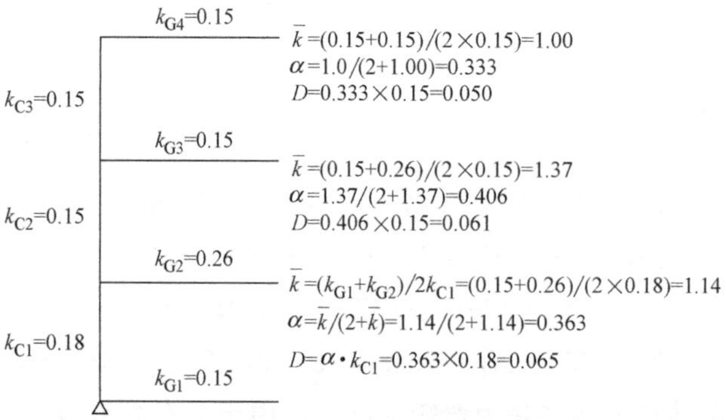

图 2.19　D 值计算

3 层　$\delta=\dfrac{Q}{\sum D}\cdot\dfrac{h^2}{12EK_0}=\dfrac{676\times10^3}{0.050\times10}\times\dfrac{3700^2}{12\times205000\times10^6}=7.5\,\mathrm{mm}=h/493$

2 层　$\delta=\dfrac{Q}{\sum D}\cdot\dfrac{h^2}{12EK_0}=\dfrac{1034\times10^3}{0.061\times10}\times\dfrac{3750^2}{12\times205000\times10^6}=9.7\,\mathrm{mm}=h/387$

1 层　$\delta=\dfrac{Q}{\sum D}\cdot\dfrac{h^2}{12EK_0}=\dfrac{1285\times10^3}{0.065\times10}\times\dfrac{4100^2}{12\times205000\times10^6}=13.5\,\mathrm{mm}=h/303$

层间位移角满足 $h/200$ 的规定值。

C 结构计算书

编制结构计算书的目的是设计者为了校核建筑物的安全，确认是否满足建筑基本法的各项规定，并作为建筑申请文件的一部分提交给特定行政厅建筑主事审查。计算书须明了易懂，以便将来建筑物扩建或改建时，其他的设计者能够随时确认其安全性。

一般在结构计算书的封面要记载设计事务所的名称，结构设计人员的一级建筑师的注册号码和姓名，并加盖印章。

(a) 封面   (b) 目录

[解说]

封面上记载工程名称、设计日期、设计事务所名称、设计者姓名以及目录。目录中记载主要项目即可。

---

1. 一般事项

1.1 建筑概要

建筑名称　○○大楼新建工程

建设地点　○○省○○市

建筑用途　办公楼

工程类型　新建

建筑规模　建筑总面积：998.06m²　基底面积：337.55m²

层数 地上：3层　屋突：1层　地下室：无

最高高度：11.48m（结构檐口高度：11.01m）

结构概要   结构种类 钢结构
结构体系 X 方向：框架结构
           Y 方向：框架结构
基础形式   桩基础（现场钻孔灌注混凝土桩）
扩建计划   无
装修概要   屋面 沥青防水
           吊顶 岩棉吸音板（耐火石膏板打底）
           楼面 块状地毯
           外墙 挤塑成型水泥板（$t=60$）
           内墙 塑料壁纸（石膏板打底）
建筑特征   一层部分为主入口大厅以及停车场，二、三层为办公室的三层办公楼。
           建筑的平面形状为 14.14m×23.34m 的长方形，办公室部分为自由分隔
           的无柱大空间。

[解说]

为了便于理解下述的结构计算内容，一般事项中应简单扼要地记述建筑名称、建设地
点、规模、用途、结构概要、装修概要、是否有扩建计划以及其他的特征等。

1.2 平面图与框架立面图

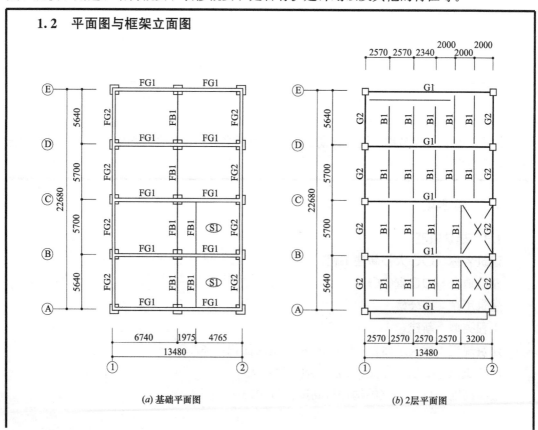

(a) 基础平面图   (b) 2层平面图

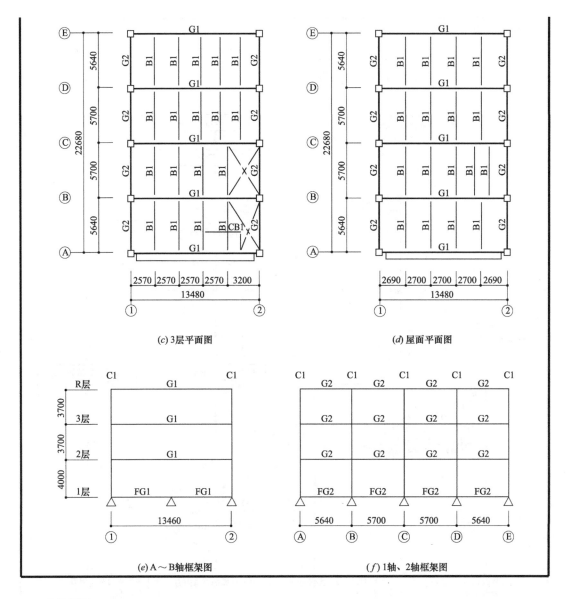

(c) 3层平面图

(d) 屋面平面图

(e) A～B轴框架图

(f) 1轴、2轴框架图

[解说]

　　将具有代表性的楼层平面图，框架立面图作为附图编入计算书，以便第三者理解。本例框架立面图所示的高度尺寸是结构计算用的结构层高。结构层高详见图 2.20，为各层梁构件的中心线之间的距离。

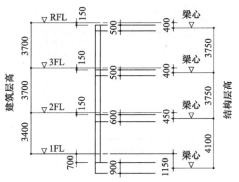

注：梁截面高度是取 X、Y 二方向的平均值，以50mm进舍

图 2.20　结构层高

1.3 设计方针

① *X*、*Y* 方向均为纯框架结构。柱子为冷成型方钢管（BCR295），大梁为 H 型钢（SN400），梁柱连接节点为梁贯通隔板托架形式。

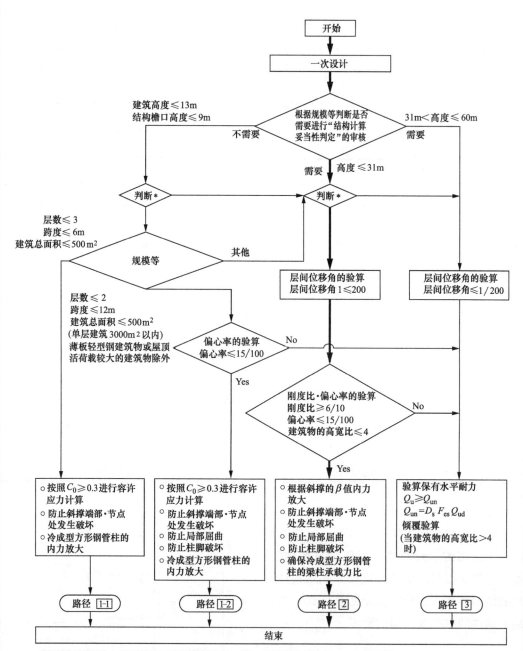

*"判断"是指设计人员根据设计方针进行的判断。例如：虽然是建筑高度31m以下的建筑，经过判断可以选择更加详细的验算方法路径③来进行设计。

[出处:2015年版建筑结构技术基准解说书]

② 竖向荷载以及水平荷载下结构计算采用位移法。

③ 钢结构的柱脚采用外露式柱脚，结构分析时考虑柱脚的旋转刚度。

④ 梁柱节点设计时仅考虑梁翼缘传递全塑性弯矩 M_p。

⑤ 作为停车场用途的一层采用地基直接承载楼板。

⑥ 根据建设场地的勘察报告，桩基础持力层选在 GL-14m 附近的砂砾层（标准贯入锤击数 N 值为 50 以上）。桩基础选用现场钻孔灌注混凝土桩。

⑦ 设计路径　　　X 方向　设计路径 ②；

　　　　　　　　　Y 方向　设计路径 ②。

⑧ 结构分析以及截面计算，采用计算程序○○○（Ver：○○○）。

⑨ 作为设计依据的指针、规范等。

建筑基本法、施行令以及告示；

2015 年版建筑结构技术基准解说书；

钢结构设计规范·容许应力设计法（日本建筑学会，2005 年）；

钢筋混凝土结构计算规范（日本建筑学会，2010 年）；

建筑基础结构设计指针（日本建筑学会，2001 年）；

各种组合结构设计指针（日本建筑学会，2010 年）；

冷成型方钢管设计及施工手册（日本建筑中心，2008 年）；

建筑物的振动对舒适性影响的评价指针（日本建筑学会，2004 年）。

[解说]

作为结构计算书来说，让任何人都容易理解是重要的，设计者应该将其设计思路记载入计算书中。

1. 关于钢结构的设计路径 ②

施行令第 82 条的 6 第 3 号以及昭 55 建告第 1791 号第 2 条对 31m 以下钢结构建筑物的结构计算作了规定。在设计路径 ② 的结构计算中，除了进行容许应力设计之外，还要进行二次设计层间位移角、刚度比及偏心率的验算，并且满足下列规定。

- 承担水平力的斜撑按照其负担率乘以放大系数进行容许应力计算。
- 各节点内力，尤其是柱脚内力须考虑放大系数以防止破坏或保证有足够的延性。
- 负担水平力的斜撑端部以及节点，必须作为保有耐力连接节点进行设计。
- 柱以及梁杆件的宽厚比要满足规定值。
- 梁杜的节点以及拼接节点必须是保有耐力连接。
- 必须防止梁充分发挥变形能力之前出现侧向屈曲。

2. 关于使用一贯式计算程序

伴随着 2007 年 6 月实行修改后的建筑基本法，以前已取得大臣认证的一贯式计算程序被宣布无效。但至 2018 年为止，由于在运用上还有不明确之处，重新取得大臣认证的程序很少被使用。

目前，在政府的严格审查下，一般使用尚未获得认证的一贯式计算程序。

3. 关于结构计算妥当性的判定

本工程为建筑基本法第 20 条第三号规定的建筑，属于需要进行结构计算妥当性判定的对象。

1.4 使用材料以及材料的容许应力

（1）钢筋（N/mm²）

采用	钢筋材质	长期		短期	
		拉伸·压缩	剪切	拉伸·压缩	剪切
●	SD295A	195	195	295	295
●	SD345	215(195)	195	345	345
	SD390	215(195)	195	390	390

（ ）内的值是钢筋直径 D29 以上（含 D29）时的采用值

（2）混凝土（N/mm²）

采用	种类	F_c	长期				短期	
			压缩	剪切	握裹		压缩	剪切 握裹
					梁上端	其他		
	普通	18	6.0	0.60	1.20	1.80	长期×2.0	长期×1.5
●	普通	21	7.0	0.70	1.40	2.10		
	普通	24	8.0	0.73	1.54	2.31		
	普通	27	9.0	0.76	1.62	2.43		

（3）钢材（N/mm²）

采用	钢材种类	板厚	F 值	长期			短期		
				拉伸压缩	弯曲	剪切	拉伸压缩	弯曲	剪切
●	SN400A SN400B	≤40	235	156	156	90	235	235	135
		>40	215	143	143	82	215	215	124
	SM490A SN490B SN490C	≤40	325	216	216	125	325	325	187
		>40	295	196	196	113	295	295	170
●	BCR295	≤40	295	196	196	113	295	295	170

（4）焊接（N/mm²）

| 采用 | 钢材种类 | 板厚 | F 值 | 长期 | | | | 短期 |
| | | | | 对接焊 | | | 角焊 | |
				拉伸压缩	弯曲	剪切		
●	SN400A SN400B	≤40	235	156	156	90	90	长期×1.5
		>40	215	143	143	82	82	
	SM490A SN490B SN490C	≤40	325	216	216	124	124	
		>40	295	196	196	113	113	
●	BCR295	≤40	295	196	196	113	113	

（5）高强螺栓（kN/根）

| 采用 | 高强螺栓种类 | 标准拉力（N/mm²） | 螺杆公称直径 | 长期 | | 短期 | |
				摩擦单摩擦面	摩擦双摩擦面	摩擦	摩擦
●			M16	30.2	60.3	长期×1.5	
●	F10T	500	M20	47.1	94.2		
			M22	57.0	114.0		

（6）锚栓（N/mm²）

| 采用 | 锚栓种类 | F 值 | 长期 | | 短期 | |
			压缩	剪切	压缩	剪切
●	ABM400B	235	156	117	235	176
	ABM490B	325	216	162	325	243

（7）桩基础混凝土（N/mm²）

| 采用 | 种类 | F_c | 长期 | | | 短期 | |
			压缩	剪切	握裹	压缩	剪切握裹
●	普通	24	5.33	0.53	1.6	长期×2	长期×1.5
	普通	27	6.00	0.57	1.8		

（8）桩的容许承载力

采用	桩种类	桩径(mm)	长期	短期
●	现场浇灌桩（钻孔施工法）	800	1100kN/根	长期×2

持力层：GL-13.0m 以下 砂砾层（N>50）。

［解说］

【容许应力设计法】（一次设计）是将结构构架作为弹性体进行内力分析，计算出各杆件截面内的最大应力，并与相应的材料容许应力进行比较，要求最大应力不超过容许应力的设计方法。

容许应力是对材料考虑安全系数后所规定的强度值。长期容许应力是在长期持续荷载作用下，为了保证建筑的安全状态而采用较大安全系数的强度值。短期容许应力是保证在地震以及风压等短期荷载作用下的安全而规定的强度值。

钢材（包括钢筋）的容许应力，是根据材质、板厚取相应的屈服强度和拉伸强度的70%的值，其二者中较小值作为基准强度 F 值。并以此 F 值为基础规定出各种容许应力值。具体的数值在下述的告示等有明确规定。

- 令第90条 钢材等的容许应力；
- 令第91条 混凝土的容许应力；
- 令第92条 高强螺栓的容许剪应力；
- 平12建告第1450号 混凝土的握裹、拉伸、剪切的容许应力以及材料强度；
- 平12建告第2464号 钢材与焊接部的容许应力以及材料的基准强度（F 值）；
- 平12建告第2466号 高强螺栓的标准拉伸强度，拉伸节点的容许应力以及材料强度的标准值；
- 平13国交第1024号 特殊容许应力以及特殊材料强度。

但是，混凝土的短期容许应力之中对剪切和握裹的规定，政令等（施行令，告示）规定为长期容许应力的2倍，而《钢筋混凝土结构计算规范》（日本建筑学会，2010年）规定的是1.5倍。由于政令没有给出验证公式，因此通常采用《钢筋混凝土结构计算规范》的规定值。另外，关于握裹与锚固均按RC规范进行计算。

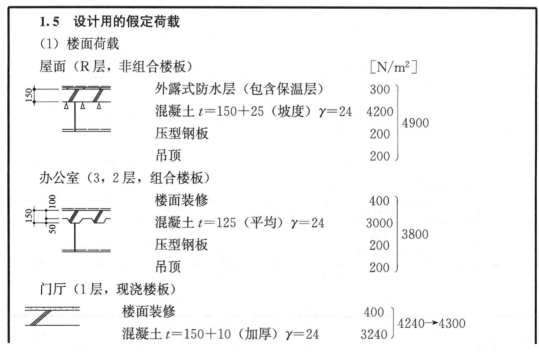

1.5　设计用的假定荷载

（1）楼面荷载

屋面（R层，非组合楼板）　　　　　　　　　　　　　　　　[N/m²]

外露式防水层（包含保温层）	300	
混凝土 $t=150+25$（坡度）$\gamma=24$	4200	4900
压型钢板	200	
吊顶	200	

办公室（3，2层，组合楼板）

楼面装修	400	
混凝土 $t=125$（平均）$\gamma=24$	3000	3800
压型钢板	200	
吊顶	200	

门厅（1层，现浇楼板）

| 楼面装修 | 400 | |
| 混凝土 $t=150+10$（加厚）$\gamma=24$ | 3240 | 4240→4300 |

楼梯间

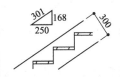

水泥砂浆面层　　$t=30$　　800 ⎫
踏板　　　　　　$t=6.0$　　461 ⎭ 1261

支撑侧板　PL-12×300　　277 ⎫
扶手　　　　　　　　　　200 ⎭ 477

楼梯宽度按 1.4m 进行计算

$$w=1261+477\times\frac{301}{250}\times\frac{2}{1.4}=2081\rightarrow2100$$

(2) 楼面荷载表

(N/m²)

室名	种类	楼面用	小梁用	框架用	地震用	备注
R层 屋面	DL	4900	4900	4900	4900	非上人屋面
	LL	900	800	650	300	
	TL	5800	5700	5550	5200	
2,3层 办公室	DL	3800	3800	3800	3800	
	LL	2900	2400	1800	800	
	TL	6700	6200	5600	4600	
1层 大厅	DL	4300	4300	4300	4300	
	LL	2900	2400	1800	800	
	TL	7200	6700	6100	5100	
楼梯	DL	2100	2100	2100	2100	
	LL	2900	2400	1800	800	
	TL	5000	4500	3900	2900	

（译者注　DL：恒载，LL：活载，TL：总荷载）

(3) 墙荷载　　　　　　　　　[N/m²]

外墙　　挤塑成型水泥板（$t=60$）　　650 ⎫
　　　　外部粉刷（有机硅丙烯酸树脂）50 ⎪
　　　　找平层　　　　　　　　　100 ⎬ 1100
　　　　内部装修（塑料墙纸）　　200 ⎪
　　　　墙檩柱　　　　　　　　　100 ⎭

女儿墙　挤塑成型水泥板（$t=60$）　　650 ⎫
（$h=600$）外部粉刷（有机硅丙烯酸树脂）50 ⎪
　　　　　　　　　　　　　　　　　　⎬ 4540
混凝土（$t=160$）　　　　　　3800 ⎭

　　　　　　　　　　4540×0.6=2724→2800 N/m

(4) 特殊荷载　空调机（R层）18kN

[解说]

结构计算所考虑的荷载,有作用在竖直方向的恒荷载、活荷载、雪荷载以及水平方向的风荷载和地震作用。根据建筑的实际情况,有时还要考虑吊车荷载、水压、土压等特殊荷载。

恒荷载(DL:Dead Load)通常指建筑物的自重,包括结构躯体重量和装修重量。有关装修重量(包括打底、固定件等),在令第84条等资料里记载了一些常用的基本重量。没有记载的其他做法,可以参考产品的说明书等。

关于梁柱的自重,通常一贯式计算程序可以自动算出,因此不必加在楼面荷载表里。但是,即使是使用一贯式计算程序,梁柱钢结构的表面防火保护层及装修层的重量也需要单独考虑。

防火保护层重量的计算举例如下(图2.21)。

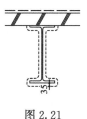

图 2.21

喷涂岩棉防火涂料(防火时间1小时)的做法

- 主梁(H-700×300×13×24)

$\gamma=3.5\text{kN/m}^3$　　$t=35\text{mm}$　　$l=300×3+700×2=2300\text{mm}$

$w=3.5×0.035×2.30×1.0=0.28\text{kN/m}$

- 柱(□-400×400)

$\gamma=3.5\text{kN/m}^3$　　$t=35\text{mm}$　　$l=(400+35)×4=1740\text{mm}$

$w=3.5×0.035×1.74×1.0=0.21\text{kN/m}$

活荷载(LL:Live Load)是建筑物建成以后所容纳的物品以及人的重量。活荷载的取值可按照令第85条所规定的表2.11的值,也可根据建筑物的实际使用情况而定。

令85条规定的活荷载 [N/m²]   表 2.11

结构计算对象 房间种类		(a) 计算楼面结构计算时	(b) 计算主梁、柱或基础结构计算时	(c) 计算地震作用下的结构计算时
(一)	住宅居室,住宅以外的建筑中的卧室或病房	1800	1300	600
(二)	办公室	2900	1800	800
(三)	教室	2300	2100	1100
(四)	百货商场或商店的销售空间	2900	2400	1300
(五)	剧场、电影院、礼堂、集会场所 固定座位	2900	2600	1600
	其他	3500	3200	2100
(六)	车库以及车道	5400	3900	2000
(七)	走廊、出入口大厅、楼梯	连接(三)至(五)房间的通道,取(五)[其他]的数值		
(八)	屋面广场、阳台	取(一)的数值。但是学校以及百货商场建筑时,取(四)的数值		

计算次梁的活荷载,在法令里没有明确的规定。在本例中取楼板和主梁的设计值的平均值,但也可以采用楼板设计值。平常不上人屋面的活荷载取值,在法令里没有特别规定,一般取住宅活荷载的1/2。但是,屋面上若设置机械设备等时,必须考虑这些荷载。

根据令第 85 条规定，计算由竖向荷载所产生的柱和基础的轴压力时，可以根据所支承的楼层数对活荷载进行相应折减。但是，从建筑物总体的重量构成来看，活荷载比恒荷载小，而且对于低层建筑物来说折减效果也很小，还增加了计算的复杂性，所以本例不考虑活荷载的折减。

1.6 雪荷载

$$S = w_s \cdot h_s = 20 \times 30 = 600 \text{N/m}^2$$

式中 S——雪荷载（屋面水平投影面积每平方米的重量 N/m²）；

w_s——1cm 厚的积雪密度 [N/(cm·m²)]；

h_s——积雪深度（cm）。

本建筑的屋面长期活荷载（框架用）为 650N/m²，因此省略主框架在雪荷载工况下的验算。

[解说]

根据令第 86 条，每 1cm 厚的积雪荷载规定为不小于 20N/m²。但是在多雪地区的积雪密度以及积雪深度，是由特定行政厅根据告示（平 12 建告第 1455 号）的规定所制定的，因此在设计时需要事先向特定行政厅查询。

作为短期荷载的雪荷载，如果不超过屋面的长期活荷载（框架用）时可以不对雪荷载做相关验算，因此本例省略验算。

2014 年的大雪引起了屋顶塌落事故，有关雪荷载的告示作了相应的修改（2018 年 1 月发布）。在新告示中，对于具有大跨度、坡度较缓、屋顶较轻的建筑，考虑到雪后的降雨，要在原来规定的雪荷载上乘以荷载放大系数。本例的屋顶为钢筋混凝土楼板，不具有上述的条件，因此雪荷载不用考虑荷载放大系数。

1.7 风荷载

• 基本风压 $q = 0.6EV_0^2$

• 风力系数 $C_f = 0.4 \sim 0.8$

• 基本风速 $V_0 = 34.0 \text{m/s}$

• 地面粗糙度类别 Ⅲ

在本例的水平荷载中，地震作用处于支配地位，因此省略主框架的风荷载验算。

[解说]

风荷载是由风压乘以风力系数求得。风荷载可以根据令第 87 条以及告示（平 12 建告第 1454 号）的规定来计算，也可以通过风洞试验来决定。

除高层建筑及层高较高的厂房以外，通常风荷载比地震作用小，所以常常省略对风荷载的验算。本例也省略了风荷载的验算。

轻质材料屋面以及外墙的风荷载，与建筑主体结构计算时的取值不同，在告示（平

12 建告第 1458 号）中还规定了考虑局部风荷载的风压系数。轻质材料屋面等的有关规定适用于高度超过 13m 的建筑，而本例建筑高度只有 11.6m，因此不必验算。

风荷载的具体计算可以参照第 3 章 $\boxed{C}$ 的 2.4 部分。

1.8　地震作用

- 地震层间剪力　　　　　$Q_i = C_i \times \sum W_i$
- 地震层间剪力系数　　　$C_i = Z \cdot R_t \cdot A_i \cdot C_0$
- 建筑物的第一阶自振周期　$T = h(0.02 + 0.01\alpha)$
- 高度方向的分布系数　$A_i = 1 + \left(\dfrac{1}{\sqrt{\alpha_i}} - \alpha_i \right) \times \dfrac{2T}{1 + 3T}$
- 地区系数　　　　　　$Z = 1.0$
- 振动特性系数　　　　$R_t = 1.0$
- 标准剪力系数　　　　$C_0 = 0.2$

本建筑物的地震作用在水平荷载中处于支配地位，因此对主框架进行抗震验算。

[解说]

地上部分的地震力作用下的层间剪力系数 C_i 用下列公式计算（令第 88 条）。

$$C_i = Z \cdot R_t \cdot A_i \cdot C_0$$

式中　Z——地区系数（昭 55 建告第 1793 号第 1）；

　　　R_t——振动特性系数（昭 55 建告第 1793 号第 2）；

　　　A_i——高度方向的分布系数（昭 55 建告第 1793 号第 3）；

　　　C_0——标准剪力系数（令第 88 条第 2 项，第 3 项）。

地下室部分的地震力，用所在层的恒荷载与活荷载之和乘以下式的水平震度 k_i 进行计算。

$$k_i = 0.1 \times (1 - H/40) \cdot Z（令第 88 条第 4 项）$$

式中　Z——地区系数；

　　　H——基础底至地板面的深度（超过 20m 时按 20m 计算）。

对于不计入层数的屋突（突出屋面部分的高度大于 2m 的情况），用地区系数（Z）乘以 1.0 及以上值得到的数值作为水平震度❶来进行结构的抗震验算（平 19 国告第 594 号第 2）。

对于突出屋面的水槽、烟囱等建筑设备的地震水平作用，也用地区系数（Z）乘以 1.0 及以上值得到的水平震度进行结构的抗震验算（令第 129 条 2 的 4，平 12 建告第 1389

---

❶　译者注：水平震度（k_i）乘以某层质量可得该层质量所产生的水平力，它不同于乘以某层以上质量之和可得该层水平剪力的层间剪力系数（C_i）。

号）。有关建筑设备的设计水平震度可参考《建筑设备抗震设计·施工指针 2014 年》（日本建筑中心编）。

在使用一贯式计算程序时，首先输入 Z，C_0，再输入框架数据以及荷载数据就可以自动算出地震力。有关详细的计算例题可以参考本章 C 的"4.4 地震作用层间剪力计算"。

2. 二次构件的设计（楼板和次梁的设计）

2.1 楼板的设计

• S1（屋面，压型钢板模板，$t=150$）

按均匀分布荷载作用下的相邻两边固定，两边简支的双向板计算。

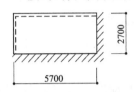

$w=5.80\text{kN/m}^2 \qquad \lambda=l_x/l_y=5700/2700=2.11$

$w\cdot l_x=5.80\times2.70=15.7 \qquad w\cdot l_x^2=5.80\times2.70^2=42.3$

$t=150\text{mm} \qquad d=150-40=110 \qquad j=110\times7/8=96.3$

└ （系数是根据 RC 规范的计算图表）

短边方向　固端上部　$M_{x1}=0.121\times42.3=5.12\text{kN·m}$

$a_t=\dfrac{M_{x1}}{f_t\cdot j}=\dfrac{5.12\times10^6}{195\times96.3}=273\text{mm}^2$

$x=\dfrac{a_1\times1000}{a_t}=\dfrac{99\times1000}{273}=362\text{mm}\rightarrow$ 配筋 D10D13@200

$\begin{bmatrix} a_1 \text{ 为 1 根钢筋的截面面积} \\ \text{D10D13 交错配筋，}(71+127)/2=99\text{mm}^2 \end{bmatrix}$

短边方向　中央下部　$M_{x2}=0.058\times42.3=2.45\text{kN·m}$

$\qquad\qquad\qquad a_t=130\text{mm}^2 \qquad$ D10@546$\rightarrow$配筋 D10@200

长边方向　固端上部　$M_{y1}=0.082\times42.3=3.47\text{kN·m}$

$\qquad\qquad\qquad a_t=185\text{mm}^2 \quad$ D10D13@535$\rightarrow$配筋 D10D13@200

长边方向　中央下部　$M_{y2}=0.017\times42.3=0.72\text{kN·m}$

$\qquad\qquad\qquad a_t=38\text{mm}^2 \quad$ D10@21868$\rightarrow$配筋 D10@200

$\qquad\qquad\qquad Q_{x1}=0.64\times15.7=10.0\text{kN}$

$\qquad\qquad\qquad Q_{y1}=0.41\times15.7=6.4\text{kN}$

• DS1（办公室，组合楼板压型钢板，$t=50+100$，单向板）

跨度$=2.57\text{m}<2.70\text{m}$

活荷载$=2900(\text{LL})+800$（装修等）$=3700\text{N/m}^2<5400\text{N/m}^2$

因此，组合楼板满足 2 小时防火的验算条件。

[解说]

使用压型钢板的组合楼板与现浇的钢筋混凝土楼板的计算方法相同。但是要注意的是，钢结构中的楼板与钢筋混凝土结构中的楼板不同，最外侧不是完全固定，应按简支来计算内力。本例根据《钢筋混凝土结构计算规范》的"均匀分布荷载作用下的3边固定1边简支的双向板""均匀分布荷载作用下的相邻2边固定2边简支的双向板"等图表计算内力。

《钢筋混凝土结构计算规范》18条5项规定，板的配筋使用直径D10以上的带肋钢筋时，短边方向的钢筋间距不应超过200mm，长边方向的间距不应超过300mm。如果板的钢筋都用D10的话，现场浇灌混凝土时钢筋容易发生错动移位，因此上端筋用D10D13交错配筋。

对于楼板的抗剪，除了受汽车轮压等比较大的集中荷载以外，一般不需要验算。本例也省略抗剪验算。

使用压型钢板的组合楼板，由于压型钢板能起到与受拉钢筋同样的作用，因此可以不用配置主筋，是一种具有经济效果的楼板结构。与压型钢板的非组合楼板相比，更具有经济性和轻量化的优点。但是，在使用时应注意以下几点。

- 作为无防火保护结构使用时，荷载、跨度及板厚等应满足相应的规定（依据法第37条，接受国土交通大臣对1小时防火以及2小时防火的认证审查）。

- 楼面开洞时，原则上在洞口周边要设置次梁以保证内力的传递。由于是单向板，即使是小开口，只要是切断了短边方向，要特别注意。

- 组合楼板的压型钢板凸起的部位由于混凝土较薄，易产生裂缝。楼面装修时要采取措施，以防表面出现裂缝。

2.2 次梁等的设计

（1）次梁

B1（H-350×175×7×11，$Z_x=711×10^3\text{mm}^3$，$I_x=13500×10^4\text{mm}^4$，梁自重：0.5kN/m）

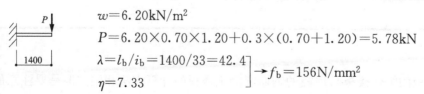

$w=6.20\text{kN/m}^2$

$W=6.20×2.57×5.70+0.5×5.70=93.7\text{kN}$

$f_b=156\text{N/mm}^2$（有楼板时不考虑失稳）

$M_0=1/8×93.7×5.70=66.8\text{kN·m}$

$Q=1/2×93.7=46.9\text{kN}$

$$\frac{\sigma_b}{f_b}=\frac{M}{Z·f_b}=\frac{66.8×10^6}{711×10^3×156}=0.60<1.0$$

$$\delta_{max}=\frac{5Wl^3}{384EI}=\frac{5×93.7×10^3×5700^3}{384×205000×13500×10^4}=8.16\text{mm}=\frac{l}{698}<\frac{l}{300}$$

（2）悬挑梁

CB1（H-250×125×6×9，$Z_x=317×10^3\text{mm}^3$，$I_x=3960×10^4\text{mm}^4$，梁自重：0.3kN/m）

$w=6.20\text{kN/m}^2$

$P=6.20×0.70×1.20+0.3×(0.70+1.20)=5.78\text{kN}$

$\left.\begin{array}{l}\lambda=l_b/i_b=1400/33=42.4\\\eta=7.33\end{array}\right\}\rightarrow f_b=156\text{N/mm}^2$

$cM=5.78\times1.40=8.10\text{kN}\cdot\text{m}$

$Q=5.78\text{kN}$

$\dfrac{\sigma_\text{b}}{f_\text{b}}=\dfrac{M}{Z\cdot f_\text{b}}=\dfrac{8.10\times10^6}{317\times10^3\times156}=0.16<1.0$

$\delta_{\max}=\dfrac{Pl^3}{3EI}=\dfrac{5.78\times10^3\times1400^3}{3\times205000\times3960\times10^4}=0.65\text{mm}=\dfrac{l}{2150}<\dfrac{l}{250}$

（3）墙檩柱

P2（H-148×100×6×9，$Z_\text{x}=135\times10^3\text{mm}^3$，$I_\text{x}=1000\times10^4\text{mm}^4$）

$w=0.70\text{kN/m}^2$（风荷载）

$W=0.70\times4.40\times3.40=10.5\text{kN}$

$\lambda=l_\text{b}/i_\text{b}=3400/27.1=125.5$

$\eta=4.46$ $\Biggr\}\rightarrow f_\text{b}=156\text{N/mm}^2$

根据图表求得

$M_0=1/8\times10.5\times3.40=4.46\text{kN}\cdot\text{m}$

$Q=1/2\times10.5=5.25\text{kN}$

$\dfrac{\sigma_\text{b}}{f_\text{b}}=\dfrac{M}{Z\cdot f_\text{b}}=\dfrac{4.46\times10^6}{135\times10^3\times156}=0.21<1.0$

$\delta_{\max}=\dfrac{5Wl^3}{384EI}=\dfrac{5\times10.5\times10^3\times3400^3}{384\times205000\times1000\times10^4}=2.62\text{mm}=\dfrac{l}{1297}<\dfrac{l}{300}$

（4）楼梯的支撑侧板

PL-12×300

$I=1/12\times12\times300^3=2700\times10^4\text{mm}^4$

$Z=1/6\times12\times300^2=180\times10^3\text{mm}^3$

$w=4.5\times1.4/2=3.15\text{kN/m}$

$f_\text{b}=156\text{N/mm}^2$

$L=1.40\times2+\sqrt{2.9^2+1.85^2}=6.24\text{m}$（支撑侧板全长）

$W=3.15\times6.24=19.7\text{kN}$

$M_0=1/8\times19.7\times6.24=15.4\text{kN}\cdot\text{m}$

$Q=1/2\times19.7=9.8\text{kN}$

$\dfrac{\sigma_\text{b}}{f_\text{b}}=\dfrac{M}{Z\cdot f_\text{b}}=\dfrac{15.4\times10^6}{180\times10^3\times156}=0.55<1.0$

$\delta_{\max}=\dfrac{5Wl^3}{384EI}=\dfrac{5\times19.7\times10^3\times6240^3}{384\times205000\times2700\times10^4}=11.26\text{mm}=\dfrac{l}{554}<\dfrac{l}{300}$

[解说]

梁的变形通常控制在跨度的 1/300 以下，悬挑梁则在 1/250 以下。计算梁的变形时，可以考虑楼板的组合效应。本例仅考虑了钢梁自身的截面惯性矩。

　　一般在梁的设计中，在弯矩的作用下应考虑受压区翼缘的屈曲，对容许应力进行折减。墙檩柱或承受波形板的次梁需要考虑容许应力的折减，但是对于受压翼缘与混凝土楼板牢固连接的简支次梁来说可以不用折减。还有，对于楼梯的支撑侧板，由于竖向板和踏板等对整体失稳有支承作用，可以不折减容许应力。

　　告示（平 12 建告第 1459 号）规定对于梁截面高度与跨度之比不足 1/15 的钢梁，要验算建筑物使用过程中是否会发生影响正常使用的问题。作为评价是否会发生影响正常使用问题的方法，是验算长期荷载时的挠度是否超过跨度的 1/250。另外，告示（平 19 国告第 594 号第 2）还规定悬挑长度 2m 以上的悬挑梁，必须验算在竖直方向地震作用（采用地震地区系数乘以 1.0 以上的竖向震度）下的应力应小于短期容许应力。

　　作为参考，图 2.22 为楼梯的支撑侧板用二维平面杆系计算程序进行结构分析的结果。可以看出，上述手算的结果比计算程序算出的结果略大，手算结果偏于安全。

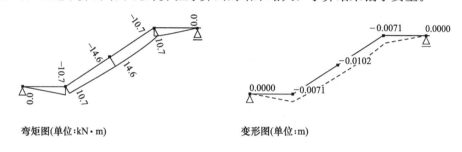

弯矩图(单位:kN·m)　　　　　　　　变形图(单位:m)

图 2.22　支撑侧板的内力图

3. 计算准备

3.1　计算条件

（1）计算程序

- 一贯式计算程序．〇〇〇〇（Ver. 〇〇〇）

（2）计算方法

- 三维模型的位移法
- 计算模型采用铰接支承的基础梁（参照下图）。

（3）刚度评价等

- 上部结构的楼板为现浇钢筋混凝土结构，刚性楼板假定成立。
- 柱和梁的截面惯性矩用简化公式计算。考虑楼板有效宽度的刚度放大系数 ϕ 按下述取值。

钢梁：按精算法计算，考虑楼板的组合效应。

钢筋混凝土梁：因为是直接支承于地基土上的楼板，取 1.00 进行计算。

- 钢筋混凝土以及型钢混凝土的刚度不考虑钢筋、钢材的影响。
- 钢结构梁柱节点不考虑刚域。

- 与钢筋混凝土构件连接的钢柱，从钢筋混凝土梁心至梁顶部表面为刚域（参照模型图）。
- 钢结构外露式柱脚的转动刚度另行计算。

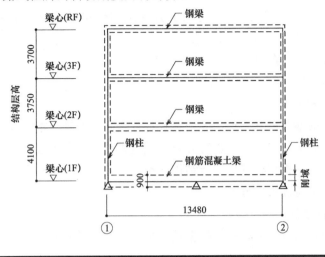

[解说]

在结构计算中，建筑框架用二维或三维的模型来建模。随着计算机的普及以及计算技术的高度发展，矩阵位移法得以普及，计算精度和速度也得到很大提升。尽管如此，要想得到正确的计算结果，合理地建模毋庸置疑是必须的。

1. 刚性楼板的假定

各层的楼板如果是钢筋混凝土结构的话，楼板面内具有足够大的刚度，这时可以认为被楼板连接的各个柱子在水平荷载作用下不产生相对的位移，这就是刚性楼板假定。通常在此假定下，计算出抗震构件（柱、斜撑等）所负担的剪力。

对大开洞楼面、钢结构楼梯还有电梯井筒等较集中的建筑，要确认刚性楼板的假定条件是否成立。如果不成立，就必须采用非刚性楼板假定。

2. 刚域与节点域

在结构分析中，框架的构件按杆单元建模。但是实际上构件具有一定的尺寸，它在节点附近的刚度接近于无限大。在梁柱节点域中，刚度可以被考虑为无限大的区域被称为刚域，可以作为变截面杆件来处理。通常，钢筋混凝土结构考虑刚域，而钢结构一般不考虑刚域。

在钢结构中，有时会考虑梁柱节点域的剪切刚度。但如本例这样的低层建筑，一般不考虑节点域刚度的影响。

3. 组合梁的刚度

钢梁支撑钢筋混凝土楼板时，由于钢梁的翼缘焊有栓钉使钢梁与楼板成为一体，使钢梁的刚度增大。为了提高框架的水平刚度，一般考虑组合梁的刚度增大效应。考虑楼板组合效应的组合梁的截面惯性矩 I 可按下列方法计算。

a）依据《各种组合结构设计指针》（日本建筑学会，2010 年）规定的方法，作为组合梁来计算。

组合梁❶的截面惯性矩的计算例题，可参照本章 C 7.1。

b）作为简化算法，根据经验可用如下方法定出钢梁的刚度放大系数 ϕ，计算 $I = \phi \cdot I_0$。

　　梁　两侧有楼板时　　$\phi = 1.80 \sim 2.00$；

　　　　单侧有楼板时　　$\phi = 1.40 \sim 1.50$。

4. 基础结构的模型化

最近，也有能够输入桩基础截面的一贯式计算程序。但是，本例采用的是将基础梁以上的结构（包括基础梁）和桩基础进行分离，假定桩基础支点为铰接，建立上部结构的力学模型，分别对上部结构和桩基础进行结构计算。这种方法虽然是手算时代的延续，但其优点是上部结构与桩基础可以分开计算。

5. 楼面荷载的分布

在计算书中虽然没有记述，但是根据楼板是单向板还是双向板，梁承受的荷载是不同的，因此要注意。

（1）楼板为双向板时（图 2.23）

从梁的交点画出角平分线以及与梁平行的直线，它们构成的梯形或三角形的荷载分区。

- 使用普通模板的现浇钢筋混凝土板（双向板）。

（2）楼板为单向板时（图 2.24）

梁与梁（次梁）之间的平分线形成的四边形均布荷载分区。

- 单向的组合楼板；
- 轻质混凝土板，预制混凝土板等铺成的楼面，波形板屋面；
- 支承装修材料的结构件，檩条支承的楼面。

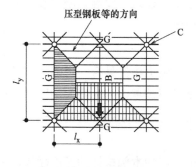

图 2.23　双向楼板的
荷载传递

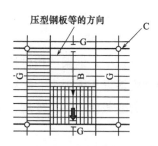

图 2.24　单向楼板
的荷载传递

---

❶　由于地震时梁仅有一端（承受楼板的上翼缘受拉的梁端部）可作为有效的组合梁，钢梁的刚度放大系数 ϕ 取正负弯矩的平均值。当梁的一侧为楼梯或悬挑梁时，有些一贯式计算程序会按两侧均为楼板进行读解，这种情况时需要进行修正。

3.2 附加荷载

(1) 空调机 $P_1 = \dfrac{设备}{18.0/4} + \dfrac{基础}{0.40} \times 0.40 \times 0.6 \times 24.0 = 6.8\text{kN}$

(2) 屋顶空调出风口 $P_2 = 12.5\text{kN}$

(3) 天线基座 $P_3 = (1.65 \times 2.0 \times 0.6 \times 24.0) \times 1/8 = 5.9\text{kN}$

                 $P_4 = (1.65 \times 2.0 \times 0.6 \times 24.0) \times 3/4 = 35.6\text{kN}$

(4) 屋突 $P_5 = 22.0\text{kN}$

(5) 女儿墙 $\omega_1 = 2.8\text{kN/m}$

R层追加荷载的布置图

[解说]

设备等的重量，通常通过附加荷载输入计算程序。本例中，女儿墙以及屋突的重量也作为附加荷载。屋面上的荷载对整体框架的影响较大，因此在结构计算的初期阶段就应与建筑设计师和设备设计师进行沟通，确认荷载的大小。

3.3　柱脚的转动刚度

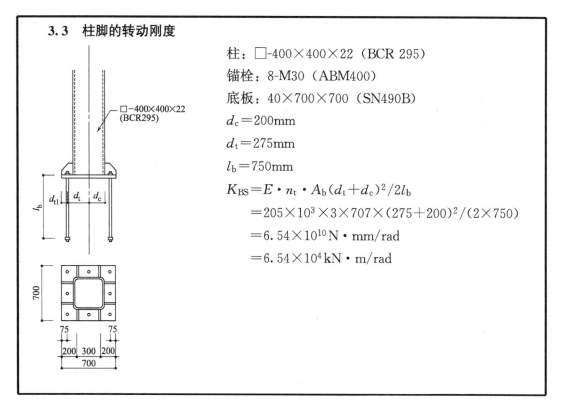

柱：□-400×400×22（BCR 295）

锚栓：8-M30（ABM400）

底板：40×700×700（SN490B）

$d_c = 200\text{mm}$

$d_t = 275\text{mm}$

$l_b = 750\text{mm}$

$$K_{BS} = E \cdot n_t \cdot A_b (d_t + d_c)^2 / 2l_b$$
$$= 205 \times 10^3 \times 3 \times 707 \times (275 + 200)^2 / (2 \times 750)$$
$$= 6.54 \times 10^{10} \, \text{N} \cdot \text{mm/rad}$$
$$= 6.54 \times 10^4 \, \text{kN} \cdot \text{m/rad}$$

[解说]

在1995年的兵库县南部地震中，发现很多外露式柱脚发生了破坏。此后，即使是外露式柱脚也不作为铰接假定，而是考虑柱脚的转动刚度来进行计算。《2015年版建筑结构技术基准解说书》的附录里，记载了柱脚的设计方法。

$$K_{BS} = E \cdot n_t \cdot A_b (d_t + d_c)^2 / 2l_b$$

式中　K_{BS}——柱脚的转动刚度；

　　　　E——锚栓的弹性模量（N/mm²）；

　　　　n_t——受拉区锚栓的根数；

　　　　A_b——单根锚栓的截面积（mm²）；

　　　　d_t——柱截面中心至受拉区锚栓群中心的距离（mm）；

　　　　d_c——柱截面中心至受压区柱边缘的距离（mm）；

　　　　l_b——锚栓的长度（mm）。

上式是考虑锚杆螺栓的轴向刚度而导出的公式，它的前提条件是要确保底板有足够的抗弯刚度，底板底部要与基础表面紧密结合，而且锚栓没有松弛。根据告示（平12建告第1456号），要求锚固长度 l_b 为其直径20倍以上，且端部要加工成弯钩状或装有锚固件。但如果考虑锚杆螺栓的握裹力，对抗拉进行了验算的话，则无须满足上述要求。

4. 内力计算

4.1 构件刚度一览表

（1）A、E轴框架梁的刚度（单边有楼板）

层	轴-轴	截面 (mm)	I_0 $(\times 10^4 mm^4)$	ϕ	I $(\times 10^4 mm^4)$	A $(\times 10^2 mm^2)$	L (mm)	刚域(mm) 左端	刚域(mm) 右端
R	1-2	H-588×300×12×20	114000	1.87	213180	187.2	13480	0	0
3	1-2	H-588×300×12×20	114000	1.63	185820	187.2	13480	0	0
2	1-2	H-700×300×13×24	197000	1.52	299440	231.5	13480	0	0
1	1-1a	B×D=500×900	3037500	1.00	3037500	4500.0	6740	0	0

（2）B、C、D轴框架梁的刚度（两边有楼板）

层	轴-轴	截面 (mm)	I_0 $(\times 10^4 mm^4)$	ϕ	I $(\times 10^4 mm^4)$	A $(\times 10^2 mm^2)$	L (mm)	刚域(mm) 左端	刚域(mm) 右端
R	1-2	H-588×300×12×20	114000	2.08	237120	187.2	13480	0	0
3	1-2	H-588×300×12×20	114000	1.82	207480	187.2	13480	0	0
2	1-2	H-700×300×13×24	197000	1.70	334900	231.5	13480	0	0
1	1-1a	B×D=500×900	3037500	1.00	3037500	4500.0	6740	0	0

（3）1、2轴框架梁的刚度（单边有楼板）

层	轴-轴	截面 (mm)	I_0 $(\times 10^4 mm^4)$	ϕ	I $(\times 10^4 mm^4)$	A $(\times 10^2 mm^2)$	L (mm)	刚域(mm) 左端	刚域(mm) 右端
R	A-B,D-E	H-400×200×8×13	23500	2.16	50760	83.4	5640		
	B-C,C-D						5700	0	0
3	A-B,D-E	H-400×200×8×13	23500	1.80	42300	83.4	5640		
	B-C,C-D						5700	0	0
2	A-B,D-E						5640		
	B-C,C-D	H-488×300×11×18	68900	1.50	103350	159.2	5700	0	0
1	A-B,D-E	B×D=400×700	1143300	1.00	1143300	2800.0	5640	0	0
	B-C,C-D						5700		

（4）柱的刚度

层	轴-轴	截面 (mm)	I_0 $(\times 10^4 mm^4)$	ϕ	I $(\times 10^4 mm^4)$	A $(\times 10^4 mm^2)$	L (mm)	刚域(mm) 柱底	刚域(mm) 柱顶
3	1 2	□-400×400×16	57100	1.00	57100	237.0	3970 3700	0	0
2	1 2	□-400×400×16	57100	1.00	57100	237.0	3750 3750	0	0
1	1 2	□-400×400×22	73000	1.00	73000	316.0	4100 4100	400	0

表中，I_0——梁、柱的截面惯性矩（mm^4）；

ϕ——考虑楼板组合效应的梁刚度放大系数；

I——考虑楼板组合效应的截面惯性矩（mm^4）（$=\phi \times I_0$）；

A——梁、柱的截面面积（mm^2）；

L——构件长度（mm）。

[解说]

计算构件刚度时采用的材料物理性能，如表 2.12 所示。

材料物理性能 表 2.12

钢材

- 弹性模量　　$E=205000\mathrm{N/mm^2}$
- 剪切模量　　$G=79000\mathrm{N/mm^2}$　（SN 钢材及 SM 钢材的物理性能没有区别,几乎所有钢材的性能都基本相同）
- 泊松比　　　$\nu=0.3$
  混凝土材料

- 弹性模量 $E=3.35\times10^4\times\left(\dfrac{\gamma}{24}\right)^4\times\left(\dfrac{F_\mathrm{c}}{60}\right)^{1/3}$（根据《钢筋混凝土结构计算规范》）

式中　F_c——混凝土的设计基本强度$(\mathrm{N/mm^2})$；
　　　　γ——混凝土的密度$(\mathrm{kN/m^3})$。

- 剪切模量　　$G=\dfrac{E}{2(1+\nu)}$
- 泊松比　　　$\nu=0.2$

一贯式计算程序所用的内力计算方法，一般情况下是位移法。所谓位移法，是通过外力 $\{P\}$ 与构件刚度 $[K]$ 以及节点位移 $\{\delta\}$ 的矩阵方程进行求解，从而计算出构件的位移与内力。位移法的计算方程式可用 $\{P\}=[K]\{\delta\}$ 表示，$[K]$ 为刚度矩阵，由构件的截面常数与材料的物理性能所构成。

在固定弯矩法（长期荷载的内力），以及 D 值法（水平荷载的内力）的手算方法中，是用构件的刚度比 k 来进行内力计算的。刚度比 k 是构件的弯曲刚度与标准刚度 K_0 的比。虽然刚度比在位移法是不需要的，但是在一贯式计算程序中，为了验算大梁与柱在刚度上的匹配关系，有时将刚度比列输出供参考。

4.2 梁的 C，M_0，Q_0 图

重力荷载（静荷载＋活荷载）的 C，M_0，Q_0 用下图来表示。

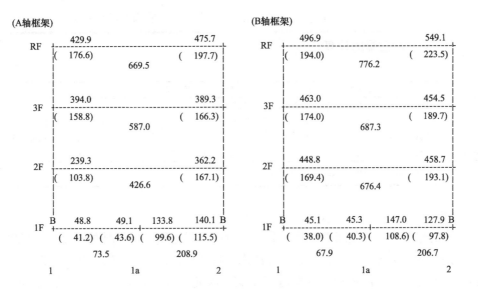

C——两端固定条件下的梁端弯矩（kN·m）；

M_0——两端铰接简支梁的跨中弯矩（kN·m）；

Q_0——两端铰接简支梁的最大剪力（kN）；

（记号说明）

```
    左C        右C
┃(左Q₀)    (右Q₀)┃
┃                ┃
┃        M₀      ┃
```

- 图中的数值在通常的荷载作用下为正值，反向荷载作用下为负；

- 剪力 Q_0 用括号（ ）表示；

- 各构件间的连接为铰接时用「P」，节点连接为转动弹簧连接时用「B」表示。

[解说]

C，M_0，Q_0用来校核楼面荷载的输入值。在用手工计算的固定弯矩法（长期荷载作用下的内力）的计算中，C，M_0，Q_0是必须的计算项目，但是在用一贯式计算程序计算时，荷载项与作用方向可在计算程序内部自动处理，一般将其作为参考。

4.3　建筑物重量的计算

(kN)

层	楼面自重	活荷载	梁自重	墙自重	附加荷载	柱自重	合计
R层	1480.0	99.6	123.4	126.9	424.6	42.2	2296.7(6.8)
3层	1128.9	254.6	123.4	248.5	—	90.7	1846.1(5.5)
2层	1148.5	254.6	169.3	229.9	—	113.3	1915.4(5.7)
基础	496.4	62.8	1048.2	108.3	351.6	94.1	2161.4

[注]（　）内的数值为单位面积的均摊重量（kN/m²）。

[解说]

上述的建筑物重量是用以计算地震力，所以采用地震作用工况时的楼面活荷载。地震作用，是按作用于各楼板位置的集中荷载来进行处理。在两个楼层之间的地震作用，先传递给上下的楼板，再由楼板传递到各榀框架。因此，沿竖向的分界面是在该层的半高位置。然而，墙体垂直荷载要根据它的支持方式，有时不是按上下各分一半，而是全部作用在一个楼层。

各楼层的单位面积均摊重量，可以用来与估算构件截面时预估的荷载进行比较或校核的参考。均摊重量，虽然与建筑物的规模以及装修材料有关，具有一定的偏差，但是，一般的钢结构建筑，其均摊重量为$5\sim10$kN/m²。随着设计经验的积累，能够准确估算出建筑重量的话，就能提高估算构件截面的精度。

4.4　地震作用层间剪力计算

- 地区系数　　　　　$Z=1.00$
- 振动特征系数　　$R_t=1.00$

场地特征周期　　　$T_c=0.6$s（第2类场地）

建筑物高度　　　　$h=11.01$m

第一阶自振周期　　$T=h\times(0.02+0.01\alpha)=11.01\times(0.02+0.01\times1.0)=0.330$s

由 $T(=0.330)<T_c(=0.60)$，可得 $R_t=1.0$

- 标准剪力系数　　$C_0=0.20$
- 地震层间剪力系数　$C_i=Z\cdot R_t\cdot A_i\cdot C_0$
- 地震层间剪力　　$Q_i=C_i\cdot\sum W_i$

层	W_i (kN)	$\sum W_i$ (kN)	α_i	A_i	C_i	Q_i (kN)
R	2296.7	2296.7	0.379	1.413	0.285	649.1
3	1846.1	4142.8	0.683	1.174	0.235	973.5
2	1915.4	6058.3	1.000	1.000	0.200	1211.7

[注] 屋突的重量，包含在屋面层重量中。

[解说]

用下式计算地震作用层间剪力。

$$Q_i = C_i \sum_{j=1}^{n} \sum W_i$$

式中　Q_i——i 层的地震层间剪力设计值；

　　　C_i——i 层的地震层间剪力系数；

$\sum_{j=1}^{n} \sum W_i$——i 层及其以上的重量之和。

地震作用层间剪力系数由下式计算。

$$C_i = Z \cdot R_t \cdot A_i \cdot C_0$$

Z，R_t，A_i，在昭 55 建告第 1793 号里有规定，主要如下：

　　Z——地震地区系数，根据建设地点而定，取 0.7～1.0（图 2.25）。

　　R_t——振动特征系数，由建筑的第一阶自振周期 T 与场地类别而决定的地震作用折减系数。依据表 2.13 计算，为 1.0 以下的值。

　　T——建筑物的第一阶自振周期，按 $T = h \times (0.02 + 0.01\alpha)$ 来计算。

式中　h——建筑物高度，可按图 2.26 来取值；

　　　α——建筑物中的钢结构部分高度与总体高度的比；

　　　T_c——建筑物基础底部（使用刚度极大的桩基础时，为桩的端部）的场地类别，根据表 2.14 取值；

　　　A_i——地震层间剪力系数沿高度方向的分布系数，根据下式计算：

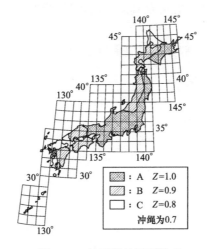

图 2.25　地震的地区系数 Z

R_t 的计算式	表 2.13
$T < T_c$ 时	$R_t - 1$
$T_c \leqslant T < 2T_c$ 时	$R_t = 1 - 0.2\left(\dfrac{T}{T_c} - 1\right)^2$
$2T_c \leqslant T$ 时	$R_t = \dfrac{1.6T_c}{T}$

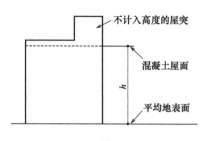

图 2.26

场地地基种类与 T_c 表 2.14

场 地 类 别		T_c
第 1 类场地	岩石层、硬质砂砾层以及其他主要是第三纪以前的地层所构成的场地土。或者根据有关的调查以及研究成果判定为与上述场地土具有同等周期的场地土	0.4
第 2 类场地	介于第 1 类场地与第 3 类场地之间的场地土	0.6
第 3 类场地	大多数为淤泥、淤泥质土或类似的土质的冲积层（包括回填土）且厚度大约在 30m 以上。30 年内在沼泽、淤泥上填土超过 3m 的场地。或者根据有关的调查以及研究成果判定为与上述场地土具有同等周期的场地土	0.8

$$A_i = 1 + \left(\frac{1}{\sqrt{\alpha_i}} - \alpha_i \right) \cdot \frac{2T}{1+3T}$$

$$\alpha_i = \sum_{j=i}^{n} W_j \Big/ \sum_{j=1}^{n} W_j$$

式中　$\sum\limits_{j=i}^{n} W_j$——计算 A_i 的所在层及其以上的重量之和；

　　　$\sum\limits_{j=1}^{n} W_j$——该建筑地上部分的各层重量之和。

4.5 重力荷载作用下的内力图

内力图所示的层高为梁顶面间的距离，但内力计算用的层高为结构层高。

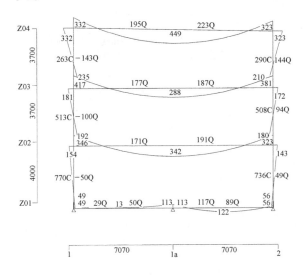

通用说明
无记号:弯矩(kNm)
Q:剪力(kN)
C:压力(kN)
T:拉力(kN)

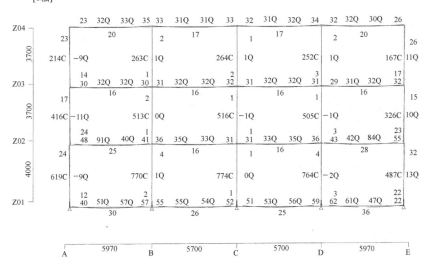

4.6　水平荷载作用下的内力图

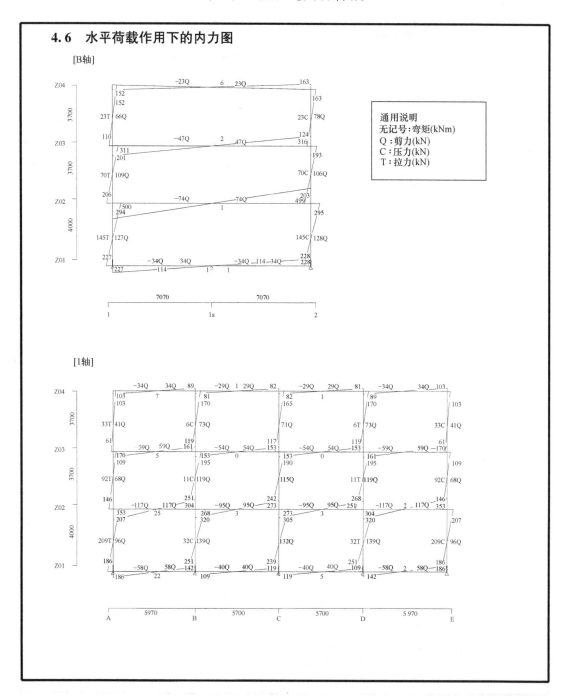

通用说明
无记号：弯矩(kNm)
Q：剪力(kN)
C：压力(kN)
T：拉力(kN)

4.7 层间位移角，刚度比

X 方向

层	δ_i (mm)	h_i (mm)	Q_i/δ_i (kN/cm)	$1/\gamma_s$	R_s	F_s
3	7.66	3700	766.3	1/483	1.149	1.0
2	9.15	3750	959.8	1/410	0.975	1.0
1	11.13	4100	979.5	1/368	0.876	1.0

$$\bar{\gamma}_s = 420$$

Y 方向

层	δ_i (mm)	h_i (mm)	Q_i/δ_i (kN/cm)	$1/\gamma_s$	R_s	F_s
3	9.89	3700	593.9	1/374	1.012	1.0
2	10.39	3750	845.4	1/361	0.977	1.0
1	10.97	4100	994.2	1/374	1.011	1.0

$$\bar{\gamma}_s = 370$$

计算结果表明，各层的层间位移角 $1/\gamma_s$ 在 1/200 以下，刚度比 R_s 在 0.6 以上。

表中　δ——层间位移（mm）；

　　　h——层高（mm）；

　Q_i/δ_i——层刚度（kN/cm）；

　$1/\gamma_s$——层间位移角（$\gamma_s = h_i/\delta_i$）；

　　$\bar{\gamma}_s$——各层 γ_s 的平均值（$= \sum \gamma_s/N$）；

　R_s——刚度比（$R = \gamma_s/\bar{\gamma}_s$）；

　F_s——由刚度比决定的形状系数。

［解说］

（1）层间位移角

层间位移角，是各层在水平地震力作用下产生的层间位移 δ_i 除以层高 h_i 所得到的值（图 2.27）。

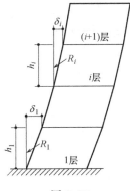

图 2.27

根据令第 82 条 2 项的规定，建筑物高度在 60m 以下，且用设计路径 $\boxed{1}$（木结构建筑等）以外的方法来设计时，要进行层间位移角的验算，确保在 1/200 以下。这个规定，不仅是为了建筑的梁柱等主要构件，也是为了 ALC 板或 PC 板等内外装修材料、配电以及空调等机械设备、配管等，不会由于无法适应地震时的变形而破坏或脱落。如果内外装修材料能够适应建筑变形的话，1/200 的限值可以放宽到 1/120。通常，外墙装修材料使用金属板等，且固定得牢固无脱落危险的建筑，层间位移角可以放宽到 1/120。ALC 墙板的建筑可以放宽到 1/120～1/150。

通常，纯钢结构框架在水平地震力作用下，将建筑的层间位移控制在层高的 1/200 以内的规定有一定难度，这也是决定梁、柱尺寸的一个重要因素。

（2）刚度比

令第 82 条 6 项规定，高度在 31m 以下，且用路径 $\boxed{1}$（木结构建筑物等）以外的方法设计时，地上部分的各层刚度比要确保在 0.6 以上。如果不能满足的话，要么调整结构方案，要么必须用路径 $\boxed{3}$ 的设计方法来进行保有水平耐力的校核计算。

刚度比是各层抗侧刚度与建筑物整体抗侧刚度平均值的比值，可以衡量建筑的刚度分布是否均衡。各层抗侧刚度如果在竖直方向不均衡，地震时的变形会集中在抗侧刚度较小的楼层，不是合理的抗震设计（图 2.28）。刚度比是由水平地震力作用下的层间位移的倒数来决定的，因此不仅与框架抗侧刚度有关，而且还受各层重量以及外力分布的影响。

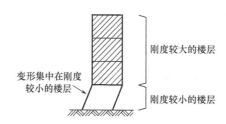

图 2.28　变形集中的建筑

4.8　偏心率							
层	方向	重心位置 g(m)	刚心位置 l(m)	偏心距离 e(m)	扭转刚度 K_R(kN·m)	回转半径 γ_e(m)	偏心率 R_e	F_e
3	X	7.354	7.714	0.361	7347	9.787	0.068	1.00
	Y	10.965	11.630	0.666		11.116	0.032	1.00
2	X	7.143	7.008	0.136	9630	10.012	0.051	1.00
	Y	11.164	11.671	0.507		10.672	0.013	1.00
1	X	7.072	7.075	0.003	10671	10.435	0.043	1.00
	Y	11.236	11.681	0.445		10.360	0.000	1.00

各层的偏心率 R_e 都确保在 0.15 以下。

[解说]

根据令第 82 条 6 项的规定，需要验算各层的偏心率在 0.15 以下。

水平地震力集中作用在各层的重心，建筑物以刚心为轴转动。重心与刚心的距离越大，建筑的扭转也越大，部分构件（离刚心较远的构件）会发生过大位移，发生破坏（图 2.29）。因此，将抵御偏心扭转的能力定义为偏心率，在设计时要确保偏心率不要过大。结构方案设计时，要慎重考虑跨度、斜撑的位置等。

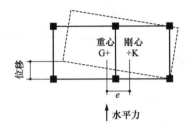

图 2.29　大偏心建筑

偏心率 R_e 按下式计算。

- 重心 $G(g_x,\ g_y)$

$$g_x=\frac{\sum N\cdot X}{\sum N}\qquad g_y=\frac{\sum N\cdot X}{\sum N}$$

式中　g_x——重心的 X 轴方向坐标（m）；

$\quad\ \ g_y$——重心的 Y 轴方向坐标（m）；

$\quad\ \ N$——柱的轴力（kN）；

$\quad\ \ X$——各柱的 X 轴方向坐标（m）；

$\quad\ \ Y$——各柱的 Y 轴方向坐标（m）。

- 刚心 $K\ (l_x,\ l_y)$

$$l_x=\frac{\sum K_y\cdot X}{\sum K_y}\qquad l_y=\frac{\sum K_x\cdot X}{\sum K_x}$$

式中　l_x——刚心的 X 轴方向坐标（m）；

$\quad\ \ l_y$——刚心的 Y 轴方向坐标（m）；

$\quad\ \ K_x$——X 方向各抗震构件（柱、墙等）的抗侧刚度（kN/m）；

$$K_x=Q_x/\delta_x$$

$\quad\ \ K_y$——Y 方向各抗震构件（柱、墙等）的抗侧刚度（kN/m）；

$$K_y=Q_y/\delta_y$$

Q_x，Q_y——各抗震构件负担的剪力；

δ_x，δ_y——各抗震构件的层间位移；

$\quad\ \ X$——各抗震构件（K_y）的 X 轴方向坐标（m）；

$\quad\ \ Y$——各抗震构件（K_x）的 Y 轴方向坐标（m）。

- 偏心距（$e_x,\ e_y$）

$$e_x=|l_x-g_x|\quad e_y=|l_y-g_y|$$

- 扭转刚度（K_R）

$$K_R = \sum \{ K_x (Y - l_y)^2 \} + \sum \{ K_y (X - l_x)^2 \}$$

- 回转半径（r_{ex}，r_{ey}）

$$r_{ex} = \sqrt{\frac{K_R}{\sum K_x}} \qquad r_{ey} = \sqrt{\frac{K_R}{\sum K_y}}$$

- 偏心率（R_{ex}，R_{ey}）

$$R_{ex} = \frac{e_y}{r_{ex}} \qquad R_{ey} = \frac{e_x}{r_{ey}}$$

5. 主梁、柱的截面计算

5.1　主梁、柱的宽厚比的验算

（1）主梁　使用材料：SN400

符号	构件	翼缘		腹板	
		$B/2t_f < 9.0$	判定	$(H - 2t_f)/t_w < 60$	判定
3G1	H-588×300×12×20	300/(2×20)=7.5	OK	(588−2×20)/12=45.6	OK
2G1	H-700×300×13×24	300/(2×24)=6.3	OK	(700−2×24)/13=50.2	OK
3G2	H-400×200×8×13	300/(2×13)=7.7	OK	(400−2×13)/8=46.8	OK
2G2	H-488×300×11×18	300/(2×18)=8.3	OK	(488−2×18)/11=41.1	OK

（2）柱　使用材料：BCR295

符号	构件	$B/t < 29.4$	判定
3C1,2C1	□-400×400×16	400/16=25.0	OK
1C1	□-400×400×22	400/22=18.2	OK

[解说]

在告示（昭 55 建告第 1791 号第 2）中，规定了柱和梁板件的宽厚比。

按照设计路径 ②进行设计时，受弯的柱梁构件在塑性铰区域内必须避免出现局部屈曲。规定宽厚比是为了防止发生局部屈曲，其目的是为了在地震作用下出现塑性铰时构件能够保持充分的塑性变形能力。根据大量局部屈曲实验的结果，柱梁构件钢板在满足不易产生局部屈曲的宽厚比要求时，即使不做保有水平耐力的验算，要想确保所需的抗震性能，所需宽厚比相当于路径 ③的 FA 等级。（表 2.15，图 2.30）

方形钢管 BCR295 的基准强度（F 值）是 295N/mm² ，因此宽厚比的值为

$$33 \times \sqrt{235/F} = 33 \times \sqrt{235/295} = 29.4$$

钢结构的宽厚比限值 表 2.15

构件	截面	部位	计算式	F 值*	宽厚比
柱	H 型钢	翼缘	$9.5\sqrt{235/F}$	235	9.50
				325	8.08
		腹板	$4.3\sqrt{235/F}$	235	43.00
				325	36.56
	方形钢管		$33\sqrt{235/F}$	235	33.00
				325	28.06
	圆形钢管		$50\sqrt{235/F}$	235	50.00
				325	42.52
梁	H 型钢	翼缘	$9\sqrt{235/F}$	235	9.00
				325	7.65
		腹板	$60\sqrt{235/F}$	235	60.00
				325	51.02

* 注：F 值为告示（平 12 建告第 2464 号第 1）所规定的基准强度（N/mm²）。

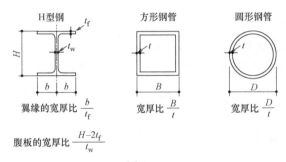

图 2.30

5.2 主梁横向支撑的验算

主梁材质为 SN400，因此要确定满足 $\lambda_y \leqslant 170+20n$ 的条件

符号	构件	l(mm)	i_y(mm)	侧向支承构件数	λ_y	$170+20n$	判定
3G1	H-588×300×12×20	13480	69.4	4	194	$170+20\times4=250$	OK
2G1	H-700×300×13×24	13480	68.3	4	197	$170+20\times4=250$	OK
3G2	H-400×200×8×13	5700	45.6	0	125	$170+20\times0=170$	OK
2G2	H-488×300×11×18	5700	71.4	0	80	$170+20\times0=170$	OK

［解说］

根据告示（昭 55 建告第 1791 号第 2）的规定，对于柱、梁等结构主要构件，必须确保不发生承载力急剧下降的现象。

梁的塑性变形能力下降的主要原因，除了前面叙述的局部屈曲以外，还有梁的整体失稳。梁的整体失稳就是像 H 型钢这样的开放截面构件在受到弯矩作用时，受压区翼缘发生侧向失稳并产生扭曲的现象。梁一旦发生整体失稳，即使构件截面的宽厚比值足够小，依然容易发生局部屈曲。

为了防止整体失稳导致梁承载力下降，有效方法是设置侧向支承。对反对称弯矩作用的梁，在《2015 年版建筑结构技术基准解说书》的附录中推荐了两种方法，其一是沿梁构件全长设置等间距侧向支承；其二是在梁构件的两端附近设置侧向支承。

1. 沿梁构件全长设置等间距侧向支承的方法

根据梁的弱轴方向的长细比 λ_y，通过以下公式计算出等间距侧向支承所需要的数量。

- SS400，SN400 等 400N/mm² 级钢材　$\lambda_y \leqslant 170 + 20n$
- SM490，SN490 等 490N/mm² 级钢材　$\lambda_y \leqslant 130 + 20n$

式中　λ_y——梁的弱轴方向长细比（$= l/i_y$）；

l——梁的长度（mm）；

i_y——梁的弱轴回转半径（mm）（$= \sqrt{I_y/A}$）；

I_y——梁的弱轴惯性矩（mm⁴）；

A——梁的截面面积（mm²）；

n——侧向支承的数量。

2. 在梁构件的两端附近设置侧向支承的方法

在梁端部弯曲屈服的范围内，按照以下公式求出间隔，设置侧向支承。

- 400N/mm² 级钢材：$\dfrac{l_b \cdot h}{A_f} \leqslant 250$ 并且 $\dfrac{l_b}{i_y} \leqslant 65$
- 490N/mm² 级钢材：$\dfrac{l_b \cdot h}{A_f} \leqslant 200$ 并且 $\dfrac{l_b}{i_y} \leqslant 50$

此处，l_b——侧向支承的间隔（mm）；

h——梁高（mm）；

A_f——受压翼缘的截面积（mm²）；

i_y——梁的弱轴回转半径（mm）。

在长期荷载非主控时，可以不考虑长期荷载下的内力。为了防止钢材屈服比等不确定性因素可能提前引起整体失稳，用于避免梁整体失稳的侧向支承的弯矩设计值，通常乘以表 2.16 中的安全系数 α。

构　件	α 值　　　　　　　　　　　　　　　　　表 2.16	
	400N/mm² 级	490N/mm² 级
整体失稳侧向支承	1.2	1.1

侧向支承构件必须要有适当的承载力和刚度。具体要求是受弯梁的受压区的合力（$C = \sigma_y \cdot A/2$）的 2％ 的集中侧向力（$F = 0.02C$）作用于受弯梁的受压翼缘位置时，侧向支承构件的承载力必须足够。同时，侧向支承构件的刚度要不小于受弯梁的受压区合力的 5 倍除以侧向支承的间隔（$k \geqslant 5.0C/l_b$）。

以 2 层主梁为例，H-700×300×13×24 的截面面积 A，集中侧向力 F 以及所需刚度 k 如下：

$A = 231.5 \times 10^2 \, \text{mm}^2$

$F = 0.02C = 0.02 \times (235 \times 231.5 \times 10^2/2) = 54403\text{N} = 54.4\text{kN}$

$k \geqslant 5.0C/l_b = 5.0 \times (235 \times 231.5 \times 10^2/2)/2700 = 5037\text{N/mm} = 50.4\text{kN/mm}$

本例题中，集中侧向力和所需刚度均为微小值，在此省略验算。

一般情况下，梁的上翼缘被钢筋混凝土楼板约束，只需控制主梁下翼缘的侧向屈曲。图 2.31 所示为小梁或隅撑等作为主梁的侧向支承。

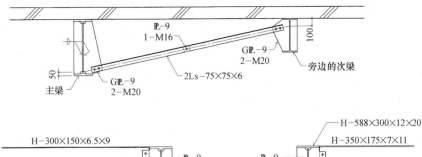

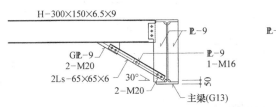

图 2.31 侧向支承构件示意图

5.3 主梁的截面计算

$_3G_1$（3 层 B 轴，1-2 之间）

构件：H-588×300×12×20 材质：SN400B F 值：235.0

位置			①端	拼接节点	中央	拼接节点	②端
设计内力	M [kN·m]	L	417	226	−288	195	381
		S_1	115	−40	−286	465	688
		S_2	719	490	−291	−75	75
	Q [kN]	I	178	178	0	187	187
		S_1	130	130	47	234	234
		S_2	224	224	47	141	141
截面性能	$Z(\text{mm}^3)$		3293×10^3	3066×10^3	3889×10^3	3066×10^3	3293×10^3
	$A_w(\text{mm}^2)$		5730	4560	6570	4560	5730
容许应力	$f_b(\text{N/mm}^2)$		156(长期)/235(短期)				
	$f_s(\text{N/mm}^2)$		90(长期)/135(短期)				
截面计算	$\sigma_b = M/Z$ (N/mm^2)		218(短)	160(短)	74(长)	152(短)	209(短)
	$\sigma_b/f_b \leqslant 1.0$		0.93	0.68	0.47	0.65	0.89
	$\tau = Q/A_m$ (N/mm^2)		31(长)	39(长)	7(短)	41(长)	33(长)
	$\tau/f_s \leqslant 1.0$		0.35	0.43	0.05	0.46	0.36
	判定		OK	OK	OK	OK	OK

$_2G_2$（2 层 1 轴，B-C 之间）

构件：H-488×300×11×18 材质：SN400B F 值：235.0

位置			①端	拼接节点	中央	拼接节点	②端
设计内力	M [kN・m]	L S_1 S_2	36 −213 285	7 −167 179	−16 −14 −19	4 182 −176	31 285 −224
	Q [kN]	L S_1 S_2	35 −61 130	35 −61 130	0 95 95	33 128 −63	33 128 −63
截面性能	$Z(mm^3)$ $A_w(mm^2)$		$2445×10^3$ 4200	$2215×10^3$ 3380	$2820×10^3$ 4970	$2215×10^3$ 3380	$2445×10^3$ 4200
容许应力	$f_b(N/mm^2)$ $f_s(N/mm^2)$		156(长期)/235(短期)				
			90(长期)/135(短期)				
截面计算	$\sigma_b=M/Z$ (N/mm^2) $\sigma_b/f_b≤1.0$		117(短期) 0.50	81(短期) 0.34	6(长期) 0.04	82(短期) 0.35	117(短期) 0.50
	$\tau=Q/A_w$ (N/mm^2) $\tau/f_b≤1.0$		31(短期) 0.23	38(短期) 0.28	19(短期) 0.14	38(短期) 0.28	30(短期) 0.23
	判定		OK	OK	OK	OK	OK

［备注］・ L：长期荷载内力。
- $S1$：正方向作用时（→）的短期内力。
- $S2$：负方向作用时（←）的短期内力。
- 端部的 Z 值不包含腹板截面。
- 端部的 A_w 值扣除过焊孔（35mm）截面面积。
- 拼接节点的 Z 值和 A_w 值扣除翼缘和腹板的螺栓孔面积。
- 短期以柱表面位置的内力进行截面验算。但是，长期的内力按柱心位置进行验算。
- 拼接节点设置在离柱心 1000mm 处。

［解说］

（1）截面计算位置

截面计算位置如图 2.32 所示，分为端部、拼接节点、中央部的 5 处。当端部和中央的截面尺寸不同时，在拼接节点，采用截面性能较低值进行计算（本例中，端部和中央的截面相同）。

（2）截面内力计算值

截面内力计算值采用如图 2.33 中所示的内力。水平地震作用工况下，主梁的截面计算位置以柱表面为准。而通常重力荷载工况下，为提高安全度采用柱心位置的内力。对于小尺寸的柱、梁构件，构件表面位置内力和构件中心位置内力的大小相近时，水平荷载工况下也有采用柱心位置内力值的例子。

水平荷载作用时，柱表面位置的内力以及拼接节点的内力按照以下公式计算

柱表面位置的内力　　　　　$_F M_E = M_E - D/2 \cdot Q_E$

拼接节点的内力　　　　　　$_j M_E = M_E - l_j \cdot Q_E$

式中　Q_E——水平荷载作用时的梁剪力（kN）；

D——柱宽（m）；

l_j——从柱心到拼接节点的距离（m）。

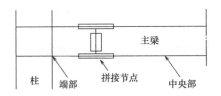

图 2.32　截面计算位置

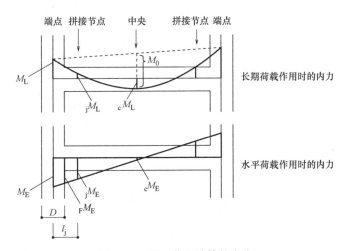

图 2.33　用于截面计算的内力

（3）截面性能

（a）主梁端部

在图 2.34 所示的梁贯通式的梁柱节点中，梁端部连接处留有过焊孔。因此在计算主梁端部截面时，要扣除过焊孔的开孔面积。在本例中，抗弯截面计算时，采用仅考虑翼缘的截面模量，抗剪截面计算时，采用扣除过焊孔后的腹板面积。

・Z_e 的计算

$H-588\times300\times12\times20 \quad Z=3889\times10^3\,\text{mm}^2, A=18720\,\text{mm}^2$

$$Z_e=\frac{B(H^3-h^3)}{6H}=\frac{300\times(588^3-548^3)}{6\times588}=3293\times10^3\,\text{mm}^3$$

$A_{we}=t_w(H-2t_f-2r)=12\times(588-2\times20-2\times35)=5736\,\text{mm}^2$

式中的 r 为过焊孔半径，一般在 30～35mm（图 2.35）。

如图 2.36 所示，H 型钢最外缘处的弯曲应力 σ_b 为最大值，但此处剪应力很小，截面模量计算时一般考虑腹板的作用。在本例中，计算梁端截面时，由于方型钢柱的管壁面外抗弯刚度不大，所以计算梁端截面时按梁的翼缘部分负担弯矩、腹板部分负担剪力考虑。

（b）拼接节点

由于主梁拼接节点采用高强螺栓连接，因此计算截面性能时必须扣除螺栓孔导致的截面缺损。严格来说，在靠近柱子的第一排螺栓位置处，仅考虑翼缘的螺栓孔缺损影响。而

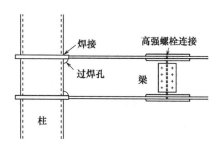

图 2.34　梁柱节点及梁拼接节点

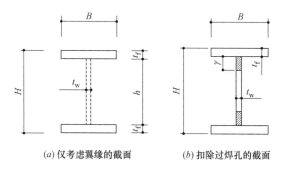

(a) 仅考虑翼缘的截面　　　　　(b) 扣除过焊孔的截面

图 2.35　翼缘截面

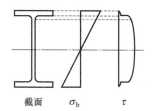

截面　　　σ_b　　　τ

图 2.36　弯曲应力 σ_b 及剪应力 τ 的分布

在接缝附近的螺栓位置处，应该考虑翼缘和腹板的螺栓孔缺损。但是习惯上，在拼接节点的中央处，是扣除翼缘和腹板双方的螺栓孔面积后，进行截面计算（图 2.37，图 2.38）。

（c）中央部

主梁的中央部，没有截面缺损，因此钢构件采用全截面。

$$Z_c = 3889 \times 10^3 \, \text{mm}^3 \, (\text{根据 H 型钢截面性能表})$$

$$A_{wc} = t_w(H - 2t_f) = 12 \times (588 - 2 \times 20) = 6576 \, \text{mm}^2$$

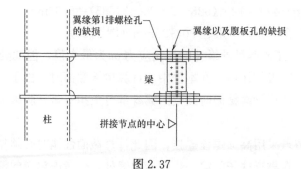

图 2.37

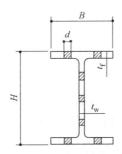

图 2.38 考虑高强螺栓后的截面

（4）截面计算

（a）使用于截面计算的主要符号

F——钢材的基准强度（N/mm²）；

Z_x——强轴截面模量（mm³）；

Z_e——梁端部的净截面模量（mm³）；

Z_j——拼接节点的净截面模量（mm³）；

A_w——腹板截面面积（$=t_w(H-2t_f)$）(mm²)；

A_{we}——梁端部的腹板净截面面积（mm²）；

A_{wj}——拼接节点的腹板净截面面积（mm²）；

i_b——验算侧向整体失稳的抗弯截面回转半径（mm）；

η——计算容许抗弯应力的系数；

l_b——受压翼缘侧向支承间的距离（屈曲长度）（mm）；

λ_b——验算容许抗弯应力的长细比（$=l_b/i_b$）；

f_b——容许抗弯应力（N/mm²）；

f_s——容许抗剪应力（N/mm²）；

σ_b——弯曲应力（$=M/Z$）(N/mm²)；

τ——剪切应力（$=Q/A_w$）(N/mm²)。

（b）截面验算的内力设计值

根据长期和短期容许应力的比值可以发现，短期内力是在长期内力的 1.5 倍以下时，就可以用长期内力进行构件的截面计算，其他的情况可按短期内力进行截面计算。

- 弯矩内力 $1.5M_L \geqslant M_s$ 时   截面内力设计值取 M_L

                  $1.5M_L < M_s$ 时   截面内力设计值取 M_s（$=M_L+M_E$）

- 剪切内力 $1.5Q_L \geqslant Q_s$ 时   截面内力设计值取 Q_L

                  $1.5Q_L < Q_s$ 时   截面内力设计值取 Q_s（$=Q_L+Q_E$）

式中 M_L——长期荷载的弯矩（kNm）；

       M_E——地震作用的弯矩（kNm）；

       M_s——短期荷载的弯矩（$=M_L+M_E$）（kNm）；

       Q_L——长期荷载的剪力（kN）；

Q_E——地震作用的剪力（kN）；

Q_s——短期荷载的剪力（$=Q_L+Q_E$）（kN）。

（c）容许应力的计算

（i）容许抗弯应力 f_b 的计算

根据平13国告第1024号第1第三项规定，受弯构件屈曲的长期容许应力强度（对于荷载作用平面内有对称轴的压延钢材），可以取按下式计算得到的最大值。

$$f_b=F\left\{\frac{2}{3}-\frac{4}{15}\cdot\frac{(l_b/i_b)^2}{C/\Lambda^2}\right\}(\text{N/mm}^2)$$

$$f_b=\frac{89000}{(l_b h/A_f)}(\text{N/mm}^2)(但，f_b\leqslant F/1.5)$$

式中 l_b——受压翼缘支点间的距离（mm）；

i_b——计算受弯应力时的截面回转半径（mm），对受压翼缘边至受弯构件截面高度的1/6而假定的T形截面，以腹板为轴转动的截面回转半径；

C——屈曲区间内的应力变化修正系数，用下式计算。

$$C=1.75+1.05(M_2/M_1)+0.3(M_2/M_1)^2\quad但是，C\leqslant2.3$$

M_2 以及 M_1 分别表示屈曲区间的强轴方向弯矩的较小值和较大值。如图2.39所示，单曲率弯矩为上图时（M_2/M_1）为负值，多曲率弯矩为下图时（M_2/M_1）为正值。

中央部位的弯矩比端部的弯矩大时，取 $C=1$。

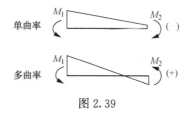

图2.39

h——受弯构件截面的高度（mm）；

A_f——受压翼缘的截面面积（mm^2）；

Λ——临界长细比，按下式计算。

$$\Lambda=\frac{1500}{\sqrt{F/1.5}}$$

偏于安全考虑，取 $C=1.0$ 时，

$$f_b=F\left\{\frac{2}{3}-\frac{4}{15}\cdot\frac{(l_b/i)^2}{C/\Lambda^2}\right\}=235\times\left\{\frac{2}{3}-\frac{4}{15}\times\frac{(3200/80.1)^2}{1.0\times119.8^2}\right\}=149.7$$

$$f_b=\frac{89000}{(l_b h/A_f)}=\frac{89000}{\{3200\times588/(300\times20)\}}=283.8$$

取最大值 $f_b=283.8\text{N/mm}^2$

但是，需满足 $f_b\leqslant F/1.5=(235/1.5)$，因此 $f_b=156\text{N/mm}^2$。

（ii）容许抗剪应力 f_s 的计算

长期容许抗剪应力采用以下公式计算。短期为该值的1.5倍。

$$f_s = \frac{F}{1.5\sqrt{3}}$$

例题中的钢材材质为 SN400，因此

$$f_s = 235/(1.5\sqrt{3}) = 90 \text{N/mm}^2$$

(d) 截面验算

对作用于主梁的弯矩和剪力，根据下面的公式分别验算它们所产生的应力不得大于容许应力。

- 抗弯应力　$\sigma_b = M/Z$　$\sigma_b/f_b \leqslant 1.0$
- 抗剪应力　$\tau = Q/A_W$　$\tau/f_s \leqslant 1.0$

钢结构使用 ALC 板作为楼板时，因为面内水平刚度不足，所以通常在楼板面内布置水平斜撑。这样，主梁就会产生轴力，因此梁构件按照与柱相同的计算方法进行验算。

5.4　柱的截面验算

$_1C_1$（1层 B 轴，1 轴）

构件截面：□-400×400×22　材质：BCR295　F 值：295.0

位 置			X 方向		Y 方向	
			柱头	柱脚	柱头	柱脚
设计内力	N (kN)	L	770		770	
		S_1	625		802	
		S_2	915		738	
	M (kN·m)	L	154	−49	−4	2
		S_1	−96	121	−290	202
		S_2	404	219	282	−200
	Q (kN)	L	50		1	
		S_1	77		140	
		S_2	177		138	
截面性能	$A(\text{mm}^2)$		31600			
	$Z_x, Z_y(\text{mm}^3)$		3651×10^3			
	$A_w(\text{mm}^2)$		15800			
容许应力	$\lambda = l_k/i$		4100/152=27.0			
	$f_c(\text{N/mm}^2)$		186（长期）/279（短期）			
	$f_b(\text{N/mm}^2)$		196（长期）/295（短期）			
	$f_s(\text{N/mm}^2)$		113（长期）/170（短期）			
截面计算	σ_c/f_c $(\sigma_c = N/A)$	L	0.13		0.13	
		S_1	0.07		0.09	
		S_2	0.10		0.08	
	σ_b/f_b $(\sigma_b = M/Z)$	L	0.21	0.06	0.00	0.00
		S_1	0.09	0.11	0.27	0.19
		S_2	0.38	0.20	0.26	0.19
	$\sigma_c/f_c + \sigma_b/f_b \leqslant 1$		0.48	0.30	0.36	0.28

续表

位　置			X 方向		Y 方向	
			柱头	柱脚	柱头	柱脚
截面计算	τ/f_s $(\tau=Q/A_w)$	L	0.03		0.00	
		S_1	0.03		0.05	
		S_2	0.07		0.05	
	组合应力	L	0.34	0.19	0.34	0.19
		S_1	0.15	0.19	0.51	0.31
		S_2	0.47	0.31	0.49	0.30
	判定		OK		OK	

［备注］　• L——长期荷载内力。

　　　　• S_1——正方向加力时（→）的短期内力。

　　　　• S_2——负方向加力时（←）的短期内力。

　　　　• 截面验算位置为梁表面。但是，长期内力为梁中心位置。

　　　　• 组合应力的计算公式为 $\sqrt{(\sigma_c+\sigma_b)^2+3\tau^2}/f_t$。

［解说］

（1）截面内力计算值

与梁构件同样，例题中在长期荷载作用下采用的是节点内力，水平荷载时采用的是梁构件表面位置的内力。梁构件表面位置的内力按以下公式计算。

梁构件表面位置的内力　　　$_FM_E=M_E-H/2\cdot Q_E$

式中　Q_E——水平荷载下的柱剪力（kN）；

　　　H——梁高（m）。

以 X 方向的柱头为例

$$M_L=154kN\cdot m$$

$$_FM_E=M_E-H/2\cdot Q_E=294-0.70/2\times127=250kN\cdot m$$

$$M_{S1}=M_L-{_FM_E}=154-250=-96kN\cdot m$$

$$M_{S2}=M_L+{_FM_E}=154+250=404kN\cdot m$$

（2）截面性能

（a）柱梁节点域

本例题的柱构件使用了方形钢管，截面面积 A 和截面模量 Z 要考虑角部弯曲半径 R 进行取值（图 2.40），通常利用厂家提供的截面性能表。

冷成型方钢管角部外侧的弯曲半径可参照表 2.17。

（b）拼接节点

本例题的柱构件无拼接节点。根据需要，通常在考虑运输或者起重机能力的情况下，设计柱拼接节点。根据运输能力，一般柱节间的长度控制在 15m 以下。柱拼接节点位置应设置在内力小并且方便现场施工的地方，一般设置在梁顶面以上 1.0～1.2m 的位置。

这个位置的弯矩远小于柱头或柱脚部位的弯矩，可以省略验算。

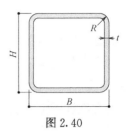

图 2.40

弯曲半径　　　　　　　　　　　**表 2.17**

项　　目	板厚 t(mm)	弯曲半径 R
冷弯成型方形钢管 （BCR 材）	$6 \leqslant t \leqslant 22$	$2.5t$
冷冲压成型方形钢管 （BCP 材）	$6 \leqslant t \leqslant 40$	$3.5t$

（3）截面计算

（a）截面计算主要符号（省略与梁相同的符号）

A——全截面面积（mm^2）；

A_w——验算剪力的截面面积（$A_w = A/2$）（mm^2）；

i——弱轴惯性矩半径（mm）；

l_k——柱子的屈曲长度计算值（mm）；

λ_c——计算容许抗压应力用的长细比；

f_c——容许抗压应力（N/mm^2）；

σ_c——抗压应力（$= N/A$）（N/mm^2）；

f_t——容许抗拉应力（N/mm^2）。

（b）截面内力设计值

柱构件需要考虑轴力和弯矩的组合，因此无法简单地判断截面是取决于长期荷载还是短期荷载。在本例题中，对长期荷载和短期荷载都进行了验算。

（c）容许应力的计算

· 容许抗压应力 f_c 的计算

柱的屈曲长度计算值 l_k，如表 2.18 所示，取决于柱头是否有水平移动，以及柱脚的约束程度。

屈曲是大变形现象，因此如果框架面内存在刚度大的斜撑，可以视框架部分的柱头水平位移为固定，旋转也被约束，所以屈曲长度计算值由表 2.18 可知 $l_k = 0.5l$。

屈曲长度 l_k（l：构件长）　　　　　　　　**表 2.18**

移动条件	约　　束			自　　由	
旋转条件	两端自由	两端约束	一端自由 另一端约束	两端约束	一端自由 另一端约束
屈曲形状					
l_k　理论值 　　　推荐值	l l	$0.5l$ $0.65l$	$0.7l$ $0.8l$	l $1.2l$	$2l$ $2.1l$

本例题的两方向都是框架结构，因为视柱头为自由水平移动，所以屈曲长度计算值是 $l_k = l$。

例题中的柱构件使用了方形钢管，没有弱轴和强轴之分，但如果是 H 型钢的话，容许抗压应力是由弱轴方向的长细比决定。柱脚设计为铰接时，要注意屈曲长度计算值的设定。

- 容许抗压应力 f_c 的计算

长期容许抗压应力由以下公式求得。

$\lambda_c = l_k / i = 4100 / 152 = 27.0$

$\Lambda = 1500 / \sqrt{F/1.5} = 1500 / \sqrt{295/1.5} = 107.0$

$\lambda_c \leqslant \Lambda$ 时

$$f_c = \frac{1 - 0.4(\lambda_c/\Lambda)^2}{3/2 + (2/3) \times (\lambda_c/\Lambda)^2} \cdot F = \frac{1 - 0.4 \times 0.252^2}{3/2 + (2/3) \times 0.252^2} \times 295 = 186 \text{N/mm}^2$$

短期容许抗压应力为长期的 1.5 倍。

通常根据长细比值，并参照计算表（附表 2.1，附表 2.2）求得容许受压应力。

- 容许抗弯应力 f_b 的计算

柱构件为 H 型钢时，采用与主梁相同的方法计算容许抗弯应力。但本例题是使用方形钢管，无需对容许抗弯应力进行折减，因此 $f_b = f_c$。

- 容许抗剪应力 f_s 的计算

用与梁同样的方法计算长期容许抗剪应力，公式如下。

$$f_s = F/(1.5\sqrt{3}) = 295/(1.5\sqrt{3}) = 113 \text{N/mm}^2$$

（4）截面设计

柱构件受到轴力 N 和弯矩 M 以及剪力 Q 的作用，截面计算采用以下公式。计算所得的各设计应力值要小于容许应力。

- 压缩应力　　$\sigma_c = N/A$　　$\sigma_c / f_c \leqslant 1$
- 弯曲应力　　$\sigma_b = M/Z$　　$\sigma_b / f_b \leqslant 1$
- 剪切应力　　$\tau = Q/A_w$　　$\tau / f_s \leqslant 1$

（5）组合应力

柱构件要验算下列工况组合。

例题中，X、Y 两方向均为刚接框架，同时受到 X、Y 两方向的长期弯曲应力作用。

长期　　　　　　　　$\dfrac{L\sigma_c}{Lf_c} + \dfrac{L\sigma_{bx}}{Lf_b} + \dfrac{L\sigma_{by}}{Lf_b} \leqslant 1$

X 方向短期　　　　$\dfrac{s\sigma_c}{sf_c} + \dfrac{s\sigma_{bx}}{sf_b} + \dfrac{L\sigma_{by}}{sf_b} \leqslant 1$

Y 方向短期　　　　$\dfrac{s\sigma_c}{sf_c} + \dfrac{s\sigma_{by}}{sf_b} + \dfrac{L\sigma_{bx}}{sf_b} \leqslant 1$

剪力　　　　　　　　$\sqrt{(\sigma_c + \sigma_b)^2 + 3\tau^2} / f_t \leqslant 1$

5.5 梁柱节点的验算

只靠主梁的翼缘板传递截面全塑性弯矩承载力 M_p。

$_2G_1$ H-700×300×13×24(SN 400 B) $Z_p = 6340×10^3 \text{ mm}^3$

$$
\begin{aligned}
M_u &= B \cdot t_f \cdot \sigma_u (H - t_f) \\
&= 300×24×400×(700-24) \\
&= 1947×10^6 \text{ N} \cdot \text{mm} = 1947 \text{kN} \cdot \text{m}
\end{aligned}
$$

$$M_p = Z_p \cdot \sigma_y = 6340×10^3×235 = 1490×10^6 \text{ N} \cdot \text{mm} = 1490 \text{kN} \cdot \text{m}$$

$$M_u(1947 \text{kN} \cdot \text{m}) > 1.3 M_p (1.3×1490 = 1937 \text{kN} \cdot \text{m}) \quad \text{OK}$$

$_3G_1$ H-588×300×12×20(SN 400 B) $Z_p = 4350×10^3 \text{ mm}^3$

$$
\begin{aligned}
M_u &= B \cdot t_f \cdot \sigma_u (H - t_f) \\
&= 300×20×400×(588-20) \\
&= 1363×10^6 \text{ kN} \cdot \text{mm} = 1363 \text{kN} \cdot \text{m}
\end{aligned}
$$

$$M_p = Z_p \cdot \sigma_y = 4350×10^3×235 = 1022×10^6 \text{ kN} \cdot \text{mm} = 1022 \text{kN} \cdot \text{m}$$

$$M_u(1363 \text{kN} \cdot \text{m}) > 1.3 M_p (1.3×1022 = 1329 \text{kN} \cdot \text{m}) \quad \text{OK}$$

[解说]

在结构设计路径 ② 以及路径 ③ 中，应对梁柱节点以及节点连接是否满足保有耐力连接进行计算。所谓保有耐力连接，就是保证以受弯和受剪为主的柱梁构件在构件两端达到塑性状态时，其节点域和拼接部都不会断裂的连接方法。

在本例中，仅考虑了主梁翼缘板来计算 M_u，如果要考虑腹板的话，必须对梁柱节点域的柱板平面外的抗弯强度进行验算。计算方法可参照《钢结构接合部设计指针》（日本建筑学会，2012 年）。

不考虑腹板承载力的话，"5.5 梁柱节点的验算"所示的计算偏于安全。但是，在"5.7 梁柱的承载力之比"所示的计算中必须要考虑腹板的承载力，这一点要注意。

• 保有耐力连接

必须确保建筑物在极限状态下，节点域和拼接节点对作用在该构件相应位置的设计内力乘以安全系数 $α$ 后的内力值，都不会发生断裂（表 2.19）。一般而言，除长期荷载起主控作用以外，不必考虑长期荷载工况。（参考《2015 年版建筑结构技术基准解说书》中的"附录 1-2.4［具体的计算方法］（3）关于梁柱节点域、拼接节点的强度要求"。）

$$M_u > α \cdot M_p$$

$$M_u = {}_F P_u (H - t_f) + (1/4)_w P_u \cdot l_e$$

$$_F P_u = B \cdot t_f \cdot \sigma_u$$

$$_w P_u = l_e \cdot 0.7 S \cdot \frac{\sigma_u}{\sqrt{3}} \cdot 2$$

$$M_p = Z_p \cdot \sigma_y$$

式中 M_u——梁端连接部的极限抗弯承载力；

    M_p——梁截面全塑性屈服弯矩；

    α——安全系数（SN400 级：$\alpha=1.3$，SN490 级：$\alpha=1.2$）；

    $_F P_u$——翼缘连接部的极限拉力（kN）；

    B——翼缘宽度（mm）；

    t_f——翼缘板厚（mm）；

    σ_u——材料的极限强度（N/mm²）（SN400 级：400，SN490 级：490）；

    H——梁截面高度（mm）；

    $_w P_u$——腹板连接部的极限拉力（kN）；

    l_e——角焊缝有效长度（$=H-2t_f-2\gamma$）；

    γ——过焊孔尺寸（mm）；

    S——角焊缝焊脚尺寸（mm）；

    Z_p——塑性截面模量（mm³）；

    σ_y——材料的屈服强度（N/mm²）（SN400 级：235，SN490 级：325）。

安全系数 α 值   表 2.19

部位	作用内力	400N/mm²级钢材 （SS400，SN400B 等）	490N/mm²级钢材 （SM490，SN490 等）
梁柱节点域	受弯	1.3(1.0[*1])	1.2(1.0[*1])
梁拼接节点	受弯·受剪	1.3(1.2[*2])	1.2(1.1[*2])

［*1］柱为方形钢管，梁为 H 型钢（包括组合构件）。

［*2］若拼接节点位置在构件的预想塑性化区域内，则在其极限抗弯承载力的验算时，可以采用考虑了拼接节点弯矩位置折减因素的（）内的值。

构件的预想塑性化范围，是指从梁柱节点的柱子外侧表面起，在 $l/10$ 或 $2d$ 左右的范围。此处，l 是柱或者梁的净长度，d 是构件的最大梁高（参照图 2.41 和图 2.42）。

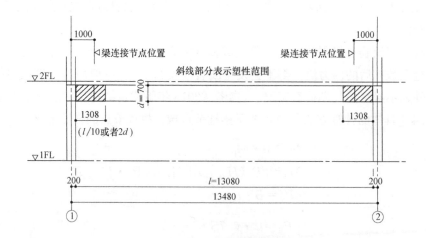

图 2.41 塑性范围

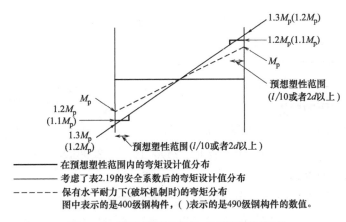

图 2.42 设计用弯矩分布（两端塑性铰时）

在 1995 年的阪神大地震中，发生了不少在梁柱节点的梁翼缘部损坏的事例。本例题使用了方形钢管柱，由于柱子钢板的面外抗弯刚度较小，不能充分传递从梁腹板传来的弯矩，因此在计算梁端连接处的极限抗弯承载力 M_u 时不考虑腹板，仅考虑由主梁的翼缘板传递主梁的全塑性屈服弯矩 M_p。

5.6 主梁拼接节点的验算

$_2G_1$：H-700×300×13×24（SN400B）的验算

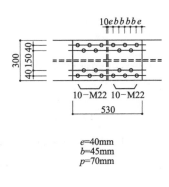

e=40mm
b=45mm
p=70mm

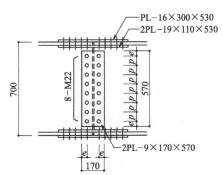

保有耐力连接节点的验算

·弯矩的验算

确保 $M_u \geqslant \alpha \cdot M_p$

α＝1.2（考虑了拼接节点位置弯矩折减因素的安全系数）

$\alpha \cdot M_p = \alpha \cdot Z_p \cdot \sigma_y = 1.2 \times 6340 \times 10^3 \times 235 \times 10^{-6} = 1788 \text{kN} \cdot \text{m}$

（1）主构件截面的验算

$$_G Z_{pe} = Z_p - m_f \cdot d \cdot t_f \cdot (H - t_f) - e m_w \cdot d \cdot t_w \cdot a_4$$
$$= 6340 \times 10^3 \quad 2.75 \times 24 \times 24 \times (700 - 24) - 4 \times 24 \times 13 \times (4 \times 70)$$
$$= 4920 \times 10^3 \text{mm}^3$$
$$_G M_u = {}_G Z_{pe} \cdot \sigma_u = 4920 \times 10^3 \times 400 \times 10^{-6} = 1968 \text{kN} \cdot \text{m} > \alpha \cdot M_p \quad \text{OK}$$

（2）翼缘盖板的验算

$$_{PL}Z_{pe}=(a_1 \cdot t_1 - m_f \cdot d \cdot t_1) \cdot (H+t_1)+(2 \cdot a_2 \cdot t_2 - m_f \cdot d \cdot t_2) \cdot (H-2t_f-t_2)$$

$$=(300 \times 16-2.75 \times 24 \times 16) \times (700+16)+(2 \times 110 \times 19-2.75 \times 24 \times 19) \times$$

$$(700-2 \times 24-19)=4533 \times 10^3 \text{mm}^3$$

$$_{PL}M_u=_{PL}Z_{pe} \cdot \sigma_u=4533 \times 10^3 \times 400 \times 10^{-6}=1813 \text{kN} \cdot \text{m}>\alpha \cdot M_p \quad \text{OK}$$

（3）主构件边距的验算

$$_eM_u=n_f \cdot e \cdot t_f \cdot \sigma_u \cdot (H-t_f)$$

$$=10 \times 40 \times 24 \times 400 \times (700-24) \times 10^{-6}=2596 \text{kN} \cdot \text{m}>\alpha \cdot M_p \quad \text{OK}$$

（4）高强螺栓的验算

$$_{HTB}M_u=m \cdot n_f \cdot {}_fA_s \cdot 0.75 \cdot {}_f\sigma_u \cdot (H-t_f)$$

$$=2 \times 10 \times (0.75 \times 380) \times 0.75 \times 1000 \times (700-24) \times 10^{-6}$$

$$=2890 \text{kN} \cdot \text{m}>\alpha \cdot M_p \quad \text{OK}$$

• 剪力的验算

确保 $Q_u \geqslant \alpha \cdot Q_p$。

$$\alpha=1.3$$

$$\alpha \cdot Q_p=\alpha \cdot \frac{_LM_P+_RM_P}{l'}=\alpha \cdot \frac{2 \cdot Z_p \cdot \sigma_y}{l'}$$

$$=1.3 \times \frac{2 \times 6340 \times 10^3 \times 235}{13080} \times 10^{-3}=296 \text{kN}$$

（1）主构件截面的验算

$$_GQ_u=t_w \cdot (H-2t_f-m_w \cdot d) \cdot \sigma_u/\sqrt{3}$$

$$=13 \times (700-2 \times 24-8 \times 24) \times 400/\sqrt{3} \times 10^{-3}=1381 \text{kN}>\alpha \cdot Q_p \quad \text{OK}$$

（2）翼缘盖板截面的验算

$$_{PL}Q_u=2 \cdot t_2 \cdot (a_3-m_w \cdot d) \cdot \sigma_u/\sqrt{3}$$

$$=2 \times 9 \times (570-8 \times 24) \times 400/\sqrt{3} \times 10^{-3}=1571 \text{kN}>\alpha \cdot Q_p \quad \text{OK}$$

（3）主构件边距的验算

$$_eQ_u=n_w \cdot e \cdot t_w \cdot \sigma_u$$

$$=8 \times 40 \times 13 \times 400 \times 10^{-3}=1664 \text{kN}>\alpha \cdot Q_p \quad \text{OK}$$

（4）高强螺栓的验算

$$_{HTB}Q_u=m \cdot n_w \cdot {}_fA_s \cdot 0.75 \cdot {}_f\sigma_u$$

$$=2 \times 8 \times (0.75 \times 380) \times 0.75 \times 1000 \times 10^{-3}=3420 \text{kN}>\alpha \cdot Q_p \quad \text{OK}$$

G_1 构件因为跨度大，需考虑长期剪力作用。

$$_LQ=191 \text{kN}$$

$$\alpha \cdot Q_p+_LQ=296+191=487 \text{kN}$$

根据上述计算，拼接节点满足 $Q_u \geqslant \alpha \cdot Q_p+_LQ$ 的要求。

[解说]

主梁拼接节点的验算

与前一节的"5.5 柱梁节点的验算"一样，按照设计路径 ② 以及路径 ③ 进行设计时，梁的拼接节点必须为保有耐力连接。本例题中，按照《SCSS-H97 钢结构标准接合部 H 型钢篇》（建设省住宅局建筑指导课监修）规定进行计算。通常，H 型钢可以直接采用现有的构件截面拼接节点表。

（1）高强螺栓

高强螺栓连接是采用高强螺栓把构件用盖板紧密连接，通过钢板之间的摩擦来传递作用力（图 2.43）。

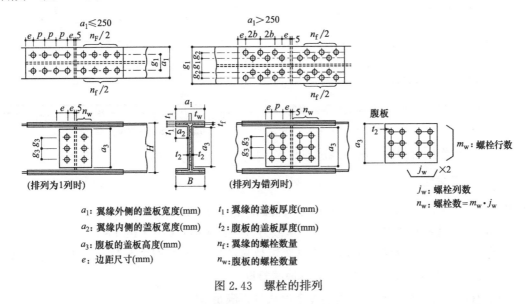

图 2.43　螺栓的排列

a_1：翼缘外侧的盖板宽度(mm) t_1：翼缘的盖板厚度(mm)
a_2：翼缘内侧的盖板宽度(mm) t_2：腹板的盖板厚度(mm)
a_3：腹板的盖板高度(mm) n_f：翼缘的螺栓数量
e：边距尺寸(mm) n_w：腹板的螺栓数量

本例题的螺栓边距和栓距   表 2.20

螺栓直径	孔径 d(mm)	边距 e(mm)	栓距(一列) p(mm)	栓距(错列) b(mm)
M16	18.0	35	60	45
M20	22.0	40	60	45
M22	24.0	40	60	45
M24	26.0	40	60	45

在本例题中，螺栓的边距以及栓距是根据表 2.20 确定的。螺栓的最小栓距，在《钢结构设计规范》中有以下规定。

- 螺栓孔尺寸：高强螺栓的直径小于 27mm 时，为直径＋2.0mm。
- 最小栓距：高强螺栓的孔中心间距离，为公称轴径的 2.5 倍以上。
- 最小边距：高强螺栓的孔中心到板边缘的距离，参照表 2.21。

螺栓为错列布置时，截面缺损的等效换算面积由以下公式进行计算（图 2.44）。

$b \leqslant 0.5g$ 时 $a = a_0$

$0.5g < b \leqslant 1.5g$ 时 $a = (1.5 - b/g)a_0$

$1.5g < b$ 时   无须预测孔缝间的破裂线。

在此，b——螺栓间距；

$\quad\quad g$——螺栓列的间距；

$\quad\quad a$——截面缺损等效面积；

$\quad\quad a_0$——缺损净面积。

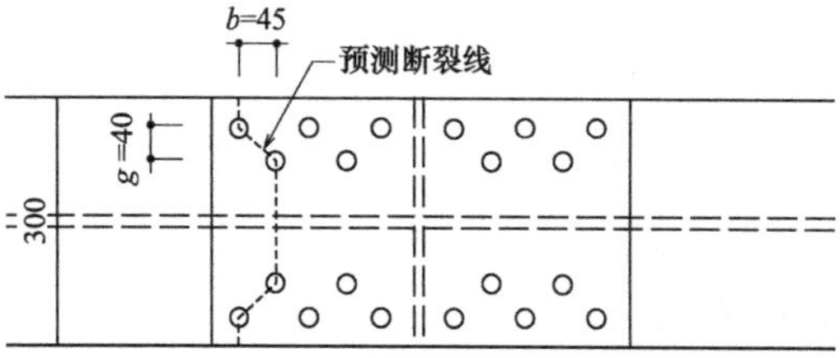

最小边距	表 2.21
孔径(mm)	最小边距(mm)
16	22
20	26
22	28
24	32
27	36
30	40

注：边缘部为轧制边缘、自动火焰切割边缘、锯割边缘或机械加工边缘。

图 2.44   螺栓错列时的截面缺损等效换算

（2）弯矩作用时的保有耐力连接的验算

验算是否满足
$$M_u \geqslant \alpha \cdot M_p$$

式中 M_u——根据连接的破坏形式计算出的极限抗弯承载力；

$\quad\quad M_p$——主构件的全塑性抗弯屈服承载力（$=Z_p \cdot \sigma_y$）（kN·m）；

安全系数——$\alpha=1.2$（考虑了连接节点弯矩位置折减因素的安全系数）关于安全系数，参照 5.5 节的"柱梁节点域的验算"。

M_u 有以下 4 种破坏形式，需要逐个确认是否满足 $M_u \geqslant \alpha \cdot M_p$

（a）$_G M_u$：主构件（有效截面）的极限抗弯承载力（图 2.45，表 2.22）

$$_G M_u =\ _G Z_{pe} \cdot \sigma_u$$

$$_G Z_{pe} = Z_p - m_f \cdot d \cdot t_f \cdot (H - t_f) -\ _e m_w \cdot d \cdot t_w \cdot a_4$$

式中 σ_u——主构件的极限强度（N/mm²）400 级钢材：400；

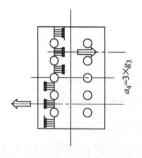

图 2.45   螺栓行数为 5 的情况

表 2.22		
螺栓行数	a_4	$_e m_w$
1	0	0
2	g_3	1
3	$2 \times g_3$	1
4	$2 \times g_3$	2
5	$3 \times g_3$	2
6	$3 \times g_3$	3
7	$4 \times g_3$	3
8	$4 \times g_3$	4

A_f——翼缘截面面积（$=B \cdot t_f$）（mm^2）；

d——螺栓孔直径（mm）；

m_f——翼缘螺栓列数；

$_em_w$——腹板的有效抗弯螺栓个数；

a_4——腹板螺栓的有效重心距离（mm）；

g_3——腹板螺栓高度方向的栓距。

(b) $_{PL}M_u$：翼缘盖板在拉伸破坏时的最大抗弯承载力

$$_{PL}M_u = _{PL}Z_{pe} \cdot \sigma_u$$

$$_{PL}Z_{pe} = (a_1 \cdot t_1 - m_f \cdot d \cdot t_1) \cdot (H + t_1) +$$

$$(2 \cdot a_2 \cdot t_2 - m_f \cdot d \cdot t_2) \cdot (H - 2t_f - t_2)$$

(c) $_eM_u$：主构件在端边距破坏时的最大抗弯承载力

$$_eM_u = n_f \cdot e \cdot t_f \cdot \sigma_u \cdot (H - t_f)$$

(d) $_{HTB}M_u$：螺栓断裂时的极限抗弯承载力

$$_{HTB}M_u = m \cdot n_f \cdot _fA_s \cdot 0.75 \cdot _f\sigma_u \cdot (H - t_f)$$

式中 m——螺栓的受剪面的个数；

$_fA_s$——螺栓的有效轴截面积（$=0.75 \cdot \pi (d_0/2)^2$）（$mm^2$）；

d_0——螺栓直径（mm）；

$_f\sigma_u$——螺栓抗拉极限强度（F10T 时，$_f\sigma_u = 1000N/mm^2$）。

(3) 保有剪切承载力的验算

验算是否满足 $$Q_u \geqslant \alpha \cdot Q_p = \alpha \cdot \frac{_LM_p + _RM_p}{l'}$$

式中 Q_u——在拼接处，根据不同破坏形式计算出的最大剪切承载力；

Q_p——由全塑性屈服弯矩计算出的剪力。

安全系数：$\alpha = 1.3$（参照 5.5 节的"柱梁节点域的验算"）。

Q_u 有以下 4 种破坏形式，要逐个确认是否满足 $Q_u \geqslant \alpha \cdot Q_p$

(a) $_GQ_u$：主构件的最大剪切承载力

$$_GQ_u = t_w \cdot (H - 2t_f - m_w \cdot d) \cdot \sigma_u / \sqrt{3}$$

(b) $_{PL}Q_u$：盖板剪切破坏时的最大剪切承载力

$$_{PL}Q_u = 2 \cdot l_2 \cdot (a_3 - m_w \cdot d) \cdot \sigma_u / \sqrt{3}$$

(c) $_eQ_u$：主构件边距断裂时的最大剪切承载力

$$_eQ_u = n_w \cdot e \cdot t_w \cdot \sigma_u$$

(d) $_{HTB}Q_u$：螺栓的计算

$$_{HTB}Q_u = m \cdot n_w \cdot _fA_s \cdot 0.75 \cdot _f\sigma_u$$

5.7　柱梁的承载力之比

柱采用冷成型方钢管时，需对柱梁节点进行验算，确认是否满足 $\sum M_{pc}/\sum M_{pb} \geqslant 1.5$

B 轴（X 方向）

层	轴	柱承载力(kN・m)			梁承载力(kN・m)			承载力比 α	判定
		M_{pcl}	M_{pcu}	合计	M_{pbl}	M_{pbr}	合计		
3	1	980	765	1745	0	963	963	1.8	OK
2	1	1273	980	2253	0	1405	1405	1.6	OK

1 轴（Y 方向）

层	轴	柱承载力(kN・m)			梁承载力(kN・m)			承载力比 α	判定
		M_{pcl}	M_{pcu}	合计	M_{pbl}	M_{pbr}	合计		
3	A	982	766	1748	0	280	280	6.2	OK
3	B	983	766	1749	280	280	561	3.1	OK
2	A	1275	982	2257	0	691	691	3.2	OK
2	B	1280	986	2265	691	691	1382	1.6	OK

［解说］

根据告示（昭 55 建告第 1791 号第 2）的规定，采用冷成型方钢管柱并按照设计路径 ②进行设计时，柱的承载力必须远远大于梁的承载力。具体来讲，除了最底层的柱脚和最顶层的柱头之外的所有节点，柱的承载力要确保在梁承载力的 1.5 倍以上（图 2.46）。

在此，α——柱梁的承载力之比 $[=(M_{pcu}+M_{pcl})/(M_{pbl}+M_{pbr})]$；

M_{pcu}——节点上方柱子的全塑性抗弯屈服承载力（$=\nu_u \cdot \sigma_{yc} \cdot Z_{pcu}$）；

M_{pcl}——节点下方柱子的全塑性抗弯屈服承载力（$=\nu_l \cdot \sigma_{yc} \cdot Z_{pcl}$）；

$$\sum M_{pc}=M_{pcu}+M_{pcl}$$

ν_u，ν_l——由于柱轴力而引起的全塑性弯矩的折减系数；

$$\left[\begin{array}{ll}\text{轴压比 } n \leqslant 0.5 \text{ 时} & \nu=(1-4n^2/3) \\ \text{轴压比 } n > 0.5 \text{ 时} & \nu=4(1-n)/3\end{array}\right]$$

σ_{yc}——柱钢材的屈服强度；

Z_{pcu}，Z_{pcl}——柱的全塑性截面系数；

M_{pbl}——节点左侧梁的全塑性抗弯屈服承载力（$=\sigma_{yb} \cdot Z_{pbl}$）；

M_{pbr}——节点右侧梁的全塑性抗弯屈服承载力（$=\sigma_{yb} \cdot Z_{pbr}$）；

$$\sum M_{pb}=M_{pbl}+M_{pbr}$$

σ_{yb}——梁钢材的屈服强度；

Z_{pbl}，Z_{pbr}——梁的全塑性截面系数（考虑梁的腹板）。

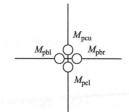

图 2.46　节点处的承载力比较

Y 方向 2 层（1 轴-B 轴）柱梁承载力之比的计算如下。

（1）柱

节点上方柱的尺寸 □-400×400×16（BCR295）

$$Z_{pcu} = 3370 \times 10^3 \, mm^3$$

$$\sigma_{pc} = 295 N/mm^2$$

$$n = \frac{轴力}{全塑性轴力} = \frac{N_L + 1.5 N_E}{{}_s A \cdot {}_s \sigma_y} = \frac{(513.3 + 1.5 \times 11) \times 10^3}{237 \times 10^2 \times 295} = 0.0758$$

（严格来讲，轴力应为建筑物破坏机制形成时的轴力，但此处采用略算假定值 $N_L +$ 1.5N_E）

因 $n \leq 0.5$，所以 $\quad \nu_u = 1 - 4 \times 0.0758^2 / 3 = 0.992$

$$M_{pcu} = \nu_u \cdot \sigma_{yc} \cdot Z_{pcu} = 0.992 \times 295 \times (3370 \times 10^3) \times 10^{-6} = 986 kN \cdot m$$

节点下方柱子的截面 □-400×400×22（BCR295）

$$Z_{pct} = 4390 \times 10^3 \, mm^3$$

$$\sigma_{pc} = 295 N/mm^2$$

$$n = -\frac{轴力}{全塑性轴力} = \frac{N_L + 1.5 N_E}{{}_s A \cdot {}_s \sigma_y} = \frac{(770.1 + 1.5 \times 32) \times 10^3}{316.0 \times 10^2 \times 295} = 0.0878$$

因为 $n \leq 0.5$，所以 $\nu_u = 1 - 4 \times 0.0878^2 / 3 = 0.989$

$$M_{pcl} = \nu_u \cdot \sigma_{yc} \cdot Z_{pcl} = 0.989 \times 295 \times (4390 \times 10^3) \times 10^{-6} = 1280 kN \cdot m$$

（2）梁

左侧梁的截面 H-488×300×11×18（SN400）

$$Z_{pbl} = A_f \cdot (H - t_f) + 1/4 \cdot (H - 2t_f - 2\gamma)^2 \cdot t_w$$

$$= 300 \times 18 \times (488 - 18) + 1/4 \times (488 - 2 \times 18 - 2 \times 35)^2 \times 11 = 2939 \times 10^3 \, mm^3$$

（扣除过焊孔 35mm 之后的梁全塑性断面模量）

$$\sigma_{pb} = 235 N/mm^2$$

$$M_{pbl} = \sigma_{yb} \cdot Z_{pbl} = 235 \times (2939 \times 10^3) \times 10^{-6} = 691 kN \cdot m$$

右侧梁与左侧梁同样尺寸，因此 $M_{pbr} = 691 kN \cdot m$

（3）柱梁的承载力之比（α）

$$\alpha = (M_{pcu} + M_{pcl}) / (M_{pbl} + M_{pbr})$$

$$= (986 + 1279)/(691 + 691) = 2265/1382 = 1.63 > 1.5 \quad OK$$

柱梁的承载力之比的计算，根据设计路径的不同而不同，需要注意。

设计路径 ②要确保每个节点都满足 $\sum M_{pc} \geq 1.5 \sum M_{pb}$（昭如建告第 1791 号第 2）

设计方法 ③要确保每层都满足 $\sum M_{pc} \geq \sum \min(1.5 M_{pb}, 1.3 M_{pp})$（平 19 国交告第 594 号第 4）

M_{pp} 为各层的梁柱节点域的抗弯屈服强度。

5.8 节点域的验算

• B-1 柱（2 层，X 方向）

柱 □-400×400×22（1 层）

梁 H-700×300×13×24

$$\sum M_L = 346 \text{kN} \cdot \text{m}$$

$$\sum M_E = 450 \text{kN} \cdot \text{m}$$

$$_bM_1 + _bM_2 = \sum M_s = 346 + 450 = 796 \text{kN} \cdot \text{m}$$

$$V_e = (1/2)V = (1/2)A_c \cdot h_b = 1/2 \times 31600 \times (700-24) = 1068 \times 10^4 \text{mm}^3$$

故 $\dfrac{_bM_1 + _bM_2}{2V_e} = \dfrac{796 \times 10^6}{2 \times 1068 \times 10^4} = 37 \text{N/mm}^2 \leqslant f_s \ (=90 \text{N/mm}^2)$ OK

• B-1 柱（2 层，Y 方向）

柱 □-400×400×22（1 层）

梁 H-488×300×11×18

$$\sum M_L = 41-36 = 5 \text{kN} \cdot \text{m}$$

$$\sum M_E = 274 + 241 = 515 \text{kN} \cdot \text{m}$$

$$_bM_1 + _bM_2 = \sum M_5 = 5 + 515 = 520 \text{kN} \cdot \text{m}$$

$$V_e = (1/2)V = (1/2)A_c \cdot h_b = 1/2 \times 31600 \times (488-18) = 742.6 \times 10^4 \text{mm}^3$$

故 $\dfrac{_bM_1 + _bM_2}{2V_e} = \dfrac{520 \times 10^6}{2 \times 742.6 \times 10^4} = 35 \text{N/mm}^2 \leqslant f_s \ (=90 \text{N/mm}^2)$ OK

[解说]

由刚接的柱梁节点所围成的部分（节点域），在受到地震、台风等水平荷载时，会产生很大的剪力。节点域的计算可按照《钢结构设计规范》"14.12 刚接柱梁连接部"的规定进行。

$$\frac{_bM_1 + _bM_2}{2V_e} \leqslant f_s$$

式中 $_bM_1$——短期工况时的左侧梁端弯矩（N·mm）；

　　　　$_bM_2$——短期工况时的右侧梁端弯矩（N·mm）；

　　　　V_e——节点域等效体积（mm³）；

　　　　f_s——容许剪应力（长期）（N/mm²）←注意是长期应力。

V_e 应根据柱截面形状计算得出，公式如下：

• 柱为 H 形截面时　　　　　　$V_e = h_b \cdot h_c \cdot t_w$

• 柱为钢管截面时　　　　　　$V_e = (1/2)A_c \cdot h_b$

式中 h_b——梁上下翼缘板中心距离（mm）；

　　　　h_c——柱左右翼缘板中心距离（mm）；

t_w——H 形柱的腹板厚（mm）；

A_c——钢管柱截面面积（mm²）。

5.9 柱脚的设计

按照《2015 年版建筑结构技术基准解说书》中"附录 1-2.6 钢结构的相关技术资料"所述的"柱脚的设计"进行设计。

（1）柱脚

柱：□-400×400×22（BCR295）

锚栓：   8-M 30（ABM400）

柱脚底板：40×700×700（SN 490 B）

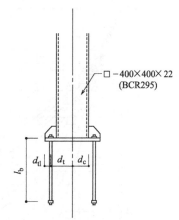

$$d_e=200\text{mm}$$

$$d_t=275\text{mm}$$

$$l_b=750\text{mm}$$

（2）柱脚的容许应力的计算

（a）柱脚内力（1 层，B，1 轴）

$$_sN=_LN+_EN=770+145=915\text{kN}$$

$$_sM=_LM+_EM=49+(227-0.45\times127)=219\text{kN}\cdot\text{m}$$

$$_sQ=_LQ+_EQ=50+127=177\text{kN}$$

（b）锚栓的计算

$$e=\frac{M}{N}=\frac{219\times10^3}{915}=239\text{mm}$$

$$\frac{D}{6}+\frac{d_{t1}}{3}=\frac{700}{6}+\frac{75}{3}=142\text{mm}$$

由于 $e>\dfrac{D}{6}+\dfrac{d_{t1}}{3}$，因此锚栓有拉力。

•中性轴的计算

$$x=e-\frac{D}{2}=239-\frac{700}{2}=-111\text{mm}$$

$$d=D-d_{t1}=700-75=625\text{mm} \qquad x/d=-111/625=-0.18$$

$$p=\frac{a_t}{b\cdot d}=\frac{3\times707}{700\times625}=0.0048$$

从下面的计算图表中可得

$$x_n/d=0.74 \quad x_n=0.74\times d=0.74\times625=463\text{mm}$$

•锚栓的拉力

$$\sum T-\frac{N(e-D/2+x_n/3)}{D-d_{t1}-x_n/3}=\frac{915\times(239-700/2+463/3)}{700-75-463/3}=84\text{kN}$$

• 锚栓的应力

$$T = \sum T/3 = 84/3 = 28\text{kN}$$

$$\sigma_t = T/a_t = 28 \times 10^3 / 707 = 40\text{N/mm}^2$$

$$\sigma_t / f_t = \frac{40}{235} = 0.17 < 1.0 \quad \text{OK}$$

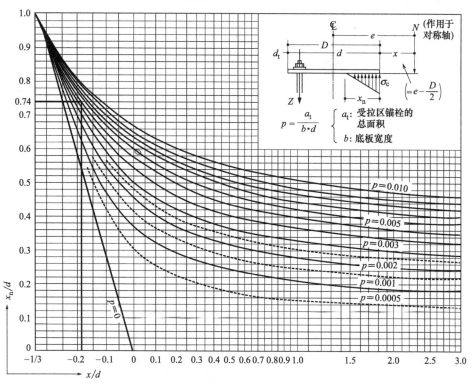

底板中性轴位置的计算图表

［出处：《钢结构设计规范》第 4 版，P. 180（日本建筑学会，2005）］

（c）受压区混凝土的计算

$$\sigma_c = \frac{2N(e + D/2 d_{t1})}{b \cdot x_n (D - d_{t1} - x_n/3)} = \frac{2 \times 915 \times 10^3 \times (239 + 700/2 - 75)}{700 \times 463 \times (700 - 75 - 463/3)}$$

$$= 6.2\text{N/mm}^2 < 14\text{N/mm}^2 \quad \text{OK}$$

（d）剪力的计算

由于 $e > \dfrac{D}{6} + \dfrac{d}{3}$，因此

$$Q_a = 0.4 \times (\sum T + N) = 0.4 \times (84 + 915) = 400\text{kN} >_s Q = 177\text{kN} \quad \text{OK}$$

（e）柱底板的计算

• 受压区的计算

柱底板的内力，采用三边固定一边自由板、两边固定两边自由板的计算图表进行计算。

（i）三边固定一边自由

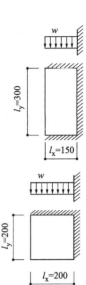

$$\lambda - l_y/l_x = 300/150 = 2$$

$$w = \sigma_c = 6.2 \text{N/mm}^2$$

$$M_{\max} = 0.28\sigma_c \cdot l_x^2 = 0.28 \times 6.2 \times 150^2 \times 10^{-3} = 39.1 \text{N} \cdot \text{m}$$

（ii）两边固定两边自由

$$\lambda = l_y/l_x = 200/200 = 1$$

$$M_{\max} = 0.29\sigma_c \cdot l_x^2 = 0.29 \times 6.2 \times 200^2 \times 10^{-3} = 71.9 \text{N} \cdot \text{m}$$

柱底板的截面计算（$t = 40$mm）

$$Z = b \cdot t^2/6 = 1 \times 40^2/6 = 267 \text{mm}^3$$

$$\sigma_b = M/Z = 71.9 \times 10^3/267 = 269 \text{N/mm}^2$$

$$f_{bt} = F/1.3 \times 1.5 = 325/1.3 \times 1.5 = 375 \text{N/mm}^2$$

（$F/1.3$：面外受弯板材的容许应力度）

$$\sigma_b/f_{bl} = 269/375 = 0.72 < 1.0 \quad \text{OK}$$

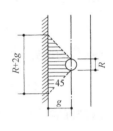

· 受拉区的计算

由锚栓拉力产生的弯矩

$$P = a_t \cdot f_t = 707 \times 235 \times 10^{-3} = 166 \text{kN}$$

$$M = P \cdot g = 166 \times 75 = 12450 \text{kN} \cdot \text{mm}$$

柱底板的截面计算

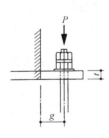

$$B = R + 2g = 30 + 2 \times 75 = 180 \text{mm}$$

$$Z = B \cdot t^2/6 = 180 \times 40^2/6 = 48000 \text{mm}^3$$

$$\sigma_b = M/Z = 12450 \times 10^3/48000 = 259 \text{N/mm}^2$$

$$\sigma_b/f_{bl} = 259/375 = 0.69 < 1.0 \quad \text{OK}$$

（3）考虑结构破坏机制的安全性验算

锚栓采用具有延伸能力 ABM400，按照外露式柱脚的设计
流程④进行验算。

（a）结构在预期破坏机制时的内力

取放大系数 $\gamma = 2$，对结构在预期破坏机制时的柱脚内力进行验算。

$$N_D = N_L + \gamma \cdot N_E = 770 + 2 \times 145 = 1060 \text{kN}$$

$$M_D = M_L + \gamma \cdot M_E = 49 + 2 \times 170 = 389 \text{kN} \cdot \text{m}$$

$$Q_D = Q_L + \gamma \cdot Q_E = 50 + 2 \times 127 = 304 \text{kN}$$

（b）柱脚的极限抗弯承载力 M_u 的计算

$$N_u = 0.85 \cdot B \cdot D \cdot F_c = 0.85 \times 700 \times 700 \times 21 \times 10^{-3} = 8747\text{kN}$$

$$T_u = n_t \cdot A_b \cdot F = 3 \times 707 \times 235 \times 10^{-3} = 498\text{kN}$$

根据 $N_u - T_u > N > -T_u$

$$M_u = T_u \cdot d + \frac{(N+T_u)D}{2} \cdot \left(1 - \frac{N+T_u}{N_u}\right)$$

$$= 498 \times 275 + \frac{(1060+498) \times 700}{2} \times \left(1 - \frac{1060+498}{8747}\right)$$

$$= 585 \times 10^3 \text{kN} \cdot \text{mm}$$

$$= 585\text{kN} \cdot \text{m}$$

（c）柱脚的极限抗剪承载力 Q_u 的计算

・由摩擦力决定的抗剪承载力 Q_{fu} 的计算

根据 $N_u - T_u > N$

$$Q_{fu} = 0.5(N+T_u) = 0.5 \times (1060+498) = 779\text{kN}$$

・锚栓的抗剪承载力 Q_{bu} 的计算

$$Q_{bu} = S_u = n_t \cdot A_b \cdot F/\sqrt{3} = 3 \times 707 \times 235/\sqrt{3} \times 10^{-3} = 288\text{kN}$$

・柱脚的极限抗剪承载力 Q_u

$$Q_u = \max\{Q_{fu}, Q_{su}\} = 779\text{kN}$$

（d）极限承载力的确认

・极限抗弯承载力

$$M_u = 585\text{kN} \cdot \text{m} > M_D = 389\text{kN} \cdot \text{m} \quad \text{OK}$$

・极限抗剪承载力

$$Q_u = 779\text{kN} > Q_D = 304\text{kN} \quad \text{OK}$$

［解说］

钢结构柱脚的设计

外露式柱脚，有必要按照合理的柱脚刚度进行设计。若无视柱脚的刚度，假定柱脚为铰接进行框架结构设计时，就是无视发生在柱脚上的弯矩。这种假定虽然对上部框架结构来讲是安全的，但是对柱脚来讲却是危险的。

在《2015 年版建筑结构技术基准解说书》中的"附录 1-2.6 钢结构相关技术资料"提示了考虑以下 2 点的外露式柱脚的设计流程（图 2.47）。

・合理评估柱脚弯矩后进行设计；

•确保在保有水平耐力下柱脚的塑性变形能力。

例题是按照柱脚的设计流程④进行验算。

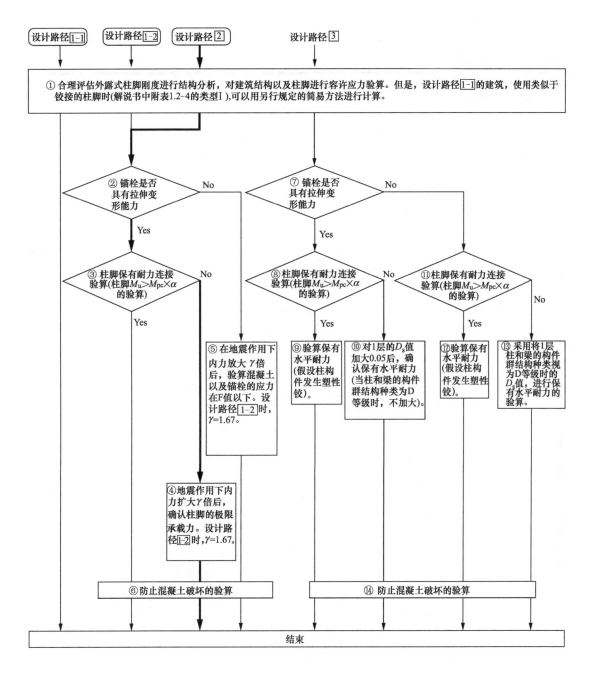

图 2.47 外露式柱脚的设计流程

[出处：2015 年版建筑结构技术基准解说书]

在例题中，使用了具有延伸能力的材质为 SNR 钢的 ABM400 锚栓。根据螺纹的加工方法，有 ABR（旋造螺纹）与 ABM（切削螺纹）二种规格。ABR（旋造螺纹）较 ABM

（切削螺纹）有延性，但轴截面面积较小，使用时应注意。ABR 以及 ABM 锚栓都有相应配套的螺帽、垫片的 JIS 规格制品。锚栓端部如进行弯曲加工就变成非 JIS 规格制品，要加以注意。

上述的路径⑥以及⑭，为了保证柱脚具有稳定的塑性变形能力，必须要对柱脚基础的混凝土部分进行破坏验算。

6. 基础的设计

6.1 桩的长期轴力的计算

（1）基础轴力

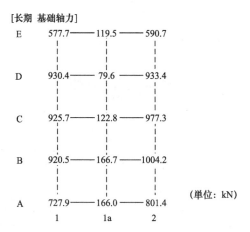

[长期 基础轴力]

	1	1a	2
E	577.7	119.5	590.7
D	930.4	79.6	933.4
C	925.7	122.8	977.3
B	920.5	166.7	1004.2
A	727.9	166.0	801.4

（单位：kN）

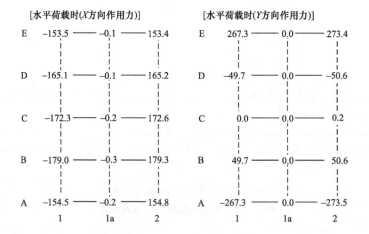

[水平荷载时(X方向作用力)]

	1	1a	2
E	−153.5	−0.1	153.4
D	−165.1	−0.1	165.2
C	−172.3	−0.2	172.6
B	−179.0	−0.3	179.3
A	−154.5	−0.2	154.8

[水平荷载时(Y方向作用力)]

	1	1a	2
E	267.3	0.0	273.4
D	−49.7	0.0	−50.6
C	0.0	0.0	0.2
B	49.7	0.0	50.6
A	−267.3	0.0	−273.5

（2）地基勘察结果

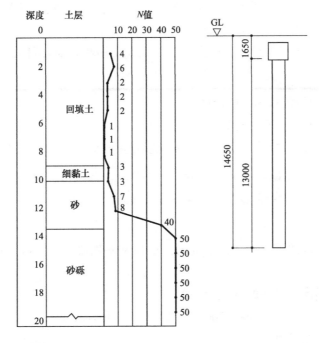

（3）桩承载力的计算

（a）承载力的计算

桩基础为现场钻孔灌注桩，承载力计算式根据告示（平 13 国告第 1113 号第 5）。

桩长 $L=13.0\text{m}$、桩底进入持力层（砂砾层）1.0m 以上。

不考虑桩侧摩阻力（下式的第 2 项为 0）。

计算式　$R_a=\dfrac{1}{3}\left\{150\cdot\overline{N}\cdot A_p+\left(\dfrac{10}{3}\overline{N_s}+L_s+\dfrac{1}{2}\overline{q_u}\cdot L_c\right)\phi\right\}-W$

$\overline{N}=50$（桩端的 N 值）

桩直径　$D=800$　$A_p=0.503\text{m}^2$

$R_{a1}=1/3\times\{150\times1.0\times1.0\times50\times0.503\}-$

$(24-10)\times0.503\times13.0=1166\text{kN}$

（b）桩的材料容许承载力

桩混凝土为 F_{c21}。根据告示（平 13 国告第 1113 号第 8），处于泥水中的混凝土长期容许抗压应力为 $F_c/4.5$，并且不大于 6N/mm^2。因此 $f_c=21/4.5=4.66\text{N/mm}^2$。

· 桩直径 $D=800$　$A_p=0.503\text{m}^2$

$R_{a2}=4.66\times0.503\times10^3=2344\text{kN}$

（c）设计承载力

· 桩直径 $D=800$

$R_a=\min\{R_{a1},R_{a2}\}=1166\text{kN}>N_L=1004.2\text{kN}$　OK

［解说］

本例题的桩承载力，按照告示的计算公式进行设计。有的建筑审查行政机构会要求采用其他的计算公式，因此需要事先和相应行政机构协商。

钻孔工法能正常施工的最小直径为 $\phi 800$。因此 1 轴和 2 轴之间 1a 轴的桩承载力远远大于轴力荷载。

6.2 桩在水平地震作用下的计算

（1）作用于桩顶的水平力计算

由"4.3 建筑重量的计算"以及"4.4 地震作用时剪力的计算"可得

$$\sum Q_D = Q_{1F} + k \cdot W_F = 1212 + 0.1 \times 2161 = 1428 \text{kN}$$

$$Q_D = \sum Q_D / n_F = 1428 / 15 = 95 \text{kN}$$

（2）桩的内力计算

按照均一地基内的桩，计算桩的内力。桩顶和基础梁为固接（根据 Y. L. Chang 的计算式）。

- 地基的变形模量（根据 N 值计算）

$$E_0 = 700N = 70 \times 1 = 700 \text{kN/m}^2$$

- 水平方向地基反力系数

$$k_h = \alpha \cdot E_0 \cdot D^{-3/4} = 80 \times 700 \times 80^{-3/4} = 2093 \text{kN/m}^3$$

- 桩的惯性矩以及弹性模量

$$I = \pi \cdot D^4 / 64 = \pi \times 0.8^4 / 64 = 2.01 \times 10^{-2} \text{m}^4$$

$$E = 2.05 \times 10^7 \text{kN/m}^2$$

- β 的计算

$$\beta = \sqrt[4]{\frac{k_h \cdot D}{4E \cdot I}} = \sqrt[4]{\frac{2093 \times 0.8}{4 \times 2.05 \times 10^7 \times 2.01 \times 10^{-2}}} = 0.178 \text{m}^{-1}$$

- 桩顶的弯矩

$$M_0 = \frac{Q}{2\beta} = \frac{95}{2 \times 0.178} = 267 \text{kN} \cdot \text{m}$$

- 桩身最大弯矩

$$M_{max} = \frac{Q}{2\beta} R_{Mmax} = \frac{95}{2 \times 0.178} \times 0.208 = 55.5 \text{kN} \cdot \text{m}$$

- 桩顶水平位移

$$y_0 = \frac{Q}{4E \cdot I \cdot \beta^3} = \frac{95}{4 \times 2.05 \times 10^7 \times 2.01 \times 10^{-2} \times 0.178^3} \times 10^3 = 10.2 \text{mm}$$

- 桩轴力

$$N_{max} = 1004 + 130 = 1134 \text{kN} \quad (\text{B-2 轴})$$

$$N_{\min}=80\text{kN（C-1a 轴）}$$

（3）桩截面的计算

（a）桩材料的容许应力

· 混凝土（FC21）

短期容许抗压应力　　$f_c=\min(F_c/4.5，6)\times2=9.33\text{N/mm}^2$

短期容许抗剪应力　　$f_s=\min\{F_c/45，1/1.5(0.5+F_c/100)\}\times1.5=0.70\text{N/mm}^2$

· 钢筋（SD345）

短期容许抗压应力　　$_rf_c=345\text{N/mm}^2$

短期容许抗拉应力　　$f_t=345\text{N/mm}^2$

（b）弯矩的计算

计算主筋数量，使用 RC 资料中的圆形柱计算表。

· 混凝土的承载力为主控时

$$M/(D^3\cdot f_c)=267\times10^6/(800^3\times9.33)=0.056$$

$$N_{\max}/(D^2\cdot f_t)=1134\times10^3/(800^2\times9.33)=0.190$$

$$N_{\min}/(D^2\cdot f_t)=80\times10^3/(800^2\times9.33)=0.013\rightarrow p_{g1}=0.7\%$$

· 受压钢筋为主控时

$$M/(D^3\cdot_rf_c)=267\times10^6/(800^3\times345)=0.00151$$

$$N_{\max}/(D^2\cdot f_c)=1134\times10^3/(800^2\times345)=0.0051$$

$$N_{\min}/(D^2\cdot f_c)=80\times10^3/(800^2\times345)=0.00036\rightarrow p_{g2}=0.0\%$$

· 受拉钢筋为主控时

$$M/(D^3\cdot_rf_c)=267\times10^6/(800^3\times345)=0.00151$$

$$N_{\max}/(D^2\cdot f_c)=1134\times10^3/(800^2\times345)=0.0051$$

$$N_{\min}/(D^2\cdot f_c)=80\times10^3/(800^2\times345)=0.00036\rightarrow p_{g3}=0.7\%$$

故 $p_g=\max(p_{g1},p_{g2},p_{g3})=0.7\%$

$$a_g=p_g\cdot A_p=0.007\times(400^2\times\pi)=3518\text{mm}^2\rightarrow12\text{-D }22(4644\text{mm}^2)$$

（c）剪力的计算

$$\frac{4}{3}\cdot\frac{Q_D}{A_s}=\frac{4}{3}\times\frac{95\times10^3}{400^2\times\pi}=0.25\text{N/mm}^2\leqslant f_s=0.70\text{N/mm}^2\quad\text{OK}$$

[解说]

例题中，依据《地震力作用下的建筑物基础设计指针》（日本建筑中心）进行水平力的计算。假设地基的水平刚度沿桩深度方向全长均一，这样可以比较简易地计算出桩内力。例题中，为了安全起见，均一地基的 N 值假定为 1（图 2.48）。

如果不使用 Y. L. Chang 公式，也可以如图 2.49 所示，把桩假定为弹性支承梁进行计算。采用弹性支承梁模型，可以设定更接近实际情况的力学模型。

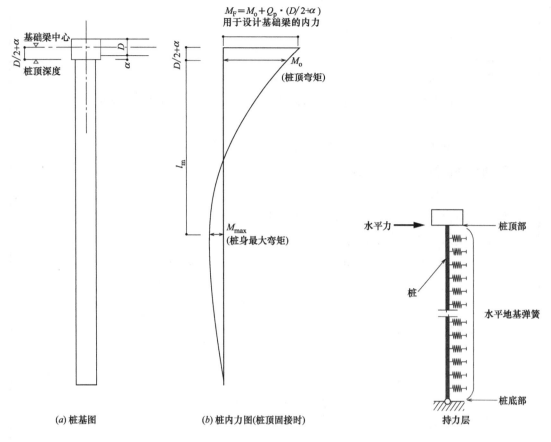

(a) 桩基图　　　　　　　(b) 桩内力图(桩顶固接时)

图 2.48　　　　　　　　　　　　图 2.49　桩的弹性支承梁模型

6.3　基础梁的计算

（1）基础梁内力的计算

・B 轴

（a）长期内力：L

（b）地震时内力：E1
（上部结构）

（c）地震时内力：E2
（桩顶弯矩）

［桩顶弯矩为作用在
基础梁心位置的内力］

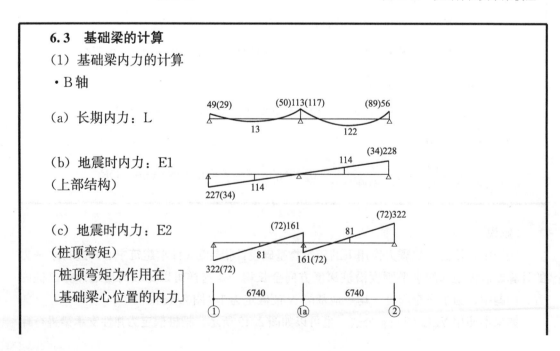

	载荷分类		1 端	中央	1a 端
受弯内力设计值 M_D [kN・m]	长期	M_L	49	−13	113
	地震时	M_{E1}	−211*	−114	−15*
	地震时	M_{E2}	−290*	−81	129
	短期	M_s(顶部)	550	182	227
	短期	M_s(底部)	−452	−208	−1

	载荷分类		1 端	中央	1a 端
受剪内力设计值 Q_D [kN]	长期	Q_L	29	0	50
	地震时	Q_{E1}	34	34	34
	地震时	Q_{E2}	72	72	72
	短期	Q_s	241**	212**	262**

[注] ＊按照 $_FM_E=M_E-D/2・Q_E$ 计算采用柱脚底板位置的内力。

　　　D（=900）为柱脚的宽度。

　　＊＊ $Q_s=Q_L+2Q_{E1}+2Q_{E2}$

（2）截面设计

使用材料 混凝土 FC21

　　　　钢筋 纵筋：SD345，箍筋：SD295A

　　　　$b×D=500×900$　$d=900-100=800$　$j=800×7/8=700$

- 1 端 顶部　$M_s=550$kN・m

　　　$C=M_s/bd^2=550×10^6/(500×800^2)=1.72$N/mm^2

　　　$→p_t=0.54\%$　（最大配筋率以下）

　　　$a_t=p_t・bd=0.0054×500×800=2160$mm^2

　　　配筋　5-D 25（2535mm^2）

- 中央 底部　$M_s=208$kN・m

　　　$a_t=M_s/(f_t・j)=208×10^6/(345×700)=861$mm^2

　　　→　配筋　4-D 25（2028mm^2）

- 剪力的计算　$Q_s=262$kN

（1a 轴）　　$Q_a=f_s・b・j=0.70×1.5×500×700×10^{-3}=368$kN

　　　由 $Q_s<Q_a$　$p_w=0.2\%$

　　　→　箍筋　2-D 13@200（$p_w=0.254\%$）

[解说]

RC 梁的计算例请参考 RC 资料。

为了将前项 6.2 中得出的桩顶位置弯矩转换为基础梁中线位置的弯矩，需要根据桩的剪力进行计算（图 2.48）。桩顶弯矩由基础梁承担，按基础梁刚度的比例分配到左右两侧的基础梁上。另外，地震时的梁端部计算截面用的内力，取如图 2.50 所示的柱脚表面处。

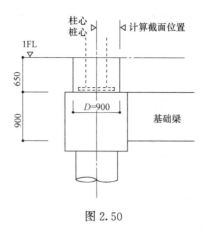

图 2.50

7. 其他相关验算

7.1　主梁的楼板振动问题的验算

对跨度为 13.48m 的主梁（3G1），进行振动的验算。

按照《各种组合结构设计指针》（日本建筑学会，2010 年），作为完全组合梁进行验算。

（1）作为组合梁的截面惯性矩的计算

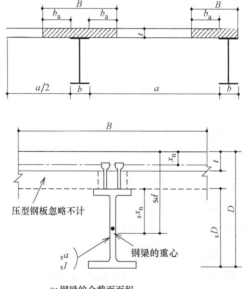

$_sa$：钢梁的全截面面积
$_sI$：钢梁的截面惯性矩

$_3G_1$：H-588×300×12×20

• T 型梁有效宽度（B）的计算

$$a = 5700 - 300 = 5400mm < 0.5l(0.5 \times 13480 = 6740mm)$$

$$b_a = (0.5 - 0.6 \times a/l) \cdot a = (0.5 - 0.6 \times 5400/13480) \times 5400 = 1402mm$$

$$B = 2 \times b_a + b = 2 \times 1402 + 300 = 3104mm$$

- 钢梁的截面系数

截面面积 $_sa=187.2\times10^2\mathrm{mm}^2$

截面惯性矩 $_sI=114000\times10^4\mathrm{mm}^4$

形心轴 $_sx_n=588\times1/2=294\mathrm{mm}$

- 正弯矩时的截面模量的计算

$$_sd=294+50+100=444\mathrm{mm}$$

$$t_1=t/_sd=90/444=0.225$$

$$P_t=\frac{_sa}{B\cdot _sd}=\frac{187.2\times10^2}{3104\times444}=0.0136$$

$$P_t=\frac{t_1^2}{2n(1-t_1)}=0.0136-\frac{0.225^2}{2\times15\times(1-0.225)}=0.0114>0$$

因此，中心轴（x_n）在楼板之外。

$$x_n=\frac{t_1^2+2nP_t}{2(t_1+nP_t)}{_sd}=\frac{0.225^2+2\times15\times0.0136}{2\times(0.225+15\times0.0136)}\times444=237.3\mathrm{mm}$$

有效等效截面的截面惯性矩$_cI_n$

$$_cI_n=\frac{B\cdot t}{n}\left\{\frac{t^2}{12}+\left(x_n-\frac{t}{2}\right)^2\right\}+{_sI}+{_sa}({_sd}-x_n)^2$$

$$=\frac{3104\times90}{15}\times\left\{\frac{100^2}{12}+\left(237.3-\frac{100}{2}\right)^2\right\}+114000\times10^4+187.2\times10^2\times$$

$$(444-237.3)^2$$

$$=74319\times10^4+114000\times10^4+79981\times10^4$$

$$=268300\times10^4\mathrm{mm}^4$$

（2）自振周期（T）、自振频率（f）的计算

按两端固定条件，计算出静态挠度（$_s\delta_{TL}$），并用重力公式来计算出自振周期（T）。

楼板振动计算时所用的活荷载，采用地震力计算用的活荷载（4.6kN/mm²），并考虑负担面积内的钢梁重量（35kN）计算梁板的重量（$_sW_{TL}$）。

$$_sW_{TL}=4.6\times13.48\times5.7+35=388.4\mathrm{kN}$$

$$_s\delta_{TL}=\frac{_sW_{TL}\cdot l^3}{384\cdot E\cdot I}=\frac{388.4\times13480^3}{384\times205\times268300\times10^4}=4.50\mathrm{mm}$$

自振周期：

$$T=\frac{\sqrt{_s\delta_{TL}}}{\alpha}=\frac{\sqrt{4.50}}{18}=0.118\mathrm{s}\quad（两端固定时，\alpha=18）$$

自振频率

$$f=\frac{1}{T}=\frac{1}{0.118}=8.49\mathrm{Hz}$$

（3）动态挠度的验算

假定 1 人步行时的荷载等同于以 30N 的重物从 5cm 高处自由下落作为计算条件。

重量为 W 的运动物体从高度 h 下落冲击重量为 W_1 的静止物体时的动态挠度，按两

端固定时可由下式进行计算。

$$\delta_d = \delta_{st} + \sqrt{\delta_{st}^2 + 2h \cdot \delta_{st} \frac{1}{1 + \frac{13}{35} \cdot \frac{W_1}{W}}}$$

式中　δ_{st}——荷重 W 作用下时的静态挠度；

　　　　h——下落高度（为 50mm）；

　　　W_1——梁板的重量（$W_1 = sW_{TL} = 388.4$kN）；

　　　W——下落物体的重量（为 30N）。

$$\delta_{st} = \frac{W \cdot l^3}{192EI} = \frac{0.030 \times 13480^3}{192 \times 205 \times 268300 \times 10^4} = 0.000696 \text{mm}$$

$$\delta_d = 0.000696 + \sqrt{0.000696^2 + 2 \times 50 \times 0.000696 \frac{1}{1 + \frac{13}{35} \times \frac{388.4}{0.030}}}$$

$$= 0.000696 + 0.00387$$

$$= 0.00456 \text{mm}$$

$$= 4.56 \mu\text{m}$$

　　由上面计算出的自振频率与动态挠度，确认其性能在《建筑物的振动对舒适性影响的评价指针》（日本建筑学会，2004 年）中的垂直振动性能评价基准 V-30 以下。

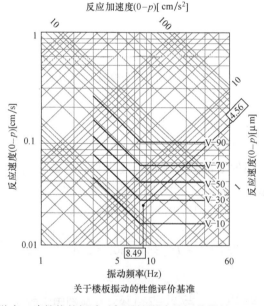

关于楼板振动的性能评价基准

［出处：日本建筑学会《建筑物的振动对舒适性影响的评价指针》，p.9，图 3.3（2004）］

［解说］

　　按照《各种组合结构设计指针》（日本建筑学会，2010 年），作为完全组合梁进行楼板振动计算。人的步行或者跳跃引起的振动，不会使栓钉与混凝土发生错位，因此采用受正方向弯矩作用的完全组合梁的截面性能来计算。本例仅假设两端为固定条件的情况，而指针中还记载了半固定条件时的计算例题，可以参考。

在《建筑物的振动对舒适性影响的评价指针》（2004 年）中，对人或设备引起的竖直振动用频率和反应加速度在评价曲线中做评估。也有建立详细的模型来进行反应分析，但本例采用了简易的自振周期与动态挠度的计算方法进行了验算。性能评价基准中的 V-30 意指有 30％的人感觉到振动。感觉到振动，居住者不一定就会感到不适，所以应该考虑建筑用途、业主的需求还有造价等因素进行综合判断，设定出确切的舒适度的等级。在本例中仅对大跨度的主梁进行了验算，由小梁所决定的情况也有，有必要对小梁以及楼板也进行验算，在本例中予以省略。

7.2 主梁开孔加固的计算

采用加固板对钢梁的开孔进行加固。

加固板要满足下述公式。

$$t_w \cdot D_h \cdot f_s \leq r_h \cdot t_p \cdot 2B \cdot f_s \quad （两面加固的情况）$$

$$适用范围 \ D \leq 0.5_s H$$

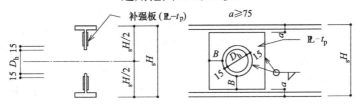

3G1：H-588×300×12×20

  开孔直径：$D_h = 200$

  加固板边宽：$B = 100$

  加固板厚：$t_p = 9$ （两面加固板）

$$t_w \cdot D_h \cdot f_s = 12 \times 200 \times 135 \times 10^{-3} = 324 \text{kN}$$

$$r_h \cdot t_p \cdot 2B \cdot f_s = 0.85 \times 2 \times 9 \times 2 \times 100 \times 135 \times 10^{-3} = 413 \text{kN}$$

$$满足 \ t_w \cdot D_h \cdot f_s \leq r_h \cdot t_p \cdot 2B \cdot f_s \ 条件 \quad OK$$

[解说]

钢梁的开孔加固，实际上没有现成的设计规范。

本例题是根据《型钢混凝土结构计算规定·解说》（日本建筑学会，2014 年）的第 18 条所提示的开孔梁的实腹型钢部分的容许剪力 $_sQ_a$ 的计算式进行验算的。

  开孔梁的钢结构部分的容许剪力 $_sQ_a = r_h \cdot t_w (d_w - D_h) f_s$

  根据上式得知截面缺损部分的剪力 $_sQ_{ap} = t_w \cdot D_h \cdot f_s$

  用于弥补缺损部分 $_sQ_{ap}$ 的加固板，应满足下式的要求。

$$t_w \cdot D_h \cdot f_s \leq r_h \cdot t_p \cdot 2B \cdot f_s \quad （两面加固板的情况）$$

式中 $_sQ_a$—— 开孔梁的实腹型钢部分的容许剪力；

     r_h——0.85 （开孔边缘处不设置加固钢管时）；

     t_w——钢梁的腹板厚度（mm）；

     t_p——加固板的厚度（mm）；

     B——加固板的边宽（mm）；

d_w——钢梁的腹板高度（$=H-2t_f$）（mm）；

D_h——孔直径（mm）；

f_s——钢材的容许抗剪应力（N/mm²）。

D 结构设计图

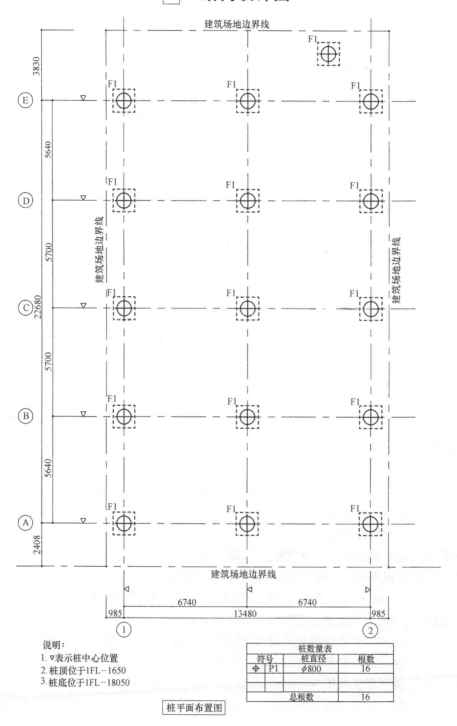

说明：

1. ▽表示桩中心位置
2. 桩顶位于1FL−1650
3. 桩底位于1FL−18050

桩数量表		
符号	桩直径	根数
⊕ P1	$\phi800$	16
总根数		16

桩平面布置图

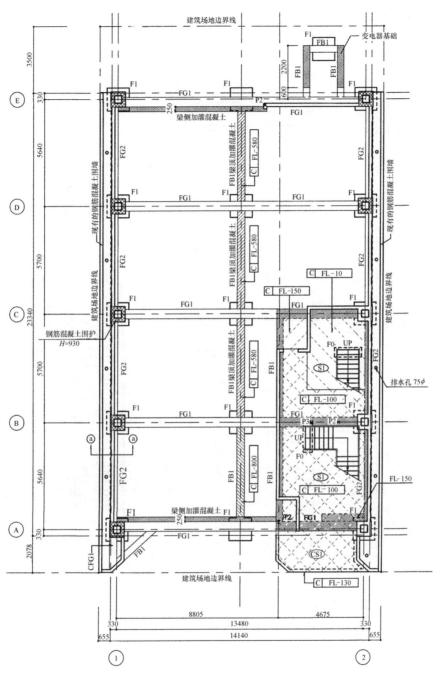

说明:
1. 基础底面位于FL-1750
2. 楼板顶面位于FL±0
3. 基础梁顶面位于FL-650
4. ( )内的数值, 表示基础楼板底面位置
5. < >内的数值, 表示基础梁顶面位置
6. ▨ 表示梁侧面加灌钢筋混凝土
7. ▨ 表示梁顶面加灌钢筋混凝土

1层平面图

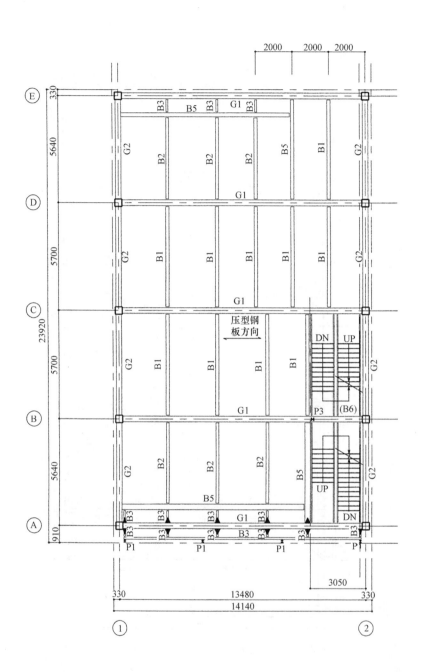

说明：
1. 楼板为 DS1
2. 楼板顶面位于 FL±0
3. 钢梁顶面位于 FL-150
4. ⟶ 表示压型钢板方向

凡例

1. | C | FL | ← 混凝土顶面位置
   | S | FL | ← 钢构件顶面位置

2. ⊒◀▶⊑ : 表示刚性连接

2 层平面图

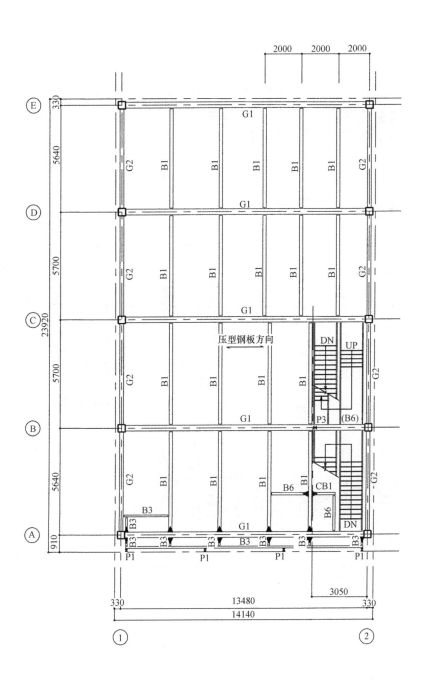

说明:
1.楼板为DS1
2.楼板顶面位于FL±0
3.钢梁顶面位于FL-150
4.——表示压型钢板方向

凡例
1. $\boxed{C|FL-}$ ←混凝土顶面位置
   $\boxed{S|FL-}$ ←钢构件顶面位置
2. ⊣⊦ :表示刚性连接

3层平面图

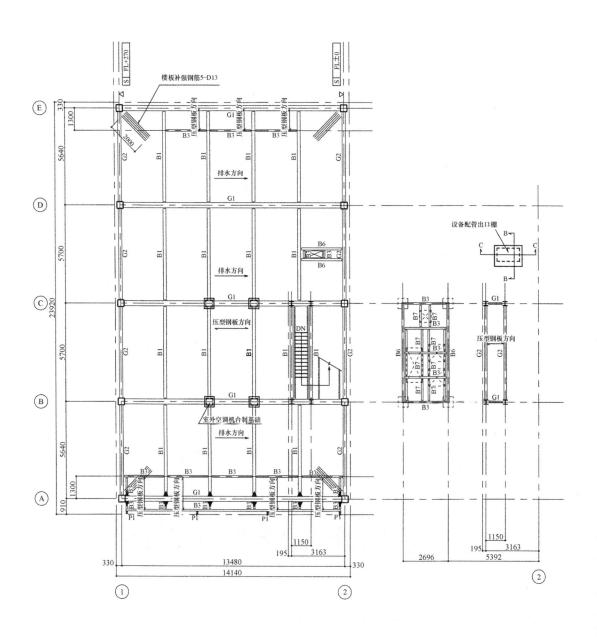

说明:
1.楼板为DS2
2.楼板顶面位于FL±0
3.钢梁顶面位于FL-150
4. ⟷ 表示压型钢板方向

说明:
1.楼板为DS2
2. ⟷ :表示压型钢板方向

凡例
1. ［C│FL─］ ← 混凝土顶面位置
　 ［S│FL─］ ← 钢构件顶面位置

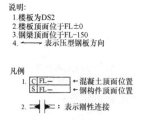

2. ⊢⊦ : 表示刚性连接

顶层平面布置图、屋突、设备台架

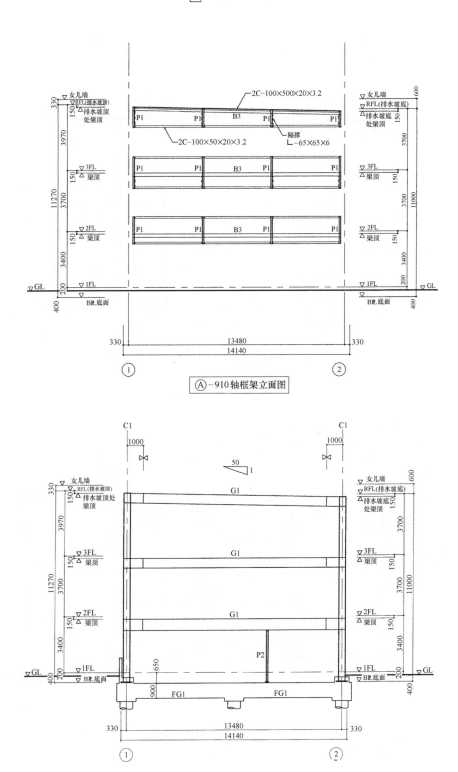

①-910轴框架立面图

②轴框架立面图

凡例　1. ⊠⊢:表示梁拼接节点位置
　　　2. ▼:表示结构缝(两面粘贴薄膜,添加止水板)

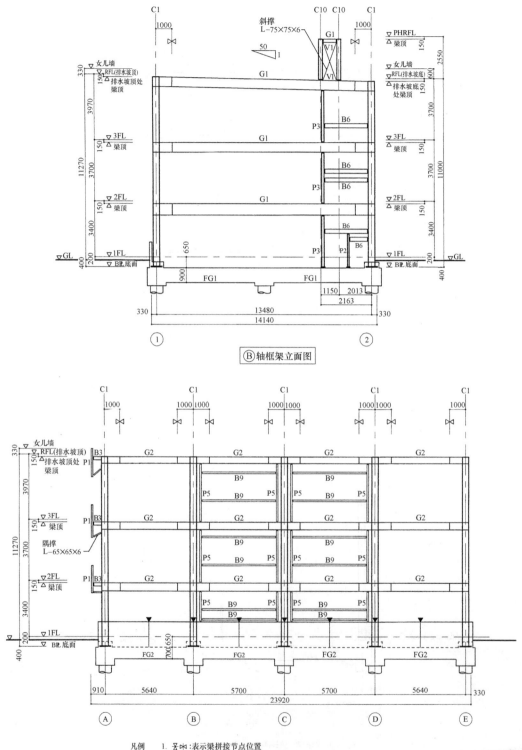

① 轴框架立面图

桩构件表		
符号	桩顶	桩底
P1	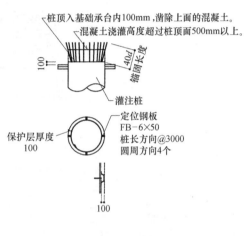800	800
纵筋	12–D22	12–D22
箍筋	D13@150	D13@300

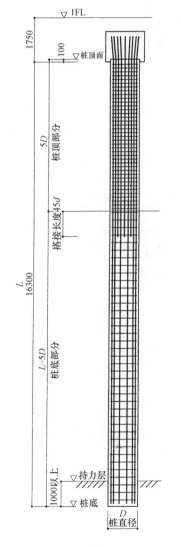

桩顶入基础承台内100mm,凿除上面的混凝土。
混凝土浇灌高度超过桩顶面500mm以上。

40d 锚固长度

灌注桩

保护层厚度
100

定位钢板
FB−6×50
桩长方向@3000
圆周方向4个

1. 采用钻孔工法的灌注桩。
2. 纵筋搭接长度为45d。该范围内用细钢丝绑扎3处以上。
3. 箍筋加工成圆形,搭接处做焊接处理。
4. 定位钢板(FB−6×50,L=400几型),在同一深度布置4个
　 以上。桩长度方向的间距为3000以下。
5. 灌注混凝土之前,要去除桩孔内沉淀淤泥,并确认不存在对
　 桩体有不良影响的淤泥。

基础承台构件表

F1

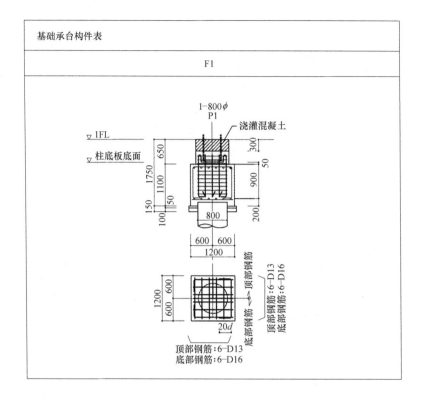

顶部钢筋:6-D13
底部钢筋:6-D16

基础梁截面图表	说明:			
	1.梁高方向架构筋为D13@1000			
符号	FG1		FG2	
位置	两端	中央	两端	中央
截面				
顶部钢筋	5-D25	3-D25	6-D25	3-D25
底部钢筋	4-D25	4-D25	4-D25	3-D25
箍筋			2-D13@100	
腰筋	2-D13			
符号	CFG1		FB1	
位置	根部	端部	全截面	
截面				
顶部钢筋	4-D25	3-D25	3-D22(注1)	
底部钢筋	3-D25	3-D25	3-D22(注1)	
箍筋			2-D13@100	
腰筋		2-D13	2-D13	

(注1)钢筋锚固长度为35d以上

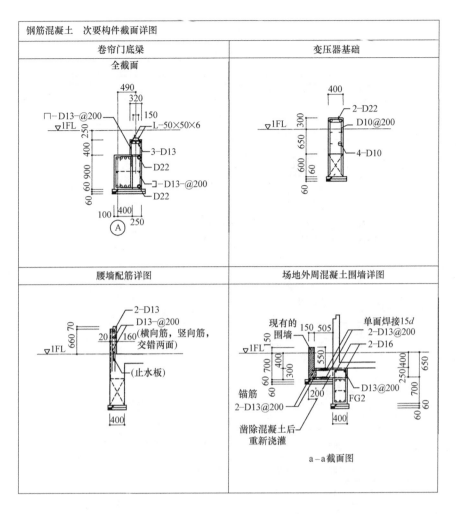

钢筋混凝土 次要构件截面详图

卷帘门底梁	变压器基础
全截面	
腰墙配筋详图	场地外周混凝土围墙详图
	a–a截面图

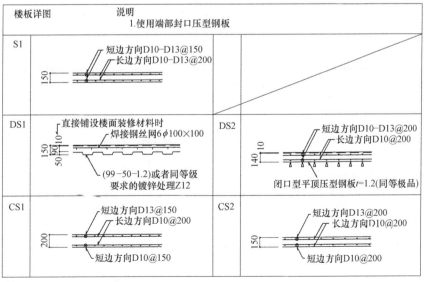

楼板详图	说明
	1.使用端部封口压型钢板
S1	
DS1	DS2
CS1	CS2

柱截面表

说明　1.使用钢材　无记号 SN400B，O记号　SN490B
　　　2.方形钢管材质为BCR295

楼层 符号	C1	C10	
R	———	H－250×250×9×14	
3	□－400×400×16	———	
2	□－400×400×16	———	
1	□－400×400×22	———	
基部			
底板	BPL－40×700×700 (SN490B)	BPL－16×300×300	
地脚螺栓	8－M30(SNR400B)	4－M20	
柱脚			
主筋	16－D25		
箍筋	□－D13－@100		

主梁截面表

说明　1.使用钢材SN400B
　　　2.梁上焊接栓钉连接件

符号	G1	G2
位置	全截面	全截面
PHR	H－200×100×5.5×8	H－300×150×6.5×9
R	H－588×300×12×20	H－400×200×8×13
3	H－588×300×12×20	H－400×200×8×13
2	H－700×300×13×24	H－488×300×11×18

次梁截面表

说明
1. 使用钢材 SN400A

符号	截面	腹板拼接连接板 高强螺栓	备 注
B1	H-350×175×7×11	PL-9 3-M20	梁上焊接栓钉连接件
B2	H-300×150×6.5×9	PL-9 3-M20	梁上焊接栓钉连接件
B3	H-200×100×5.5×8	PL-6 2-M20	A轴侧为刚性连接

符号	截面	腹板拼接连接板	备注
		高强螺栓	
B4	H-450×200×9×14	PL-12	
		4-M20	
B5	H-482×300×11×15	PL-12	梁上焊接栓钉连接件
		5-M20	
B6	H-250×125×6×9	PL-6	B1 端侧为刚性连接
		2-M20	
B7	H-100×100×6×8	PL-9	
		2-M16	
B8	L-90×90×7	PL-6	
		2-M16	
B9	L-100×100×10	PL-6	
		2-M16	
CB1	H-250×125×6×9	PL-6	B1 端侧为刚性连接
		4-M16	

墙檩柱截面表

说　明

1. 使用钢材 SN400A

符号	主材	腹板拼接连接板	柱脚底板
		高强螺栓	高强螺栓
P1	H-100×100×6×8	PL-6	—
		2-M16	—
P2	H-148×100×6×9	PL-6	B. PL-16×200×150
		2-M16	2-M16
P3	H-150×150×7×10	PL-9	B. PL-16×200×200
		2-M20	2-M16
P4	L-90×90×7	PL-9	B. PL-12×120×120
		2-M16	1-M20
P5	L-100×100×10	PL-12	B. PL-12×130×130
		2-M16	1-M20

斜撑截面表

说　明
1. 使用钢材 SN400A

符号	主材	腹板拼接连接板		备　注
		高强螺栓		
V1	L-75×75×6	G. PL-9		
		5-M16		
V2	FB-65×6	G. PL-6		
		2-M16		

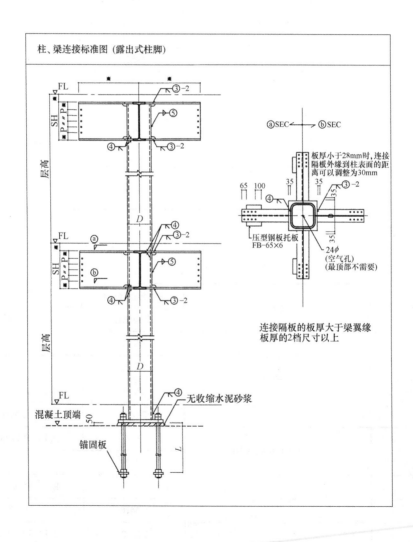

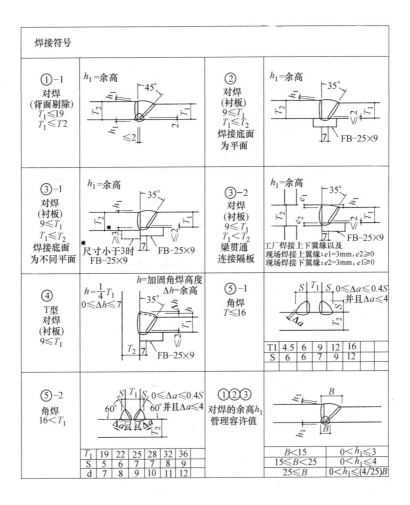

焊接符号

①-1
对焊
(背面剔除)
$T_1≤19$
$T_1≤T2$

②
对焊
(衬板)
$9≤T_1$
$T_1≤T_2$
焊接底面
为平面

③-1
对焊
(衬板)
$9≤T_1$
$T_1≤T_2$
焊接底面
为不同平面

③-2
对焊
(衬板)
$9≤T_1$
$T_1＜T_2$
梁贯通
连接隔板

④
T型
对焊
(衬板)
$9≤T_1$

⑤-1
角焊
$T≤16$

T1	4.5	6	9	12	16		
S	6	6	7	9	12		

⑤-2
角焊
$16＜T_1$

T_1	19	22	25	28	32	36
S	5	6	7	7	8	9
d	7	8	9	10	11	12

①②③
对焊的余高h_1
管理容许值

$B＜15$	$0＜h_1≤3$
$15≤B＜25$	$0＜h_1≤4$
$25≤B$	$0＜h_1≤(4/25)B$

过焊孔(工厂焊接 JASS6型号)

对应焊接编号	JASS6型号	对应焊接编号	JASS6型号
①-1	$6≤T≤19$	①-2	$19＜T≤32$
③-2			

不同梁高的梁柱接合部

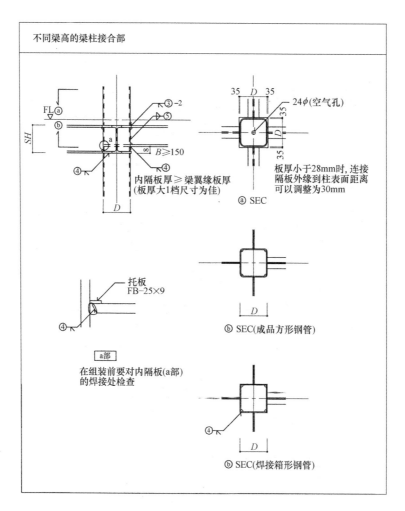

内隔板厚≥梁翼缘板厚
(板厚大1档尺寸为佳)

24φ(空气孔)

板厚小于28mm时,连接
隔板外缘到柱表面距离
可以调整为30mm

ⓐ SEC

托板
FB-25×9

a部

在组装前要对内隔板(a部)
的焊接处检查

ⓑ SEC(成品方形钢管)

ⓑ SEC(焊接箱形钢管)

主梁拼接节点表

说明
1.连接板钢材:SS400
2.高强螺栓(H.T.B):F10T

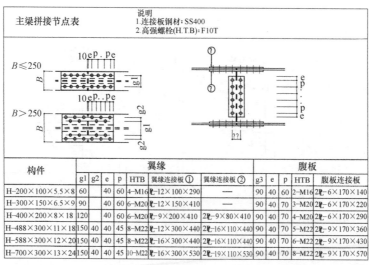

构件	翼缘							腹板				
	g1	g2	e	p	HTB	翼缘连接板①	翼缘连接板②	g3	e	p	HTB	腹板连接板
H−200×100×5.5×8	60		40	60	4-M16	℄-12×100×290	—	90	40	60	2-M16	2℄-6×170×140
H−300×150×6.5×9	90		40	60	6-M20	℄-12×150×410	—	90	40	70	3-M20	2℄-6×170×220
H−400×200×8×18	120		40	60	6-M20	℄-9×200×410	2℄-9×80×410	90	40	70	4-M20	2℄-6×170×290
H−488×300×11×18	150	40	40	45	8-M22	℄-12×300×440	2℄-16×110×440	90	40	70	5-M22	2℄-9×170×360
H−588×300×12×20	150	40	40	45	8-M22	℄-16×300×440	2℄-16×110×440	90	40	70	6-M22	2℄-9×170×430
H−700×300×13×24	150	40	40	45	10-M22	℄-16×300×530	2℄-19×110×530	90	40	70	8-M22	2℄-9×170×570

组装固定焊接要领1(方形钢管)

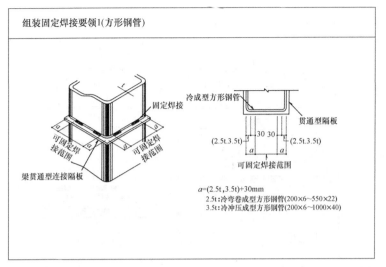

固定焊接
冷成型方形钢管
贯通型隔板
可固定焊接范围
可固定焊接范围
梁贯通型连接隔板

(2.5t.3.5t)　30　30　(2.5t.3.5t)

可固定焊接范围

a=(2.5t,3.5t)+30mm
2.5t:冷弯卷成型方形钢管(200×6~550×22)
3.5t:冷冲压成型方形钢管(200×6~1000×40)

组装固定焊接要领2(焊接衬板)

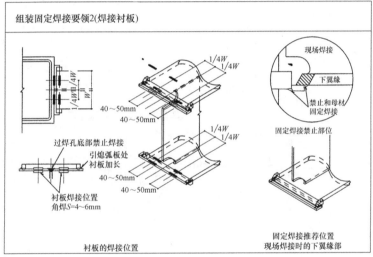

现场焊接
下翼缘
禁止和母材
固定焊接
固定焊接禁止部位

过焊孔底部禁止焊接
引熄弧板处衬板加长
衬板焊接位置
角焊S=4~6mm

衬板的焊接位置

固定焊接推荐位置
现场焊接时的下翼缘部

组装固定焊接要领3(钢制引熄弧板)

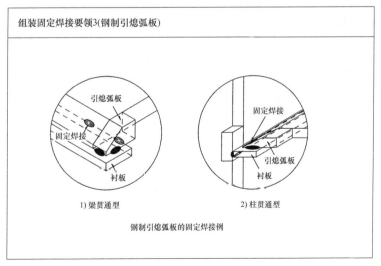

引熄弧板
固定焊接
衬板

1)梁贯通型

固定焊接
引熄弧板
衬板

2)柱贯通型

钢制引熄弧板的固定焊接例

梁开孔的加固补强

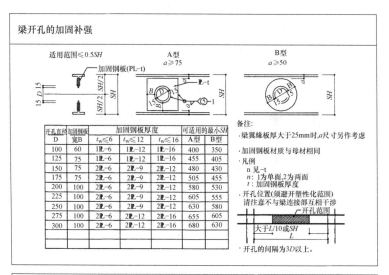

开孔直径	加固钢板	加固钢板厚度			可适用的最小SH	
D	宽B	t_w≤6	t_w≤12	t_w≤16	A型	B型
100	60	1PL-6	1PL-12	1PL-16	400	350
125	75	1PL-6	1PL-12	1PL-16	455	405
150	75	2PL-6	2PL-9	2PL-12	480	430
175	75	2PL-6	2PL-9	2PL-12	505	455
200	100	2PL-6	2PL-9	2PL-12	580	530
225	100	2PL-6	2PL-9	2PL-12	605	555
250	100	2PL-6	2PL-9	2PL-12	630	580
275	100	2PL-6	2PL-12	2PL-16	655	605
300	100	2PL-6	2PL-12	2PL-16	680	630

备注:
· 梁翼缘板厚大于25mm时,a尺寸另作考虑
· 加固钢板材质与母材相同
· 凡例
　　n 见-t
　　n: 1为单面,2为两面
　　t: 加固钢板厚度
· 开孔位置(须避开塑性化范围)
　请注意不与梁连接部互相干涉
· 开孔的间隔为3D以上。

压型钢板托板

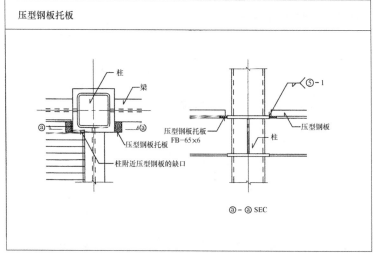

梁上的栓钉排列

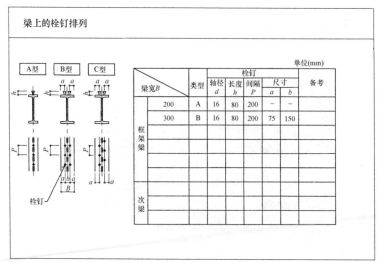

单位(mm)

梁宽B		类型	栓钉			尺寸		备考
			轴径 d	长度 h	间隔 P	a	b	
框架梁	200	A	16	80	200	—	—	
	300	B	16	80	200	75	150	
次梁								

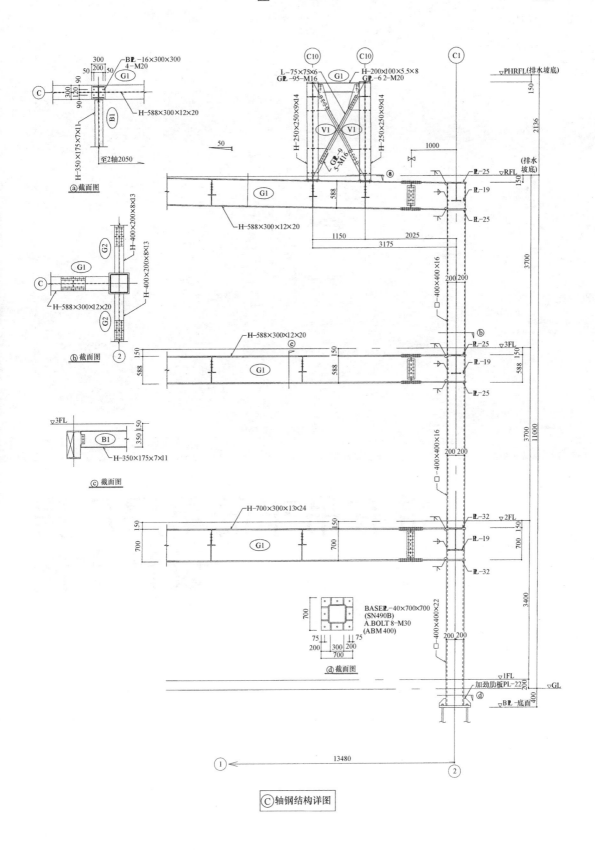

ⓐ 截面图

ⓑ 截面图

ⓒ 截面图

ⓓ 截面图

Ⓒ 轴钢结构详图

第 3 章

带有吊车的单层厂房
设计实例

A 建筑物概要

近来，随着"一贯式计算程序"的发展，用手算进行结构设计的机会大大减少。但本例不适合用一般的计算程序进行计算，却正是理解钢结构设计基本问题的极好例子。本例

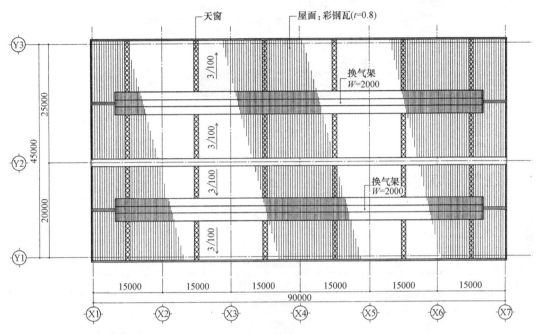

图 3.1 屋面平面图

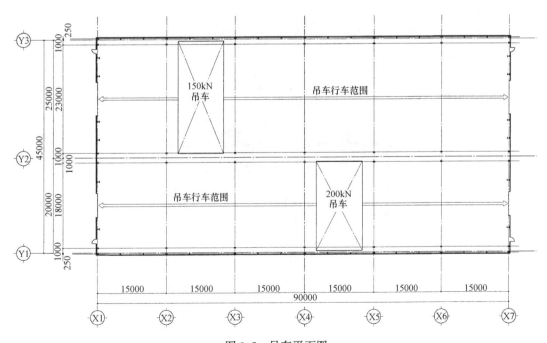

图 3.2 吊车平面图

将从带有吊车建筑物的特殊性着手展开叙述。

本例为平面尺寸 90m×45m 的单层钢结构厂房（图 3.1～图 3.5）。外墙为波形彩钢板，屋面为彩钢瓦，室内地面为地基直接承载 RC 楼板。

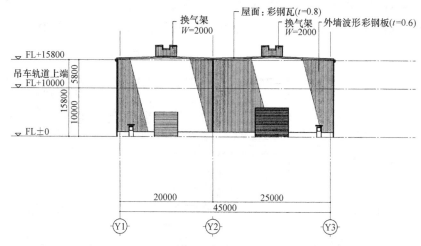

图 3.3　东立面图

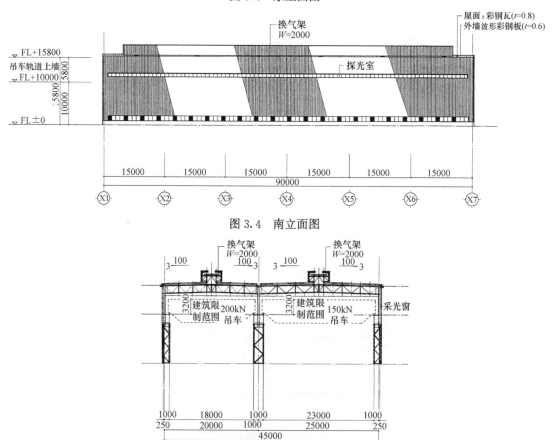

图 3.4　南立面图

图 3.5　剖面图

由于吊车的缘故，吊车梁以下的柱（称为下柱）是以 H 型钢为柱肢、角钢为腹杆的格构式柱，而吊车梁以上的柱（称为上柱）是 H 型钢的实腹式柱。由于厂房横向跨度较大，屋面横向结构采用以 T 形钢为弦杆，角钢为腹杆的桁架。

B 结 构 方 案

1. 结构形式的确定

一般来说，厂房在横向需要较大的空间，所以无法设置斜撑。纵向柱列方向则有可能设置斜撑。因此，本结构方案是：横向跨度方向采用可以形成大空间的框架结构形式，而纵向柱列方向采用较经济的斜撑结构形式。

2. 纵向跨度的确定

确定纵向柱距的关键，是在不影响生产操作的基础上，选出最经济的设计方案。如表3.1 所示，分别假定 7.5m、10m、15m 的柱距来比较用钢量，以确保经济性。建筑用钢量虽然随着柱距的增大而增加，但是相差不大。考虑到本建筑物的建设场地是软弱地基，减少基础费用对节省造价的效果更大，所以纵向柱距定为 15m。

纵向柱距的经济性比较 表 3.1

纵向柱距(m)	7.5	10	15
主框架用钢量(kg/m²)	50	42	30
非主要构件用钢量(kg/m²)	20	25	35
檩条用钢量(kg/m²)	13	15	15
吊车梁用钢量(kg/m²)	20	25	30
合计(kg/m²)	103	107	110
基础费用	大	中	小
综合判断	△	○	◎

3. 计算方法的确定

本建筑物的荷载组合比较复杂，不能简单地断定各部位的截面尺寸是由什么荷载所决定。因此，要对恒荷载、活荷载、吊车荷载、地震作用、风荷载、雪荷载等的组合工况一一校核验算，以确定构件截面设计的最不利荷载工况。

由于屋面没有充足的刚度，刚性楼板假定不能成立，因此对单榀框架进行结构分析。

本建筑的荷载组合较多，又采用了无法直接用"一贯式计算程序"进行结构计算的格构柱和桁架，因此内力分析用通用程序进行计算，截面设计采用手算。为了提高效率，实际的截面设计借助表格计算软件完成。

$\boxed{\text{C}}$ 结构计算书

1. 一般事项

1.1 建筑物概要

（1）项目名称   ○○工厂新建工程

（2）所在地   ○○省○○市

（3）规模   最高高度 16.375m，基底面积 4162.2m²

（4）用途   工厂

（5）结构概要

• 主体结构   钢结构

• 屋面   彩钢瓦 $t=0.8$

• 地面   地基直接承载 RC 楼板

• 墙   波形彩钢板 $t=0.6$

• 基础   预制混凝土桩（扩底工法）

（6）结构概要

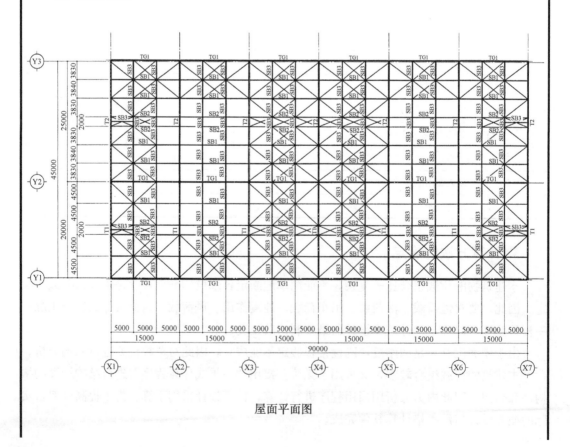

屋面平面图

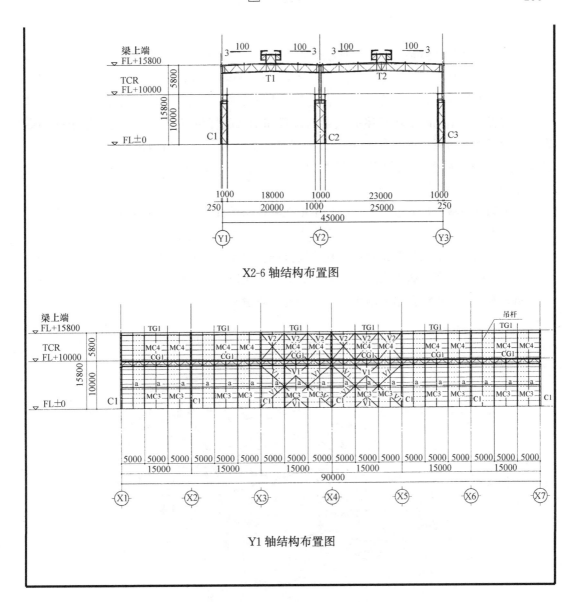

X2-6 轴结构布置图

Y1 轴结构布置图

[解说]

建筑物概要是计算书开头记述的项目的最基本的部分,也是设计者最先要知道的内容。它包括建设地点、用途、工程类别、规模、结构概要等。这些都是此后确定荷载条件(恒荷载,地震作用,风荷载,雪荷载)的根本依据。另外,还需要包括具有代表性的平面图、剖面图。

对于本例的单层钢结构的设计,预先做出结构布置、考虑好檩柱、屋顶次梁的位置是很重要的,以下将叙述本例的结构布置过程。

一般来说,单层厂房横向跨度由用途来决定,纵向限制较少,可以采用经济柱距。本例采用了 15m 的纵向柱距,如前所述,本建筑物所在地的地基条件不好,基础数量多就意味着更高的造价,而且考虑到本建筑物内部流通的方便,采用了较大的纵向柱距。但吊车起重量较大时,吊车梁占建筑总用钢量的比例会增加,这时较大的纵向柱距常常不经济。

另外，檩柱的间距是决定纵向柱距的重要因素。考虑到檩条的经济性，檩柱的间距为4～5m，纵向柱距是它的2倍或3倍。本例的檩柱间距是5m，纵向柱距是檩柱间距的3倍。采用奇数倍时不利于布置屋面水平支撑和柱间斜撑，采用偶数倍比较妥当。

在布置屋面结构时要注意屋面次梁的位置和桁架腹杆位置的关系。先假设桁架的高度，接着考虑屋面板材的可能跨度以及桁架弦杆的计算长度，再假设腹杆角度为45°～60°，就可以确定屋面次梁的间距。除此之外，还需要考虑桁架下弦的计算长度、屋面水平支撑的布置、山墙檩柱的间距。

为了确切地将檩柱的水平力传递到主桁架和柱间垂直支撑上，在侧墙和山墙周围需要布置屋面水平支撑。另外，在有柱间垂直支撑的跨间内最好也布置屋面水平支撑。

本设计例所示的大跨度钢结构，在跨度方向上常常不能设置基础梁。在这种情况下，需要依靠基础的抗弯承载力来承担柱脚上的弯矩，在设计上对此必须注意。

图3.6显示屋顶设置吊车的钢结构厂房的一般情况。

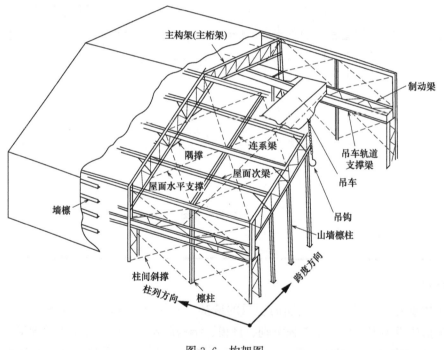

图3.6　构架图

1.2　设计方针

（1）设计所依据的规范、规程等
- 建筑结构技术基准解说书（日本建筑中心，2015年）；
- 钢筋混凝土结构计算规范（日本建筑学会，2010年）；
- 钢结构设计规范·容许应力设计法（日本建筑学会，2005年）；
- 建筑基础结构设计指针（日本建筑学会，2001年）；

- 建筑抗震设计的保有水平耐力和变形性能（日本建筑学会，1990 年）；
- 钢结构屈曲设计指针（日本建筑学会，2018 年）。

（2）荷载及外力

（a）恒荷载　　另外计算

（b）活荷载　　另外计算

（c）设备荷载　换气架

（d）特殊荷载　吊车荷载

（e）温度荷载　有·⑪

（f）地震作用　根据建筑基准法（令第 88 条第 1 号～第 3 号）

（g）风荷载　　地表面粗糙度分区　Ⅲ

　　　　　　　　基准风速　$V_0 = 36.0 \text{m/s}$

　　　　　　　　基本风压　$q = 0.6EV_0^2$

（h）雪荷载　　□多雪地区　　■一般地区

　　　　　　　　单位积雪厚度　30cm　　　　设计用雪荷载　长期　0N/m^2

　　　　　　　　单位重量　　$20 \text{N/(m}^2 \cdot \text{cm})$　　　　　　　短期　600N/m^2

　　　　　　　　　　　　　　　　　　　　　　　　　　　　（地震时 0N/m^2）

（3）上部结构

（a）结构类型　　钢结构

（b）结构形式　　跨度方向是框架结构，柱列方向是斜撑结构

（c）内力分析　　平面框架分析

　　　　　　　　计算模型范围　　　　　上部结构

　　　　　　　　框架模型　　　　　　　平面框架

　　　　　　　　轴向变形的考虑　　　　有

　　　　　　　　剪切变形的考虑　　　　无

　　　　　　　　柱脚假定　　　　　　　固定

（d）截面验算（容许应力设计法）

- 内力组合

长期　$G+CL$

短期　$G+S+CL$，$G \pm K+CL$，$G \pm W$

G：恒荷载，S：雪荷载，K：地震作用，W：风荷载，CL：吊车荷载

（e）刚度确认　　楼面、梁的变形计算：有

　　　　　　　　楼面、梁的振动计算：无

（f）韧性确认　　刚度比的验算：无

（g）扭转　　　　偏心率的验算：无

（h）特殊构造　　无

（i）钢材被覆　　防火保护　无

（j）其他的设计上需要考虑事项

本建筑物的屋顶平面刚度较小，刚性楼面假定不成立，所以使用平面框架分析，跨间荷载由各自框架负担。关于吊车的部分，从吊车操作方面考虑，以最不利工况进行设计。

在横向，基础梁仅布置在山墙处，所以，柱脚横向弯矩由基础承担。

（4）钢结构建筑物的二次设计路径

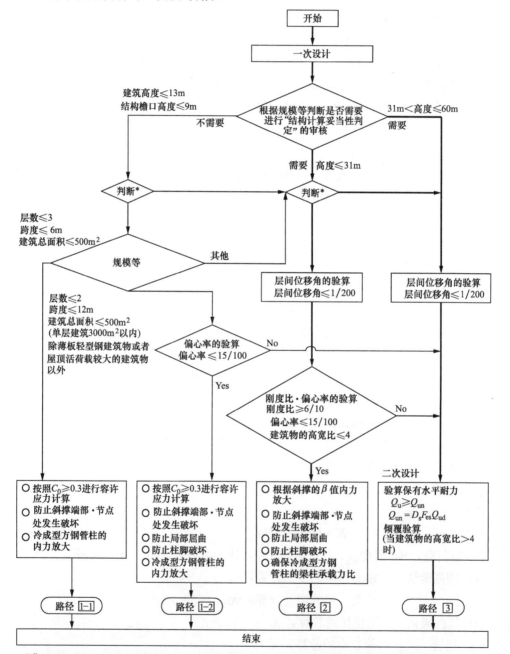

*"判断"是指设计人员根据设计方针进行的判断。例如：虽然是建筑高度31m以下的建筑，经过判断可以选择更加详细的验算方法路径③来进行设计。

[出处：2015年版建筑结构技术基准解说书]

[解说]

首先，对使用的规范、规程等进行整理。另外，对各个地方政府颁布的结构指针也要确认（要注意的是，有的地方行政部门没有独自的结构指南，需要参照别的地方行政部门颁布的结构指南）。

对于荷载，需要记录基本条件。

另外，要明确记录在设计上考虑到的问题、设计思路、计算方法等。

本例可以用路径 ② 设计，但由于采用了格构柱和桁架梁，使得满足防止屈曲的横向支撑变得非常困难或者不经济，因此采用验算保有水平耐力的路径 ③ 进行设计。

1.3　使用材料以及材料的容许应力

（1）混凝土容许应力

（单位：N/mm²）

使用	种类	F_c	长期		短期		备注
			压缩	剪切	压缩	剪切	
●	普通混凝土	21	7.0	0.70	14.0	1.05	

（2）混凝土对钢材的握裹容许应力

（单位：N/mm²）

使用	F_c	带肋钢筋				型钢、钢板		备注
		长期		短期		长期	短期	
		上端筋	其他	上端筋	其他			
●	21	1.4	2.1	2.1	3.15	0.42	0.63	

（3）钢筋的容许应力

（单位：N/mm²）

使用	钢筋种类	长期		短期		备注
		抗拉、抗压	抗剪	抗拉、抗压	抗剪	
●	SD295	195	195	295	295	D16 以下
●	SD345	215	195	345	345	D19 以上 D25 以下
		195	195	345	345	D29 以上

（4）钢材的容许应力

（单位：N/mm²）

使用	材料	板厚 (mm)	长期				短期			
			抗压	抗拉	抗弯	抗剪	抗压	抗拉	抗弯	抗剪
●	SS400，SM400，SN400 STK400，STKR400	$t \leqslant 40$	156	156	156	90	235	235	235	135
		$t > 40$	143	143	143	82	215	215	215	124

（5）高强螺栓的容许承载力

（单位：kN/个）

使用	高强螺栓的种类	公称直径	长期			短期
			抗剪		抗压	
			1面摩擦	2面摩擦		
●		M16	30.2	60.3	62.3	
●	F10T（S10T）	M20	47.1	94.2	97.4	长期的1.5倍
		M22	57.0	114.0	118.0	

1.4　基础

（1）桩的容许承载力

• 桩端深度：GL-48.5m

持力层土质：砂砾（设计采用 N 值：50）

• 负摩擦力的计算　　有·⊗无

桩直径	长期容许承载力	短期容许承载力
500mmφ	900kN	1800kN

（2）偏心　　　　　有·⊗无

（3）水平力的处理　　○基础底面摩擦力　○侧面土压力　●桩的水平剪力
深埋基础的水平力折减　有·⊗无

（4）砂土液化　　　有·⊗无

（5）浮力　　　　　有·⊗无

（6）拉力　　　　　有·⊗无

（7）相邻建筑　　对相邻建筑的考虑　有·⊗无

［解说］

要记录所采用的基础形式、持力层的深度和土质。本例采用预制桩，对桩直径和容许
承载力进行记载。

2. 荷载整理

2.1　恒荷载的整理

（1）屋顶

彩钢瓦　$t=0.8$

次梁、斜撑

主梁

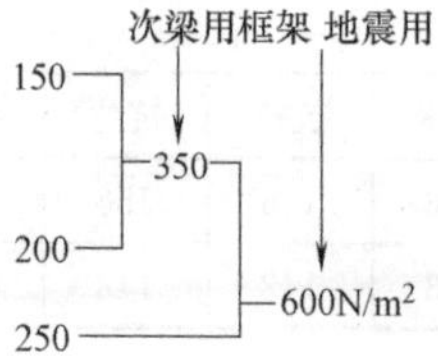

（2）外墙

波形彩钢板　t＝0.6　　100 ┐
　　　　　　　　　　　　　　　├400N/m²
墙檩、檩柱等　　　　　　　300 ┘

（3）柱　　3000N/m（吊车梁以下部分）

　　　　　1500N/m（吊车梁以上部分）

（4）换气架　　3000N/m

换气架是为换气而在屋脊部设置的，如右图所示。

换气架

（5）吊车梁　　3000N/m

2.2　活荷载的整理

屋面、次梁用	架构用	地震用
300N/m²	0	0

[解说]

　　整理恒荷载时，把次梁、框架梁、檩柱等的构件自重荷载一起整理的话，使用起来会比较方便。柱子在吊车梁以上部分和以下部分截面不同，需要分别计算自重。若使用"一贯计算程序"的话，各构件的重量是由电脑自动计算，没有问题。但本建筑物的设计没有使用"一贯计算程序"，所以必须考虑。

　　本建筑物采用彩钢瓦屋面，活荷载只考虑维修时的荷载状态，计算屋面次梁时的活荷载采用300N/m²，架构计算时和地震计算时的活荷载为0N/m²。设计者应根据建筑物的规模以及使用条件，对这类荷载的取值做出适当的判断。

2.3　地震作用的计算

地上部分的地震力由下式计算：

$$Q_i = C_i \cdot W_i$$
$$C_i = Z \cdot R_t \cdot A_i \cdot C_o$$
$$W_i = \sum w_i$$
$$T = H(0.02 + 0.01\alpha)$$

式中　Q_i——第 i 层的地震剪力；

　　　C_i——第 i 层的层间地震剪力系数；

　　　W_i——第 i 层以上的重量；

　　　Z——地震地区系数＝1.0；

　　　R_t——振动特性系数；

　　　T——结构设计用自振周期（s）。

●	$R_t = 1.0$	$T < T_c$ 时
	$R_t = 1 - 0.2(T/T_c - 1)^2$	$T_c < T < 2T_c$ 时
	$R_t = 1.6 T_c / T$	$2T_c \leqslant T$ 时

H——建筑物的高度，坡屋面时，高度可取檐口高度与屋脊高的平均值；

α——钢结构部分的高度占建筑物整体高度的比例（$=1.0$）；

T_{c}——根据建筑物的场地土种类，按下表取值；

A_i——地震力在高度方向上的分布系数；

C_0——标准地震剪力系数（$=0.20$）。

	场地种类	T_c	场地的状态	场地的卓越周期
	第1类场地	0.4s	岩石层、硬质砂砾层以及其他主要是第三纪以前的地层所构成的场地土	0.2s 以下
●	第2类场地	0.6s	介于第1类场地与第3类场地之间的场地土	大于 0.2s，0.75s 以下
	第3类场地	0.8s	大多数为淤泥、淤泥质土或类似的土质的冲积层（包括回填土）且厚度大约在30m以上。30年内在沼泽、淤泥上填土超过3m的场地	大于 0.75s

$$A_i = 1 + \left(\frac{1}{\sqrt{\alpha_i}} - \alpha_i\right)\left(\frac{2T}{1+3T}\right)$$

式中 T——建筑物的结构设计用自振周期（s）；

α_i——i 层所支承的荷重与总荷重之比。

[解说]

作为大跨度单层钢结构房屋，构件截面很少是由地震力决定的。但是，有些构件截面有时是由地震力决定的，需予以留意。

地震力的计算和一般建筑物相同，由层重量和 A_i 分布进行计算。有吊车的情况下，即使是单层建筑物也多以吊车梁位置和屋顶为层面按两层进行计算（图3.7）。当然，由于是1层建筑，在计算地震力时也可以不考虑 A_i 分布。另外，由于刚性楼板假设不成立，各柱列的地震力需分别计算。

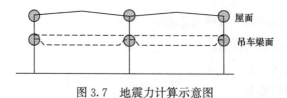

图 3.7 地震力计算示意图

2.4 风荷载的计算

（1）风压

• 标准风速 $V_0 = 36\mathrm{m/s}$

- 地表面粗糙度 Ⅲ
- 建筑物高度
  最高高度　$GL+16.375\text{m}$
  檐口高度　$GL+16.0\text{m}$
  平均高度　$H=16.2\text{m}$

根据地表面粗糙度

$$Z_b=5\text{m} \quad Z_c=450\text{m} \quad \alpha=0.20$$

$$H'=16.2\text{m} \ (H'=\max(H, Z_b))$$

- 风压高度分布系数 E_r

$$E_r=1.7\times(H'/Z_G)^\alpha=0.874$$

- 风压高度变化系数 G_f 的计算

$$G_f=2.5-(2.5-2.1)\times(16.2-10)/(40-10)=2.42$$

- E 的计算

$$E=E_r{}^2 \cdot G_f=1.85$$

- 基本风压的计算

$$q=0.60E \cdot V_0{}^2=1439\rightarrow1500\text{N/m}^2$$

(2) 风荷载体型系数

风荷载体型系数 C_f 按下式计算

$$C_f=C_{pe}-C_{pi}$$

式中　C_{pe}——封闭式或开放式建筑物的外压系数，风的屋外垂直压力方向为正；

　　　C_{pi}——封闭式或开放式建筑物的内压系数，风的屋内垂直压力方向为正。

屋面坡度是 $3/100$（$1.7°$）。

- 横向风力系数：

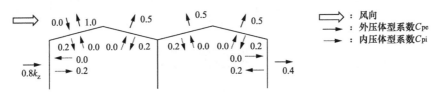

- 纵向柱列方向的风力系数：

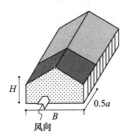

（注）a 取 $2B$ 和 $2H$ 中的较小值。

山墙附近 0.5a 范围的风荷载体型系数

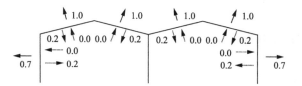

山墙以外的风荷载体型系数

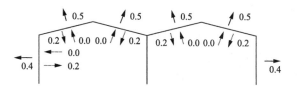

[解说]

在大跨度钢结构单层建筑中，风荷载决定着很多构件的设计。如墙檩、墙柱、水平梁等，在考虑风荷载的时候，要注意正压和负压时的构件约束条件是不一样的。承受外墙的墙柱和屋面次梁受正压时，墙檩对受压翼缘有约束，而负压时就没有这种约束（图 3.8）。

但是，需要注意，墙柱截面较大的时候，只靠墙檩的侧向约束有时是不足的。

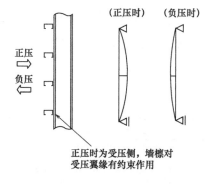

图 3.8　风作用时的弯矩

确定风荷载体型系数时，应该依据建筑物的形状，从告示的图表中选择最合适的风荷载体型系数值。建筑物形状复杂，没有特别的资料时，可以从告示的图表里的相似形状中，选择不利的数值进行设计。另外，根据使用工况，有时采用开放式风荷载体型系数比采用封闭的风荷载体型系数更合理。

2.5　雪荷载的计算

- 单位积雪量　　30cm
- 单位重量　　20N/(m² · cm)

- 雪荷载   长期 $0N/m^2$

                       短期 $600N/m^2$

                       （地震时）$0N/m^2$

[解说]

在多雪地区，大跨度屋面桁架和屋面次梁的截面多由雪荷载决定。另外，要考虑由于建筑物的朝向、屋面形状而导致的积雪偏载。例如，如图 3.9 所示的由风引起的局部积雪情况，就有必要调整增加雪荷载。

对类似本设计例的大跨度、屋面坡度较小、屋顶荷载较轻的建筑，需要考虑 2018 年颁布的修订告示中的积雪荷载放大系数。在设计本设计例当时还无需考虑该系数，若要考虑的话，该放大系数应为 1.14。

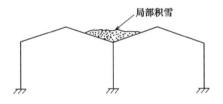

图 3.9   局部积雪

2.6 吊车荷载的计算

（1）轮压和前后轮距

P_{max}——满载吊车偏于一侧时，在该侧产生的轮压（最大轮压）；

P_{min}——满载吊车偏于一侧时，在另一侧产生的轮压（最小轮压）；

P_{emp}——空载且吊车位于跨中时的轮压。

- 200kN 吊车（Y1-Y2 间）   • 轮压

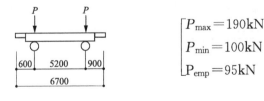

$\begin{cases} P_{max}=190kN \\ P_{min}=100kN \\ P_{emp}=95kN \end{cases}$

- 150kN 吊车（Y2-Y3 间）   • 轮压

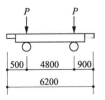

$\begin{cases} P_{max}=180kN \\ P_{min}=100kN \\ P_{emp}=100kN \end{cases}$

（2）动力系数

竖直方向：1.20（对所有车轮）

水平方向：横向　　0.10（对所有车轮）

　　　　　纵向　　0.15（对制动轮）

（3）吊车荷载

（a）吊车梁设计用

• 200kN 吊车（Y1-Y2 间）

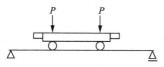

竖直方向　　　　　　$P=1.20×190=228kN$

水平方向（横向）　　$P=0.10×190=19.0kN$

　　　　（纵向）　　$P=0.15×190=28.5kN$

• 150kN 吊车（Y2-Y3 间）

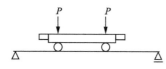

竖直方向　　　　　　$P=1.20×180=216kN$

水平方向（横向）　　$P=0.10×180=18.0kN$

　　　　（纵向）　　$P=0.15×180=27.0kN$

（b）框架设计用

［长期］

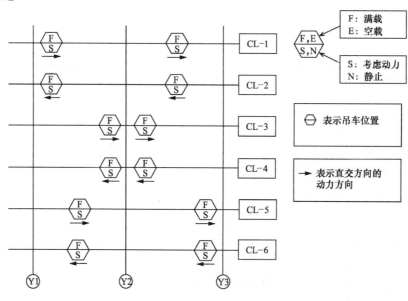

［地震时］

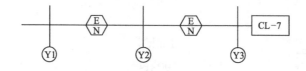

［风作用时］

本设计在风荷载作用时，不与吊车荷载组合，但有时要根据工厂的运行情况来判断。

[雪作用时]

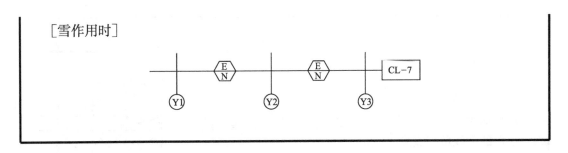

[解说]

吊车的荷载条件以吊车生产商提供的资料为主，但在设计阶段经常有吊车生产商还未决定的情况，这时可参照《钢结构设计规范》附录中关于吊车的规定，但是，吊车的具体规格确定后，还需要进行最终确认。

吊车轮压随着荷载状态（空载，满载）和小车位置而变化，经常使用的轮压是满载且小车位于一侧时产生的最大和最小轮压，空载且小车位于跨中时产生的轮压等。

在吊车吊起重物行走、停止时，要分别考虑在竖向、纵向、横向上的动力系数。一般的软钩吊车多数采用本例所用的动力系数，需要注意的是，如果使用硬钩吊车的话，动力系数变得更大。

吊车荷载条件分为吊车梁设计用和框架设计用。

吊车梁设计时吊车梁假定为一个简支梁，因此只要对最大轮压进行设计。但是在同一个吊车梁上有多个吊车的话，要考虑它们相邻时的状态。（图 3.10）

设计框架时，若建筑物为连跨，须考虑多种荷载工况。长期荷载时，要考虑各柱的轴力最大时的工况。图 3.11 表示 CL-3 的吊车荷载条件，在这种工况下，中轴的右侧柱轴力最大。

在本设计例中所称呼的吊车梁有时包括轨道支承梁和制动梁，有时只指轨道支承梁。本设计例遵循一般吊车的称呼。

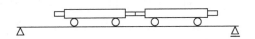

图 3.10 同一吊车梁有多台吊车时的荷载条件

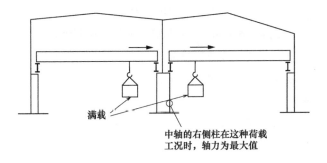

图 3.11 CL-3 的吊车荷载条件

3. 二次构件的设计

3.1 次梁的设计

屋面次梁 SB1 的设计

SB1 的荷载负担宽度 4.5m

荷载条件

恒荷载 DL：0.35kN/m²

活荷载 LL：0.30kN/m²

雪荷载 SL：0.60kN/m²（短期）

风荷载 WL：$0.2×1.50=0.30$kN/m²

（短期：正压）

风荷载 WL：$-0.1×1.50=-1.50$kN/m²

（短期：负压）

长期荷载：$G+P$ 0.65kN/m²（DL+LL）

短期荷载：$G+P+S$ 1.25kN/m²（DL+LL+SL）

短期荷载：$G+W$ -1.15kN/m²（DL+WL 负压）

在正负弯矩情况下，SB1 的约束条件是相同的。所以，最大内力组合是短期雪荷载组合。在计算荷重时，屋面坡度仅为 3/100，影响较小，所以不考虑坡度的影响，荷载仅为单纯的叠加。

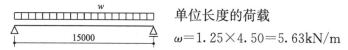

单位长度的荷载

$\omega=1.25×4.50=5.63$kN/m

- 设计内力

$$(G+P+W)\begin{cases}M=1/8×5.63×15.0^2=158.3\text{kN·m}\\Q=1/2×5.63×15.0=42.2\text{kN}\end{cases}$$

- 使用构件 H-450×200×9×14

$I_x=3.29×10^8\text{mm}^4$ $Z_x=1.46×10^6\text{mm}^3$ $C=1.0$ $l_b=5000\text{mm}$

$i_b=52.3\text{mm}$ $\lambda_b=96$

$_Lf_b=89000/(l_b×h/A_f)=110.8\text{N/mm}^2$

$_sf_b=1.5×110.8=166.2\text{N/mm}^2$

$_s\sigma_b=158.3×10^6/(1.46×10^6)=108.4\text{N/mm}^2$

- 弯曲应力的验算

$_s\sigma_b/_sf_b=108.4/166.2=0.65<1.0$ OK

- 变形的验算

$\delta=5×5.63×15000^4/(384×2.05×10^5×3.29×10^8)=55.0\text{mm}=1/273<1/200$ OK

[解说]

次梁按简支梁进行设计。当主梁是桁架梁时，次梁可兼作主梁的侧向屈曲约束构件，如图 3.12 所示。在这种情况下，次梁截面变小，比较经济。但要注意隔撑会有较大轴力，特别是在下列情况：

- 相邻跨的跨度不同时；
- 雪荷载和风荷载引起偏载时；
- 山墙面桁架与檩柱的连接方式为铰接时，如图 3.13 所示。

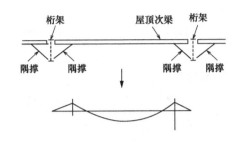

图 3.12 弯矩的状态

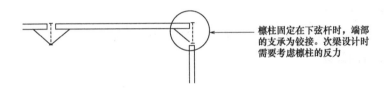

图 3.13 端部条件为铰接时

3.2 檩柱的设计

檩柱 MC3 的设计

檩柱的荷载负担宽度 5m

荷载条件

$$WL：1.0×1.50$$
$$=1.50kN/m^2$$
（短期：正压）

$$WL：-0.7×1.50$$
$$=-1.05kN/m^2$$
（短期：负压）

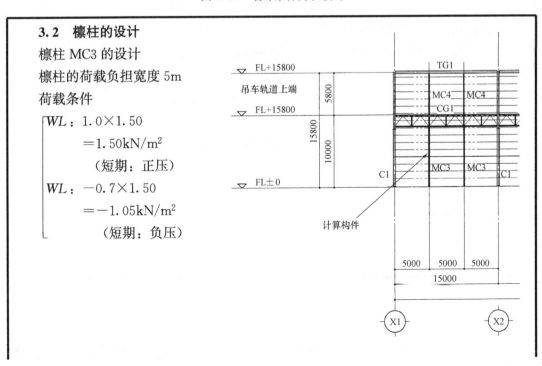

MC3 的约束条件是正压时，墙檩对于外侧翼缘有约束作用，所以抗弯容许应力 $f_b = f_t$，而在负压时要考虑构件的横向稳定。是哪个荷载条件起决定作用不能一概而论，所以对正压和负压都要计算。

单位长度的荷载

$$q = 1.50 \times 5.0 = 7.50 \text{kN/m}（正压）$$
$$q = -1.05 \times 5.0 = -5.25 \text{kN/m}（负压）$$

（1）正压时的验算

• 设计内力

$$(G+W) \begin{cases} M = 1/8 \times 7.50 \times 8.9^2 = 74.3 \text{kN} \cdot \text{m} \\ Q = 1/2 \times 7.50 \times 8.9 = 33.4 \text{kN} \end{cases}$$

• 使用构件　H-300×150×6.5×9

$$I_x = 7.21 \times 10^7 \text{mm}^4 \quad Z_x = 4.81 \times 10^5 \text{mm}^3 \quad {}_s f_b = 235 \text{N/mm}^2$$
$${}_s \sigma_b = 74.3 \times 10^6 / (4.81 \times 10^5) = 154.5 \text{N/mm}^2$$

• 弯曲应力的验算

$${}_s \sigma_b / {}_s f_b = 154.5/235 = 0.66 < 1.0 \quad \text{OK}$$

• 变形的验算

$$\delta = 5 \times 7.50 \times 8900^4 / (384 \times 2.05 \times 10^5 \times 7.21 \times 10^7) = 41.5 \text{mm} = 1/214 < 1/200 \quad \text{OK}$$

（2）负压时的验算

• 设计内力

$$(G-W) \begin{cases} M = 1/8 \times 5.25 \times 8.9^2 = 52.0 \text{kN} \cdot \text{m} \\ Q = 1/2 \times 5.25 \times 8.9 = 23.4 \text{kN} \end{cases}$$

• 使用构件　H-300×150×6.5×9

$$I_x = 7.21 \times 10^7 \text{mm}^4 \quad Z_x = 4.81 \times 10^5 \text{mm}^3 \quad C = 1.0 \quad l_b = 4450 \text{mm}$$
$$i_b = 38.7 \text{mm} \quad \lambda_b = 115$$
$${}_L f_b = 89000 / (l_b \cdot h / A_f) = 90.0 \text{N/mm}^2$$
$${}_s f_b = 1.5 \times 90.0 = 135.0 \text{N/mm}^2$$
$${}_s \sigma_b = 52.0 \times 10^6 / (4.81 \times 10^5) = 108.1 \text{N/mm}^2$$

• 弯曲应力的验算

$${}_s \sigma_b / {}_s f_b = 108.1/135.0 = 0.80 < 1.0 \quad \text{OK}$$

• 变形的验算

$$\delta = 5 \times 5.25 \times 8900^4 / (384 \times 2.05 \times 10^5 \times 7.21 \times 10^7) = 29.0 \text{mm} = 1/307 < 1/200 \quad \text{OK}$$

[解说]

檩柱的设计，一般忽略轴力的影响，轴力较大时要适当考虑。

纵墙的檩柱有时会受到吊车梁变形和基础下沉的影响，产生不可预测的轴力。为避免这种影响，柱脚部可做成上下可移动（图3.14）的螺孔。如本例这样的结构，要注意将山墙的檩柱布置在屋面次梁的位置上。如果檩柱跟次梁的位置错开，在风荷载作用下主桁架的弱轴方向会产生附加弯矩。另外，为了将檩柱传来的力传递到主框架和斜撑上，在建筑物屋面的外周需要布置水平斜撑。

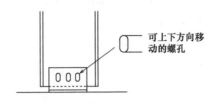

图 3.14   檩柱柱脚部

3.3   水平梁的设计
本例中，吊车制动桁架梁兼作抗风梁，详细设计将在后面叙述。

3.4   墙檩的设计
墙檩的间距900mm，作为两跨连续梁进行设计。另外，在跨中（2500mm间距）的竖向上设置吊杆。

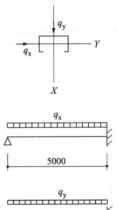

荷载条件
$$\begin{bmatrix} WL：1.0\times1.50=1.50\text{kN/m}^2 \text{（短期风压时）} \\ DL：0.4\text{kNm}^2 \text{（自重）} \end{bmatrix}$$

单位长度荷载
$$q_x=1.50\times0.90=1.35\text{kN/m （水平方向）}$$
$$q_y=0.40\times0.90=0.36\text{kN/m （竖直方向）}$$

- 设计内力
$$\begin{bmatrix} M_x=1/8\times1.35\times5.0^2=4.22\text{kN·m} \\ M_y=1/12\times0.36\times2.5^2=0.188\text{kN·m} \end{bmatrix}$$

- 使用构件   C-100×50×20×3.2
$$I_x=1.07\times10^6\text{mm}^4 \quad I_y=2.45\times10^5\text{mm}^4 \quad Z_x=2.13\times10^4\text{mm}^3$$
$$Z_y=7.81\times10^3\text{mm}^3$$
$$_sf_b=235\text{N/mm}^2$$
$$_s\sigma_{bx}=4.22\times10^6/(2.13\times10^4)=198.1\text{N/mm}^2$$
$$_s\sigma_{by}=0.188\times10^6/(7.81\times10^3)=24.1\text{N/mm}^2$$

- 弯曲应力的验算
$$_s\sigma_{bx}/_sf_b+_s\sigma_{by}/_sf_b=0.84+0.10=0.94<1.0 \quad \text{OK}$$

- 变形的验算
$$\delta=1.35\times5000^4/(185\times2.05\times10^5\times1.07\times10^6)=20.8\text{mm}=1/240<1/200 \quad \text{OK}$$

[解说]

墙檩等使用轻钢时，如果装饰材的约束效果可靠，可以不折减受弯屈曲的容许应力。

由于本例墙檩跨度较大（5000mm），所以在跨度中央设吊杆，使在竖直方向上的跨度减少一半，可以起到墙檩轻量化的作用（图 3.15）。

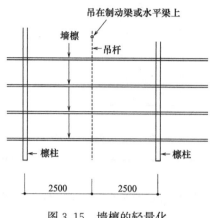

图 3.15　墙檩的轻量化

3.5　地基楼板的设计

出于使用上的考虑，楼板厚度取 180mm。

配筋采用双层的纵横 D13@200。

[解说]

地基直接承载楼板没有明确的设计方法，对于像本设计一样在横向原则上不设基础梁的建筑物，为防止柱脚向外移动，要避免使用素混凝土楼板。

一般的地基楼板构造　　　　　　　　　　　　表 3.2

序号	用途		荷载条件		混凝土强度 （N/mm²）	地面楼板构造	
			活荷载 （kN/m²）	车辆		板厚(mm)	配筋
1	办公室、住宅		≤5	—	18 以上	120 以上	单层 D10@200
2	工场、 仓库	A	5 以上 ≤10	1 吨车	18 以上	150 以上	单层 D10@200
3		B	10 以上 ≤20	2 吨车	21 以上	180 以上	双层 D10+D13@200
4		C	20 以上 ≤25	4 吨车	21 以上	240 以上	双层 D13@200

4. 吊车梁的设计

吊车梁 CG1 的设计

4.1 内力计算

吊车梁形状如下图所示。

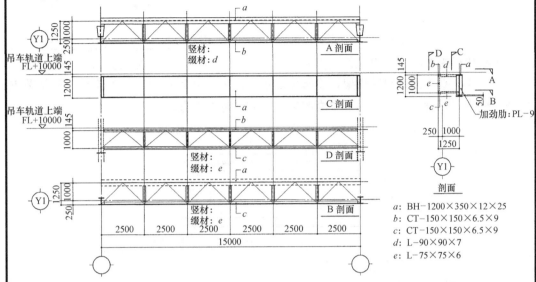

轮压 $P_{max}=190kN$

动力系数　竖直方向：1.20

　　　　　水平方向　纵向：0.15

　　　　　　　　　　横向：0.10

吊车梁自重：3.0kN/m

(1) 竖直方向内力计算

• 轮压产生的内力

$$M_{vmax_1}=190\times1.20/(2\times15.0)\times(15.0-4.8/2)^2$$
$$=1207kN\cdot m$$
$$Q_{vmax_1}=190\times1.20\times\{1.0+(15.0-4.8)/15.0\}$$
$$=383kN$$

• 吊车梁自重产生的内力

$$M_{vmax_2}=1/8\times3.0\times15.0^2=84.4kN\cdot m$$
$$Q_{vmax_2}=1/2\times3.0\times15.0=22.5kN$$

• 吊车梁设计用弯矩是轮压内力最大值和梁自重内力最大值的单纯叠加（严格的说，轮压最大内力位置和自重最大内力位置不一致，但可以忽略）。

$$M_{vmax}=1207+84.4=1291.4kN\cdot m$$
$$Q_{vmax}=383+22.5=405.5kN$$

(2) 水平方向内力的计算

吊车的水平内力，来源于吊车行走时和制动时的冲击，吊车梁的设计要考虑纵向和横向的内力。

• 轮压产生的水平内力（对整体）

$$\begin{cases} M_{\text{hmax}}=190\times0.1/(2\times15.0)\times(15.0-4.8/2)^2 \\ \qquad\quad =101\text{kN·m} \\ Q_{\text{hmax}}=190\times0.1\times\{1.0+(15.0-4.8)/15.0\}=32\text{kN} \end{cases}$$

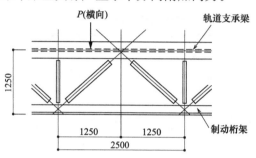

• 轮压产生的附加弯矩

吊车梁上端平面有制动桁架，能够保证水平面的刚度和强度，当车轮行至桁架节点之外的位置时，就会在吊车梁上翼缘产生水平方向附加内力。

这里，桁架节点间距为 1250mm

$$M_{\text{f}}=1/4\times190\times0.1\times1.25=5.9\text{kN·m}$$

[解说]

在计算吊车梁设计用内力时，要考虑包含制动梁在内的整体细部，特别是要注意外墙与制动梁的连接细部是否冲突。

本建筑的吊车，每边只有 2 个轮子，大荷载吊车或有相邻吊车时很多是 4 轮或以上，这时的内力计算方法如下所示。

1. 吊车梁

对竖直荷载，吊车梁一般按简支梁设计，构件截面取决于弯矩和挠度。

内力计算按以下方法。

(1) 计算位置不指定时

当吊车梁上轮压重心位置 W_G 到相邻车轮 i 的偏心距离 e 的中分线与吊车梁跨中位置接近时，车轮 i 位置的弯矩最大。

随车轮的移动，重复以上步骤，可以找出最大弯矩（图 3.16）。

(2) 指定计算位置时

指定计算位置，让车轮依次移动到计算位置后，计算出内力 M_i，然后找出其中的最大弯矩 M_v。

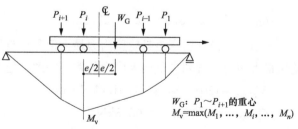

图 3.16

一般指定跨中作为计算位置，要注意算出的 M_v 比上述（1）项中求出的最大弯矩要小（参考图 3.17）。

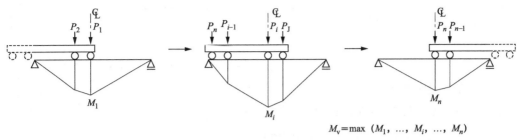

$$M_v = \max(M_1, \dots, M_i, \dots, M_n)$$

图 3.17

（3）对于上述内力，还应该叠加同位置的梁自重内力

竖直方向的挠度，按上面所求的最大弯矩所在的车轮位置，计算跨中挠度。然后再叠加梁自重的跨中挠度。

吊车梁挠度过大时，会出现滑动、自走等妨碍作业的情况。应该确保有适度的刚度，一般吊车梁要满足如下所示的挠度限制。

① 行走速度 60m/min 以下的小吊车　　　1/500～1/800

② 行走速度 90m/min 以下的一般吊车　　1/800～1/1100

③ 行走速度 90m/min 以上的一般吊车　　1/800～1/1200

④ 炼铁、炼钢用吊车（无冲击）　　　　　1/1000

2. 托梁

支承吊车梁的托梁内力，主要着眼于左右吊车梁，按图 3.18 的流程进行计算。

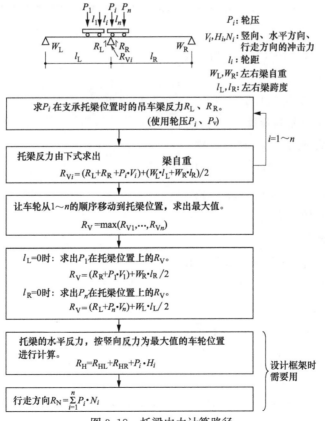

图 3.18　托梁内力计算路径

4.2　轨道支承梁的设计

（1）假定截面

BH-1200×350×12×25：$I=7.562×10^9\,mm^4$　$Z=1.260×10^7\,mm^3$

上翼缘的截面性能

截面积：$A_f=8.75×10^3\,mm^2$

水平方向截面模量：$Z_{fu}=5.10×10^5\,mm^3$

制动桁架梁的截面高度：1215.9mm

（2）上翼缘应力的验算

• 竖直方向弯曲应力

$\sigma_b=1291.4×10^6/(1.260×10^7)$

　　$=102.5\,N/mm^2$

• 水平方向弯曲应力

制动梁的截面高度为 1215.9mm，水平弯矩除以制动梁的截面高度，可以算出轴向应力：

$\sigma_c=(101×10^6/1215.9)/(8.75×10^3)$

　　$=9.5\,N/mm^2$

• 水平方向局部水平力产生的附加弯曲应力：

$\sigma_b=5.9×10^6/(5.10×10^5)=11.6\,N/mm^2$

• 应力的验算

$\sigma/f=(102.5+9.5+11.6)/156=0.79<1.0$　OK

（3）腹板剪切屈曲的验算

竖直方向最大剪力　$Q=405.5\,kN$

$\tau=405.5×10^3/(12×1150)=29.4\,N/mm^2$

$d/t=1150/12=96<2100/\sqrt{F}=137$

所以，容许抗压应力为

$\sigma_0=156\,N/mm^2$

由于 $\beta=a/d=2500/1150=2.17\geqslant1.0$

$k_2=5.34+4.00/\beta^2=6.19$

$C_2=\sqrt{F/k_2}=6.16$

$d/t=1150/12=96<740/C_2=120.1$

容许剪切屈曲应力为

$\tau_0=(1.74-0.00154C_2d/t)f_s=74.8\,N/mm^2$

$(\sigma/\sigma_0)^2+(\tau/\tau_0)^2=(102.5/156)^2+(29.4/74.8)^2=0.59<1.0$　OK

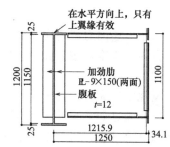

在水平方向上，只有上翼缘有效

加劲肋 PL-9×150（两面）
腹板 $t=12$

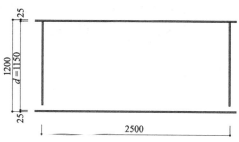

加劲板的验算

$\beta \geqslant 1.0$，所以，中间加劲板的所需惯性矩是

$I_0 = 0.55dt^3 = 1092960\text{mm}^4$

$I = 9 \times 300^3 / 12 = 20250000\text{mm}^4 > 1092960\text{mm}^4$

（4）挠度的验算

轮压产生的挠度为

$\delta_v = 190 \times 1.20 \times 10^3 / (48 \times 2.05 \times 10^5 \times 7.562 \times 10^9) \times$

$\qquad (15000 - 4800)\{3 \times 15000^2 - (15000 - 4800)^2\} = 17.8\text{mm}$

吊车梁自重产生的挠度

$\delta_v = 3.0 \times 15000^4 / (384 \times 2.05 \times 10^5 \times 7.562 \times 10^9) = 0.3\text{mm}$

$\delta_{v\text{max}} = 17.8 + 0.3 = 18.1 = 1/829 < 1/800 \quad \text{OK}$

[解说]

吊车梁上翼缘除了有竖直方向弯矩产生的应力外，还有水平方向弯矩产生的应力（水平向制动桁架的弯矩和缀材之间的局部附加弯矩）。轻型小吊车的话，有时不设置水平向制动桁架。这时，吊车梁上翼缘就要单独承受水平方向的弯矩。

如上所述，吊车梁截面的最大应力处为上翼缘。本例的上下翼缘采用了相同的截面，根据应力状况，也可以选用不同截面的上下翼缘。

与梁高相比，吊车梁的腹板一般较薄。为了防止腹板的剪切屈曲，可以设置横向加劲肋进行·强加固。计算方法可以参考《钢结构设计规范》附录-腹板的屈曲验算与加劲肋的计算。

出于经济上的考虑，一般会设法将腹板设计得较薄，若仅依据计算而将腹板设计太薄的话，上翼缘与腹板之间的焊缝容易断裂。考虑到疲劳破坏，加劲肋与梁下翼缘不进行焊接，这是因为在重复不断产生拉应力的杆件（梁下翼缘）上焊接时，焊缝处容易产生裂纹。

吊车梁的支承方式也要予以注意，如果采用支承点固定方式，则承受反复拉力作用的螺栓会发生断裂（图 3.19）。如果吊车梁高太大，可以采用船型梁，减少支点的转动位移。

(a) 旋转引起的螺栓拉力　　(b) 旋转引起的上翼缘水平移动

图 3.19　吊车梁支承的注意点

吊车梁的支承部位，为了吸收吊车的位移，一端是铰接支承时，另一端可以做成滑动支承（图 3.20）。

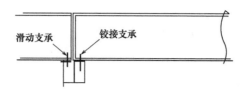

图 3.20　吊车梁支承部位

图 3.21 为吊车梁支承细部设计示意。

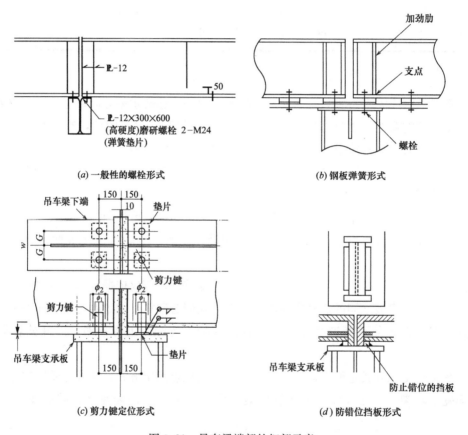

图 3.21　吊车梁端部的细部示意

4.3 制动梁的设计

制动梁的断面如下图所示。

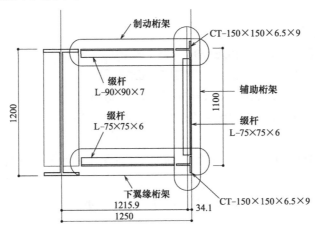

(1) 制动桁架的设计

(a) 设计内力的计算

① 水平方向的内力

・纵向由轮压产生的内力

由轨道梁水平计算得到

$$\begin{cases} M=101\text{kN}\cdot\text{m} \\ Q=32\text{kN} \end{cases}$$

・风荷载

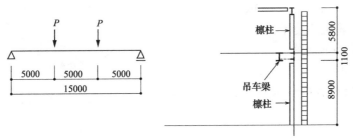

$P=1.50\times5.0\times(5.80+1.10)/2=25.9\text{kN}$（风荷载：正压时）

设计内力

$$\begin{cases} M=1/3\times25.9\times15.0=129.5\text{kN}\cdot\text{m} \\ Q=25.9\text{kN} \end{cases}$$

② 竖直方向的内力

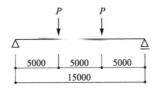

$P=0.40\times5.0\times(5.80/2+1.10+8.9)=25.8\text{kN}$（自重）

③ 设计内力

$$\begin{cases} M=1/3\times25.8\times15.0=129.0\text{kN}\cdot\text{m} \\ Q=25.8\text{kN} \end{cases}$$

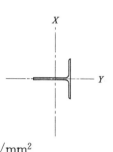

(b) 弦杆的设计

使用构件：CT-150×150×6.5×9

$A=2339\text{mm}^2$　$l_{cx}=2500\text{mm}$　$l_{cy}=1250\text{mm}$

$i_x=44.5\text{mm}$　$i_y=32.9\text{mm}$　$\lambda_{cx}=56.2$　$\lambda_{cy}=38.0$

上弦杆的长期容许抗压应力由右图的 X 轴长细比计算 $_Lf_c=129\text{N/mm}^2$

• 弦杆轴力的计算

$N_c=101/1.2159+129.0/1.1=200.3\text{kN}$　　　（吊车的水平力＋自重）

• 应力验算

$_L\sigma_c/_Lf_c=(200.3\times10^3/2339)/129=0.66<1.0$　　OK

(c) 缀杆的设计

使用构件：L-90×90×7

$A=1222\text{mm}^2$　$A_e=0.75\times1222=917\text{mm}^2$　$l_c=1327\text{mm}$　$i_v=17.7\text{mm}$

$\lambda_c=75.0$

缀杆的长期容许压缩应力 $_Lf_c=112\text{N/mm}^2$

• 缀杆轴力的计算

$N_c=Q/\sin44.2°=32.0/\sin44.2°=45.9\text{kN}$　　　（吊车的水平力）

• 应力验算

$$_L\sigma_c/_Lf_c=(45.9\times10^3/917)/112$$
$$=0.45<1.0\quad\text{OK}$$

(2) 下翼缘桁架的设计

(a) 设计内力的计算

① 水平方向内力

下翼缘桁架没有吊车水平荷载作用，只有风荷载作用。

• 风荷载内力

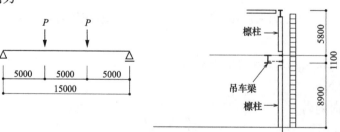

$P=1.50\times5.0\times(8.90+1.10)/2=37.5\text{kN}$（风荷载：正压时）

设计内力

$$\begin{cases} M=1/3\times37.5\times15.0=187.5\text{kN}\cdot\text{m} \\ Q=37.5\text{kN} \end{cases}$$

② 竖直方向内力

设计内力与上翼缘制动桁架相同

$$\begin{cases} M=1/3\times25.8\times15.0=129.0\text{kN}\cdot\text{m} \\ Q=25.8\text{kN} \end{cases}$$

（b）下弦杆的设计

使用构件：CT-150×150×6.5×9

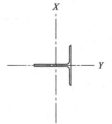

$A=2339\text{mm}^2$ $l_{cx}=2500\text{mm}$ $l_{cy}=2500\text{mm}$

$i_x=44.5\text{mm}$ $i_y=32.9\text{mm}$ $\lambda_{cx}=56.2$ $\lambda_{cy}=76.0$

下弦杆的长期容许压缩应力由右图 Y 轴长细比所决定，$_Lf_c=111\text{N/mm}^2$

• 弦杆轴力的计算

$N_c=187.5/1.2159+129.0/1.1=271.5\text{kN}$（风荷载＋自重）

• 应力验算

$$_s\sigma_c/_sf_c=(271.5\times10^3/2339)/(111\times1.5)=0.70<1.0\quad\text{OK}$$

（c）缀杆的设计

使用构件：L-75×75×6

$A=872.7\text{mm}^2$

$A_e=0.75\times872.7=654\text{mm}^2$

$l_c=1578\text{mm}$ $i_v=14.8\text{mm}$ $\lambda_c=106.6$

缀杆的长期容许抗压应力　$_Lf_c=78.7\text{N/mm}^2$

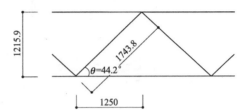

缀杆轴力的计算

$N_C=Q/\sin44.2°=37.5/\sin44.2°=53.8\text{kN}$　　　（风压时的水平力）

• 应力验算

$$_s\sigma_c/_sf_c=(53.8\times10^3/654)/(78.7\times1.5)=0.70<1.0\quad\text{OK}$$

（3）辅助桁架的设计

（a）竖直方向的内力

辅助桁架没有水平内力，只有与制动桁架相同的竖直内力。

设计内力

$$\begin{cases} M=1/3\times25.8\times15.0=129.0\text{kN}\cdot\text{m} \\ Q=25.8\text{kN} \end{cases}$$

（b）缀杆的设计

使用构件：L-75×75×6

$A=872.7\text{mm}^2$

$A_e=0.75\times872.7=654\text{mm}^2$

$l_c=1438\text{mm}$ $i_v=14.8\text{mm}$ $\lambda_c=97.2$

缀杆的长期容许压缩应力$_Lf_c=88.4\text{N/mm}^2$

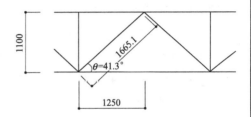

- 缀杆轴力的计算

$N_C = Q/\sin 41.3° = 25.8/\sin 41.3° = 39.1\text{kN}$　　　（自重）

- 应力验算

$_L\sigma_c/_Lf_c = (39.1 \times 10^3/654)/88.4 = 0.68 < 1.0$　　OK

[解说]

在设计竖向斜撑平面内的辅助桁架缀杆时，需要将吊车的纵向水平力以及上部竖向斜撑的水平力传递到下部的斜撑，这点需要注意。

吊车梁的竖直方向的挠度在跨中比较大，但是，相邻的辅助桁架在竖直方向大多受檩柱的约束，要注意这两者之间的相对变形。虽然常见用斜杆来约束吊车梁和辅助桁架的情况，但是从追随变形的观点来看，应加以避免。大型吊车梁为防止运输过程中发生变形，仅在运输时使用斜杆固定，在工地组装就位前应拆除（图 3.22）。

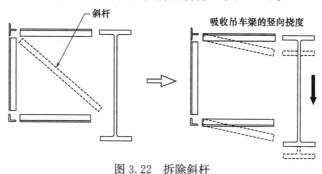

图 3.22　拆除斜杆

4.4　吊车梁疲劳设计

- 循环次数的计算

吊车行走次数：100 个往复/日，每年工作日：300 日，使用年限：30 年

循环次数 $N = 100 \times 300 \times 30 = 9.0 \times 10^5$ 次

- 对下翼缘以及腹板下端焊缝的垂直应力进行验算。

根据连接形式，标准疲劳强度 $\Delta\sigma_F$ 和容许疲劳强度 $\Delta\sigma_a$ 为：

下翼缘：$\Delta\sigma_F = 160\text{N/mm}^2$　　$\Delta\sigma_a = 126/\sqrt[3]{N} \times \Delta\sigma_F = 208.8\text{N/mm}^2$

腹板下端焊缝：$\Delta\sigma_F = 100\text{N/mm}^2$　　$\Delta\sigma_a = 126/\sqrt[3]{N} \times \Delta\sigma_F = 130.5\text{N/mm}^2$

- 承受一定应力幅时的疲劳设计。

为求得应力范围，计算最大应力 σ_{max}，最小应力 σ_{min}。

下翼缘：$\sigma_{max} = 102.5\text{N/mm}^2$　　$\sigma_{min} = 6.7\text{N/mm}^2$

腹板下端焊缝：$\sigma_{max} = 98.2\text{N/mm}^2$　　$\sigma_{min} = 6.4\text{N/mm}^2$

式中，σ_{min} 为吊车梁自重产生的应力。

容许疲劳强度的验算。

下翼缘：$\sigma_{max} - \sigma_{min} = 95.8\text{N/mm}^2 \leqslant \Delta\sigma_a = 208.8\text{N/mm}^2$　　OK

腹板下端焊缝：$\sigma_{max} - \sigma_{min} = 91.8\text{N/mm}^2 \leqslant \Delta\sigma_a = 130.5\text{N/mm}^2$　　OK

[解说]

吊车梁容易发生的疲劳裂缝如图 3.23 所示。

关于疲劳的详细计算，可参考日本钢结构协会出版的《钢结构疲劳设计指针》。

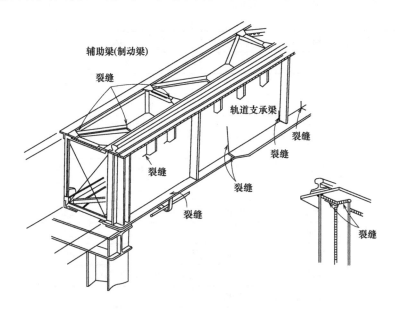

图 3.23　可能发生疲劳裂缝的位置

5. 跨度方向（横向）结构分析

5.1　轴力、地震力的计算

（1）轴力的计算

对具有代表性的 X4 轴框架进行计算。

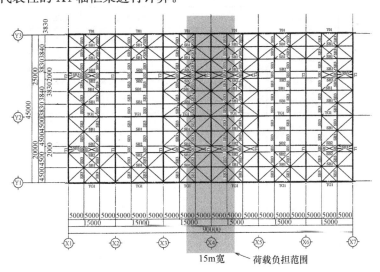

位置	层	名称	①单位重量	②计算式	①×②	轴力 N(kN)	ΣN (kN)
X4×Y1	屋顶	屋顶	0.60	15.0×20.0/2	90.0	138.8	138.8
		换气架	3.00	15.0/2	22.5		
		外墙	0.40	15.0×7.0/2	21.0		
		柱	1.50	7.0/2	5.3		
	吊车梁	外墙	0.40	15.0×(7.0+8.8)/2	47.4	110.9	249.70
		吊车梁	3.00	15.0	45.0		
		柱(上部)	1.50	7.0/2	5.3		
		柱(下部)	3.00	8.8/2	13.2		
	基础	外墙	0.40	15.0×8.8/2	26.4	234.6	484.3
		柱	3.00	8.8/2	13.2		
		基础梁	13.00	15.0	195.0		
X4×Y2	屋顶	屋顶	0.60	15.0×(20.0+25.0)/2	202.5	252.8	252.80
		换气架	3.00	15.0	45.0		
		柱	1.50	7.0/2	5.3		
	吊车梁	吊车梁	3.00	15.0×2	90.0	108.5	361.30
		柱(上部)	1.50	7.0/2	5.3		
		柱(下部)	3.00	8.8/2	13.2		
	基础	柱	3.00	8.8/2	13.2	208.2	569.5
		基础梁	13.00	15.0	195.0		
X4×Y3	屋顶	屋顶	0.60	15.0×25.0/2	112.5	161.3	161.30
		换气架	3.00	15.0/2	22.5		
		外墙	0.40	15.0×7.0/2	21.0		
		柱	1.50	7.0/2	5.3		
	吊车梁	外墙	0.40	15.0×(7.0+8.8)/2	47.4	110.9	272.2
		吊车梁	3.00	15.0	45.0		
		柱(上部)	1.50	7.0/2	5.3		
		柱(下部)	3.00	8.8/2	13.2		
	基础	外墙	0.40	15.0×8.8/2	26.4	234.6	506.8
		柱	3.00	8.8/2	13.2		
		基础梁	13.00	15.0	195.0		

（2）地震力的计算

框架的地震力

$H=16.38\mathrm{m}$

　　虽然是单层厂房，但考虑到荷重的竖向分布，将其分为两层，即吊车梁层与屋顶层进行计算。

　　$T = 0.03 \times 16.38 = 0.491\mathrm{s}$

位置	层	$W_i(kN)$	$\sum W_i(kN)$	α	A_i	C_i	$Q_i(kN)$	$P_i(kN)$
X4×Y1	屋顶	138.8	138.8	0.556	1.312	0.262	36.4	36.4
	吊车梁	110.9	249.7	1.000	1.000	0.200	49.9	13.5
X4×Y2	屋顶	252.8	252.8	0.700	1.197	0.239	60.4	60.4
	吊车梁	108.5	361.3	1.000	1.000	0.200	72.3	11.9
X4×Y3	屋顶	161.3	161.3	0.593	1.280	0.256	41.3	41.3
	吊车梁	110.9	272.2	1.000	1.000	0.200	54.4	13.1

[解说]

地震力按所负担的荷载范围进行计算。

5.2 框架设计时，吊车产生的轴力、水平力的计算

　　各种工况（CL-1～CL-7）的吊车荷重如下表所示。在此以荷载工况 CL-1 的 P_1 的计算来说明荷载的具体计算。

　　P_1 和吊车移动到右图所示位置时的最大反力 R_A 是相等的：

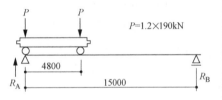

　　$P_1 = 1.2 \times 190 \times \{1.0 + (15.0 - 4.80)/15.0\} = 383.0\mathrm{kN}$

荷载工况	模型图	荷 载
CL-1		$P_1 = 383.0\mathrm{kN}$ $Q_1 = 31.9\mathrm{kN}$ $P_2 = 201.6\mathrm{kN}$ $Q_2 = 16.8\mathrm{kN}$ $P_3 = 277.8\mathrm{kN}$ $Q_3 = 23.1\mathrm{kN}$
CL-2		$P_1 = 383.0\mathrm{kN}$ $Q_1 = 31.9\mathrm{kN}$ $P_2 = 201.6\mathrm{kN}$ $Q_2 = 16.8\mathrm{kN}$ $P_3 = 277.8\mathrm{kN}$ $Q_3 = 23.1\mathrm{kN}$
CL-3		$P_1 = 201.6\mathrm{kN}$ $Q_1 = 16.8\mathrm{kN}$ $P_2 = 383.0\mathrm{kN}$ $Q_2 = 31.9\mathrm{kN}$ $P_3 = 357.1\mathrm{kN}$ $Q_3 = 29.8\mathrm{kN}$ $P_4 = 198.4\mathrm{kN}$ $Q_4 = 16.5\mathrm{kN}$
CL-4		$P_1 = 201.6\mathrm{kN}$ $Q_1 = 16.8\mathrm{kN}$ $P_2 = 383.0\mathrm{kN}$ $Q_2 = 31.9\mathrm{kN}$ $P_3 = 357.1\mathrm{kN}$ $Q_3 = 29.8\mathrm{kN}$ $P_4 = 198.4\mathrm{kN}$ $Q_4 = 16.5\mathrm{kN}$

续表

荷载工况	模型图	荷 载
CL-5		$P_1=292.3\text{kN}$　$Q_1=24.4\text{kN}$ $P_2=198.4\text{kN}$　$Q_2=16.5\text{kN}$ $P_3=357.1\text{kN}$　$Q_3=29.8\text{kN}$
CL-6		$P_1=292.3\text{kN}$　$Q_1=24.4\text{kN}$ $P_2=198.4\text{kN}$　$Q_2=16.5\text{kN}$ $P_3=357.1\text{kN}$　$Q_3=29.8\text{kN}$
CL-7		$P_1=159.6\text{kN}$ $P_2=165.3\text{kN}$

5.3　内力分析

（1）内力分析模型

选择 X4 轴框架作为跨度方向（横向）具有代表性的框架进行结构分析。

下图表示计算模型及假定截面。

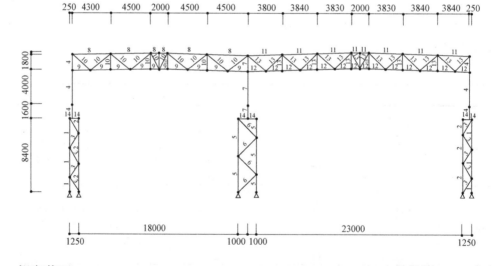

假定截面

构件 1：H-350×175×7×11　　　构件 2：H-350×175×7×11

构件 3：2L-90×90×6　　　　　构件 4：H-390×300×10×16

构件 5：H-400×200×8×11　　　构件 6：2L-90×90×6

构件 7：H-440×300×11×18　　　构件 8：CT-200×200×8×13

构件 9：CT-200×200×9×16　　　构件 10：2L-90×90×10

构件 11：CT-200×200×8×13　　　构件 12：CT-200×200×9×16

构件 13：2L-90×90×10　　　　　构件 14：BH-500×300×16×19

[解说]

关于电算输入的框架计算模型，有类似于本设计对格构柱及桁架梁所包含的各个小构件直接建模的方法以及把所有构件等效代换成单一杆件建模的方法，这两种方法各有优缺点，不能一概而论。对这些优缺点有所理解的基础上，按照目的选择使用（表3.3）。

框架力学模型的比较　　　　　　　　　　　　　表 3.3

包含小构件的模型	等效代换成单一杆件的模型
力学模型复杂 从内力图很难看出危险断面位置 设计构件时直接可以使用内力分析结果 内力分析的精度高	力学模型简单 从内力图很容易看出危险断面位置 设计组合构件时,需要把内力分析结果的弯矩和剪力转换成轴力 内力分析的精度低

（2）荷载组合

荷载组合条件如下表所示。

	组合工况名称	组合条件
长期	组合工况 1	DL+CL-1
	组合工况 2	DL+CL-2
	组合工况 3	DL+CL-3
	组合工况 4	DL+CL-4
	组合工况 5	DL+CL-5
	组合工况 6	DL+CL-6
短期	组合工况 7	DL+CL-7+KL
	组合工况 8	DL+CL-7+KL
	组合工况 9	DL+WL-1
	组合工况 10	DL+WL-2
	组合工况 11	DL+WL-3
	组合工况 12	DL+WL-4
	组合工况 13	DL+SL

[解说]

附带吊车的建筑物，荷载工况非常多。在构件设计中，不漏掉最不利工况是至关重要的。可以预先估计能够决定截面的荷载工况，一般较多地由下述工况决定。

1柱：长期吊车荷载，短期地震作用·风荷载

2柱：短期地震作用·风荷载

屋顶桁架梁：短期风荷载·雪荷载

[注]　1柱为吊车梁以下的格构柱

　　　2柱为吊车梁以上的单柱

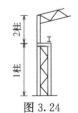

图 3.24

（3）荷载图

见下表。关于吊车荷载图，已经在《5.2 框架设计时，吊车产生的轴力、水平力的计算》章节里叙述过了，在这里不再赘述。

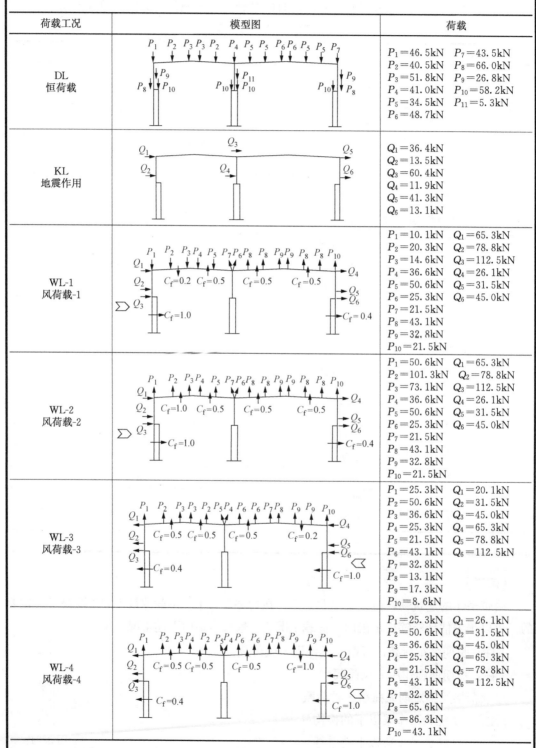

荷载工况	模型图	荷载
DL 恒荷载		$P_1=46.5$kN　$P_7=43.5$kN $P_2=40.5$kN　$P_8=66.0$kN $P_3=51.8$kN　$P_9=26.8$kN $P_4=41.0$kN　$P_{10}=58.2$kN $P_5=34.5$kN　$P_{11}=5.3$kN $P_6=48.7$kN
KL 地震作用		$Q_1=36.4$kN $Q_2=13.5$kN $Q_3=60.4$kN $Q_4=11.9$kN $Q_5=41.3$kN $Q_6=13.1$kN
WL-1 风荷载-1		$P_1=10.1$kN　$Q_1=65.3$kN $P_2=20.3$kN　$Q_2=78.8$kN $P_3=14.6$kN　$Q_3=112.5$kN $P_4=36.6$kN　$Q_4=26.1$kN $P_5=50.6$kN　$Q_5=31.5$kN $P_6=25.3$kN　$Q_6=45.0$kN $P_7=21.5$kN $P_8=43.1$kN $P_9=32.8$kN $P_{10}=21.5$kN
WL-2 风荷载-2		$P_1=50.6$kN　$Q_1=65.3$kN $P_2=101.3$kN　$Q_2=78.8$kN $P_3=73.1$kN　$Q_3=112.5$kN $P_4=36.6$kN　$Q_4=26.1$kN $P_5=50.6$kN　$Q_5=31.5$kN $P_6=25.3$kN　$Q_6=45.0$kN $P_7=21.5$kN $P_8=43.1$kN $P_9=32.8$kN $P_{10}=21.5$kN
WL-3 风荷载-3		$P_1=25.3$kN　$Q_1=20.1$kN $P_2=50.6$kN　$Q_2=31.5$kN $P_3=36.6$kN　$Q_3=45.0$kN $P_4=25.3$kN　$Q_4=65.3$kN $P_5=21.5$kN　$Q_5=78.8$kN $P_6=43.1$kN　$Q_6=112.5$kN $P_7=32.8$kN $P_8=13.1$kN $P_9=17.3$kN $P_{10}=8.6$kN
WL-4 风荷载-4		$P_1=25.3$kN　$Q_1=26.1$kN $P_2=50.6$kN　$Q_2=31.5$kN $P_3=36.6$kN　$Q_3=45.0$kN $P_4=25.3$kN　$Q_4=65.3$kN $P_5=21.5$kN　$Q_5=78.8$kN $P_6=43.1$kN　$Q_6=112.5$kN $P_7=32.8$kN $P_8=65.6$kN $P_9=86.3$kN $P_{10}=43.1$kN

续表

荷载工况	模型图	荷载
SL 雪荷载	P_1 P_2 P_3 P_3 P_2 P_4 P_5 P_5 P_6 P_6 P_5 P_5 P_7	$P_1=20.3\mathrm{kN}$ $P_2=40.5\mathrm{kN}$ $P_3=29.3\mathrm{kN}$ $P_4=37.5\mathrm{kN}$ $P_5=34.5\mathrm{kN}$ $P_6=26.2\mathrm{kN}$ $P_7=17.2\mathrm{kN}$

[解说]

荷载图是为输入计算机做的准备工作，预先整理好很重要。

如同本设计一样，有吊车的建筑物与一般建筑物相比，分析的荷载工况要多，而且繁杂。有经验的设计人员能看出可以省略的荷载工况，但对于初学者来说这是比较困难的。如果用表格计算软件整理内力分析结果及截面验证公式，荷载工况再多也不会太麻烦。最近对全部工况进行计算的案例比较多。

（4）内力计算结果

（a）长期荷载组合时的内力图（轴力图）如下所示。

• DL+CL-1(组合工况 1)

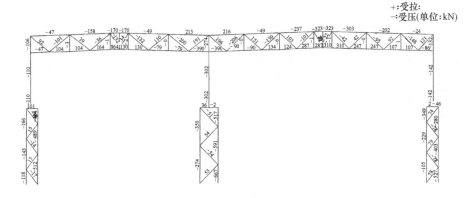

• DL+CL-2(组合工况 2)

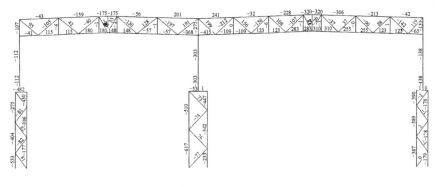

- DL＋CL-3(组合工况 3)

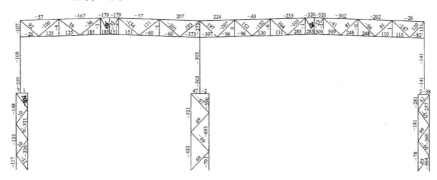

- DL＋CL-4(组合工况 4)

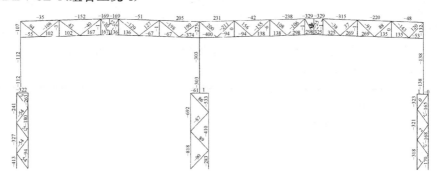

- DL＋CL-5(组合工况 5)

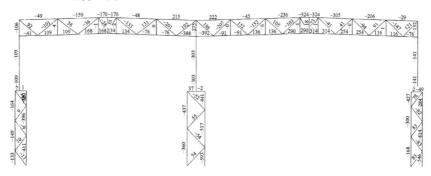

- DL＋CL-6(组合工况 6)

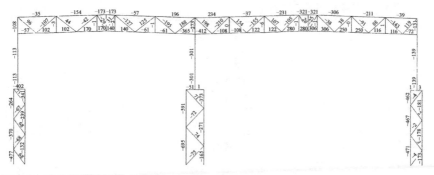

（b）短期荷载组合时的内力图（轴力图）如下所示。

• DL＋CL-7＋KL（组合工况 7）

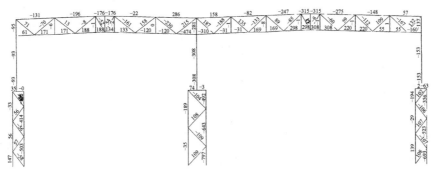

DL＋CL-7＋KL（组合工况 8）

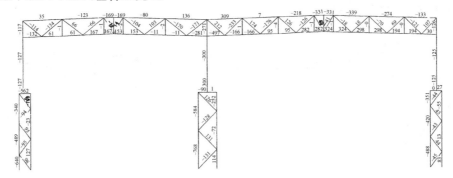

DL＋WL-1（组合工况 9）

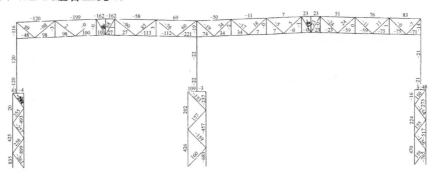

DL＋WL-2（组合工况 10）

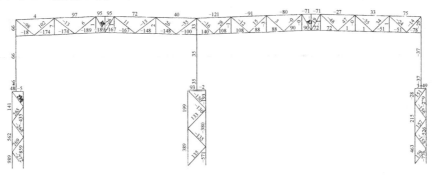

DL＋WL-3（组合工况 11）

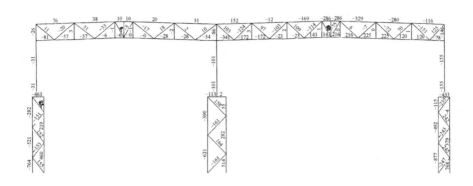

DL＋WL-4（组合工况 12）

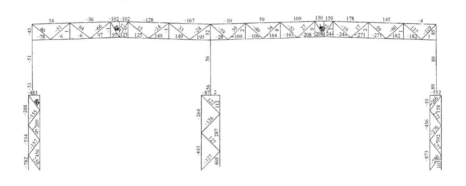

DL＋SL（组合工况 13）

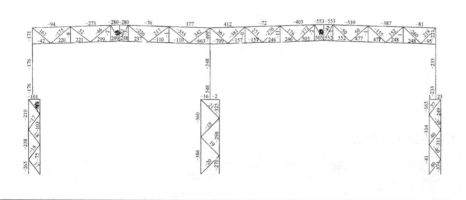

［解说］

在内力分析结果中，弯矩图很重要。但如本例使用组合构件的建筑物，除了 2 柱和支承 2 柱的梁外，其他杆件基本上只有轴力，因此本例仅表示了轴力图。

6. 主框架的设计

6.1 柱的设计

C1 柱的设计

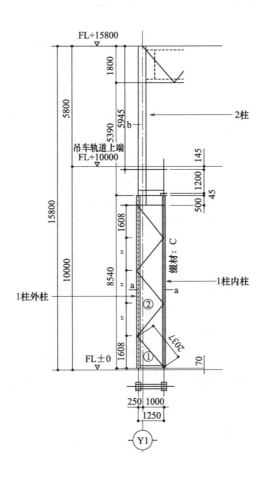

（1）Y1 轴 1 柱的设计

（a）外柱的设计

1 柱内力，一般在柱脚部位为最大。但因弱轴方向屈曲长度的关系，本柱的截面有可能由中间部位所决定。在此，对柱脚部位（图中的①）及中间部的设计内力（图中的②）进行计算。

长期设计用内力（轴力：kN）

	DL+CL-1	DL+CL-2	DL+CL-3	DL+CL-4	DL+CL-5	DL+CL-6
柱脚部①	−118	−533	−117	−413	−133	−477
中间部②	−143	−404	−133	−327	−149	−370

短期设计用内力（轴力：kN）

	DL+CL-7 +KL	DL+CL-7 -KL	DL+WL-1	DL+WL-2	DL+WL-3	DL+WL-4	DL+SL
柱脚部①	147	−640	835	989	−764	−782	−265
中间部②	56	−489	425	562	−521	534	−238

① 柱脚部位（①构件）的计算

• 长期设计用内力

（DL+CL-2）　$N=-533$kN 受压

• 短期设计用内力

由于墙檩的位置和格构柱的节点位置不一致，风荷载作用时，在柱的弱轴方向上会产生弯矩。按简支梁进行计算。

正压时：$M=1/8 \times 1.0 \times 1.50 \times 5.0 \times 1.608^2 = 2.4$kN・m

负压时：$M=1/8 \times 0.4 \times 1.50 \times 5.0 \times 1.608^2 = 1.0$kN・m

（DL+WL-2）　$N=989$kN　受拉　$M=2.4$kN・m

（DL+WL-4）　$N=-782$kN　压缩　$M=1.0$kN・m

使用构件 H-350×175×7×11

$A=6291$mm^2　$Z_y=1.12 \times 10^5$mm^3　$i_x=146$mm　$i_y=39.6$mm

$l_x=8540$mm　$l_y=1608$mm

强轴方向的长细比 $\lambda_x=8540/146=58.5$

弱轴方向的长细比 $\lambda_y=1608/39.6=40.6$

柱的长期容许抗压应力是由强轴方向的长细比所决定的$_L f_c=127$N/mm^2。

长期容许抗拉应力以及容许抗弯应力是 $f_t=f_b=156$N/mm^2。

• 应力的验算

长期荷载时

（DL+CL-2）　$\sigma_c/f_c=(533 \times 10^3/6291)/127=0.67<1.0$　OK

短期荷载时

（DL+WL-2）受拉　$\sigma_t/f_t=(989 \times 10^3/6291)/(156 \times 1.5)=0.67$

　　　　　　　受弯　$\sigma_b/f_b=((2.4 \times 10^6)/(1.12 \times 10^5))/(156 \times 1.5)=0.09$

　　　　　　　$\sigma/f=0.67+0.04=0.76<1.0$　OK

（DL+WL-4）受压　$\sigma_c/f_c=(782 \times 10^3/6291)/(127 \times 1.5)=0.65$

　　　　　　　受弯　$\sigma_b/f_b=((1.0 \times 10^6)/(1.12 \times 10^5))/(156 \times 1.5)=0.04$

　　　　　　　$\sigma/f=0.65+0.04=0.69<1.0$　OK

② 中间部位（②构件）的验算

• 长期设计用内力

（DL+CL-2）　$N=-404$kN 受压

• 短期设计用内力

风荷载时，柱子在弱轴方向上的弯矩按简支梁进行计算。

正压时：$M=1/8×1.0×1.50×5.0×3.216^2=9.7\text{kN}\cdot\text{m}$

负压时：$M=1/8×0.4×1.50×5.0×3.216^2=3.9\text{kN}\cdot\text{m}$

（DL＋WL-2）　$N=562\text{kN}$　受拉　$M=9.7\text{kN}\cdot\text{m}$

（DL＋WL-4）　$N=-534\text{kN}$　受压　$M=3.9\text{kN}\cdot\text{m}$

使用构件　H-350×175×7×11

$A=6291\text{mm}^2$　$Z_y=1.12×10^5\text{mm}^3$　$i_x=146\text{mm}$　$i_y=39.6\text{mm}$

$L_x=8540\text{mm}$　$L_y=3216\text{mm}$

强轴方向的长细比　$\lambda_x=8540/146=58.5$

弱轴方向的长细比　$\lambda_y=3216/39.6=81.2$

柱的长期容许抗压应力，是由弱轴方向的长细比所决定的$_Lf_c=105\text{N/mm}^2$。

长期容许抗拉应力以及容许抗弯应力是$f_t=f_b=156\text{N/mm}^2$。

· 应力的验算

长期荷载时

（DL＋CL-2）　$\sigma_c/f_c=(404×10^3/6291)/105=0.61<1.0$　OK

短期荷载时

（DL＋WL-2）　受拉　$\sigma_t/f_t=(562×10^3/6291)/(156×1.5)=0.38$

受弯　$\sigma_b/f_b=((9.7×10^6)/(1.12×10^5))/(156×1.5)=0.37$

$\sigma/f=0.38+0.37=0.75<1.0$　OK

（DL＋WL-4）　受压　$\sigma_c/f_c=(534×10^3/6291)/(105×1.5)=0.54$

受弯　$\sigma_b/f_b=((3.9×10^6)/(1.12×10^5))/(156×1.5)=0.15$

$\sigma/f=0.54+0.15=0.69<1.0$　OK

（b）内柱的设计

关于内柱，由于弱轴方向上的柱脚部位屈曲长度与中间部位相同，只对柱脚部位的截面进行验算。

长期设计用内力(轴力：kN)

	DL+CL-1	DL+CL-2	DL+CL-3	DL+CL-4	DL+CL-5	DL+CL-6
柱脚部位	−512	−177	−336	−94	−411	−132

短期设计用内力（轴力：kN）

	DL+CL-7 +KL	DL+CL-7 −KL	DL+WL-1	DL+WL-2	DL+WL-3	DL+WL-4	DL+SL
柱脚部位	−503	127	−899	−859	460	456	−75

· 长期设计用内力

（DL＋CL-1）　$N=-512\text{kN}$　受压

· 短期设计用内力

（DL＋WL-1）　$N=-899\text{kN}$　受压

使用构件   H-350×175×7×11

$A=6291mm^2$ $i_x=146mm$ $i_y=39.6mm$ $l_x=8540mm$ $l_y=3216mm$

强轴方向的长细比 $\lambda_x=8540/146=58.5$

弱轴方向的长细比 $\lambda_y=3216/39.6=81.2$

柱的长期容许抗压应力是由强轴方向的长细比所决定的$_L f_c=105N/mm^2$。

• 应力的验算

长期荷载时

(DL+CL-1) $\sigma_c/f_c=(512×10^3/6291)/105=0.78<1.0$ OK

短期荷载时

(DL+WL-1) 受压 $\sigma_c/f_c=(899×10^3/6291)/(105×1.5)=0.91<1.0$ OK

(c) 格构柱缀杆的设计

对最底段以及第 2 段的缀杆进行截面验算。

长期设计用内力 (轴力：kN)

	DL+CL-1	DL+CL-2	DL+CL-3	DL+CL-4	DL+CL-5	DL+CL-6
最底段	−17	81	−11	54	−11	68
第 2 段	15	−82	10	−54	10	−68

短期设计用内力 (轴力：kN)

	DL+CL-7 +KL	DL+CL-7 −KL	DL+WL -1	DL+WL -2	DL+WL -3	DL+WL -4	DL+SL
最底段	−58	96	−261	−272	155	158	17
第 2 段	57	−95	258	269	−153	−157	−18

根据上表可知，截面是由短期荷载所控制的。

• 短期设计用内力

(DL+WL-2) $N=-272kN$ 受压

使用构件   2L-90×90×6

$A=2×1055mm^2$ $i_x=i_y=27.7mm$ $i_v=17.8mm$

$l_x=l_y=2038mm$ 在 45°方向上由钢板来约束。

长细比 $\lambda_x=\lambda_y=2038/27.7=73.6$

缀材的长期抗压应力$_L f_c=113N/mm^2$。

长期容许抗拉应力$_L f_t=156N/mm^2$。

使用角钢时，因偏心问题，应扣除突出翼板高度的 1/2 以及螺栓孔的面积作为有效面积。但是，受压侧的屈曲承载力折减较多的话，有效截面可取全截面。

• 应力的验算

短期荷载时

(DL+WL-2)第 2 段 $\sigma_t/f_t=(269×10^3/(2×1055×0.75))/(156×1.5)$

$=0.73<1.0$ OK

(DL+WL-2)最底段 $\sigma_c/f_c=(272×10^3/(2×1055))/(113×1.5)=0.76<1.0$ OK

[解说]

格构柱的设计，要说成是关于屈曲的设计也不为过。因此最重要的是，正确评价屈曲长度。一般而言，在非实腹的方向上，可以把节点间距离看做是屈曲长度。

钢结构设计规范中规定，受压杆件的长细比必须小于250，柱的长细比小于200。

（d）柱脚的设计

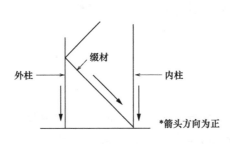

长期设计用轴力·水平力（单位：kN）

		DL+CL-1	DL+CL-2	DL+CL-3	DL+CL-4	DL+CL-5	DL+CL-6
	外柱轴力	118	533	117	413	133	477
	内柱轴力	512	177	336	94	411	132
缀杆	轴力	17	−81	11	−54	11	−68
	竖向分量	13	−64	9	−43	9	−54
	水平分量	10	−50	7	−33	7	−42

短期设计用轴力·水平力（单位：kN）

		DL+CL-7 +KL	DL+CL-7 −KL	DL+WL-1	DL+WL-2	DL+WL-3	DL+WL-4	DL+SL
	外柱轴力	−147	640	−835	−989	764	782	265
	内柱轴力	503	−127	899	859	−460	−456	75
缀杆	轴力	58	−96	261	272	−155	−158	−17
	竖向分量	46	−76	206	215	−122	−125	−13
	水平分量	36	−59	160	167	−95	−97	−10

① 外柱柱脚部的设计

·锚栓的设计

因为在长期荷载时，只有受压，所以这里只对短期荷载内力进行验算。

短期设计用内力

（DL+WL-2）$N=-989$kN　受拉

锚栓　8-M30（ABR400）

$A=8\times594.4$　　$A_e=8\times560.6=4484.8$mm²

$f_t=235$N/mm²

$\sigma_t=989\times10^3/4484.8=221$N/mm²

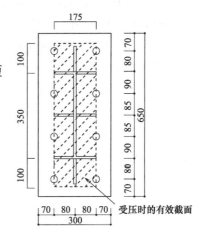

受压时的有效截面

应力的验算

$\sigma_t/f_t=221/235=0.94<1.0$　OK

·底板的设计

长期设计用内力

$(DL+CL\text{-}2)N=533N$　受压

短期设计用应力

$(DL+WL\text{-}4)N=782N$　受压

$(DL+WL\text{-}2)N=-989N$　受拉

受压的验算

关于受压，因为是长期荷载所决定的，所以只讨论长期荷载。

底板的有效面积为 $96250mm^2[=175\times(350+200)]$，换算成单位面积的荷载是：

$\omega=533\times10^3/96250=5.54N/mm^2$

作为两边固定的悬臂板来设计。

由《钢筋混凝土结构计算规范》的计算图表可知，单位长度里的最大弯矩是

$M_{max}=0.29\cdot\omega\cdot L_x^2=0.29\times5.54\times80^2=10282N\cdot mm/mm$

底板：PL-40(SN400B)

单位长度的截面模量　$Z=t^2/6=40^2/6=267mm^3/mm$

长期容许抗弯应力　$f_b=156N/mm^2$

作用在底板上的最大弯曲应力　$\sigma_b=10282/267=38.5N/mm^2$

应力的验算

$\sigma_b/f_b=38.5/156=0.25<1.0$　OK

受拉的验算

因为拉力是由短期荷载所决定的，所以只对短期荷载进行验算。

一根锚栓所受的拉力　$N=989/8=124kN$

作为两边固定的悬臂板来设计。

由锚栓的拉力可以算出底板上的弯矩是

$M=124\times10^3\times80=9.92\times10^6N\cdot mm$

有效宽度　$187.5mm(=100+87.5)$

底板上的最大应力是

$\sigma_b=9.92\times10^6/(267\times187.5)=198N/mm^2$

应力的验算

$\sigma_b/f_b=198/235=0.84<1.0$　OK

② 内柱柱脚部的设计

关于内柱，因为有缀杆，所以产生剪应力。

·设计用内力

只对产生受拉的短期荷载进行验算。

短期设计用内力

(DL＋WL 4)N＝－456－125＝－581kN 受拉

$\qquad Q$＝－97.0kN

锚栓 8-M30（ABR400）

A＝8×594.4mm² A_e＝8×560.6＝4484.8mm²

f_t＝235N/mm²

σ_t＝581×10³/4484.8＝130N/mm²

τ＝97×10³/4484.8＝21.6N/mm²

拉力和剪力同时作用时，锚栓的短期容许抗拉应力是

f_{ts}＝1.4f_{t0}－1.6τ＝1.4×235－1.6×21.6＝294→f_{ts}＝235N/mm²

应力的验算

σ_t/f_{ts}＝130/235＝0.55＜1.0 OK

[解说]

本设计的柱脚采用了外露式柱脚，外露式柱脚因施工方便，工业厂房使用的比较多。柱的轴力比较大的时候，可以采用双底板外露式柱脚或外包式柱脚（图 3.25）。

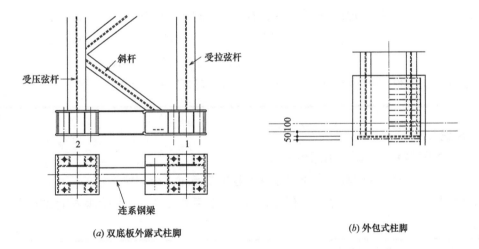

(a) 双底板外露式柱脚　　　(b) 外包式柱脚

图 3.25 柱脚示意图

(2) Y1 轴 2 柱的设计

设计用内力采用最下部位的内力进行设计。

长期设计用内力（轴力：kN，弯矩：kN·m）

	DL+CL-1	DL+CL-2	DL+CL-3	DL+CL-4	DL+CL-5	DL+CL-6
N	－110	－112	－109	－112	－109	－113
M	48	71	30	71	43	74

短期设计用内力（轴力：kN，弯矩：kN·m）

	DL+CL-7 +KL	DL+CL-7 -KL	DL+WL-1	DL+WL-2	DL+WL-3	DL+WL-4	DL+WL-5
N	−93	−127	−120	66	−31	−51	−176
M	81	161	109	129	105	107	60

　　设计内力是轴力和弯矩的组合，由于低层建筑物受弯矩的影响较大，因此选择弯矩最大的工况进行分析。

　　• 短期设计内力

　　$(DL+CL-7-KL)$　$\begin{cases} N=127\text{kN：受压} \\ M=161\text{kN·m} \end{cases}$

　　使用构件　H-390×300×10×16

　　$A=13320\text{mm}^2$　$Z_x=1.94×10^5\text{mm}^3$　$i_x=169\text{mm}$　$i_y=73.5\text{mm}$

　　$l_{cx}=5390\text{mm}$　$l_{cy}=5945\text{mm}$　$l_b=5945\text{mm}$

　　$\lambda_c=5945/73.5=80.9$　$_Lf_c=106\text{N/mm}^2$

　　$_Lf_b=89000/(l_b·h/A_f)=184→156\text{N/mm}^2$

　　• 应力的验算

　　$DL+CL-7-KL$　受压　$\sigma_c/_sf_c=(127/10^3/13320)/(106×1.5)=0.06$

　　　　　　　　　　受弯　$\sigma_b/f_b=\{(127/10^3)/(1.94×10^6)\}/(156×1.5)=0.28$

　　　　　　　　　　$\sigma/f=0.06+0.28=0.34<1.0$　OK

　　由上述计算结果可知轴力的影响很小，截面取决于弯矩最大的工况。

[解说]

2柱的设计跟一般单柱的设计一样。

　　柱的屈曲长度，在强轴方向上可取从2柱的支承梁到桁架梁下端的距离，在弱轴方向可取从吊车梁上端到柱顶的距离。但是，若设有连系梁之类的屈曲约束构件的话，可取节点间的距离。

6.2　桁架主梁的设计

T1 桁架梁的设计

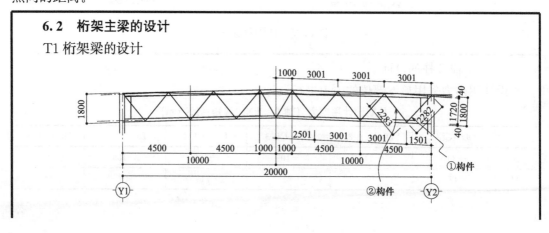

（1）上弦杆的设计

长期内力（轴力：kN）

	DL+CL-1	DL+CL-2	DL+CL-3	DL+CL-4	DL+CL-5	DL+CL-6
Y2 端	213	201	207	205	215	196
中央	−170	−175	−179	−169	−170	−173

短期内力（轴力：kN）

	DL+CL-7 +KL	DL+CL-7 −KL	DL+WL-1	DL+WL-2	DL+WL-3	DL+WL-4	DL+SL
Y2 端	286	136	69	40	31	−167	377
中央	−176	−169	−162	−95	10	10	−102

① Y2 端的验算

• 长期设计用内力

（DL+CL-5） $N=215\text{kN}$　受拉

• 短期设计用内力

（DL+CL-4） $N=-167\text{kN}$　受压

（DL+SL）　　 $N=377\text{kN}$　受拉

使用构件：CT-200×200×8×13

$A=4169\text{mm}^2$　 $i_x=57.8\text{mm}$　 $i_y=45.6\text{mm}$　 $A_e=3245\text{mm}^2$（考虑了螺栓孔）

$l_x=3001\text{mm}$　 $l_y=4502\text{mm}$

强轴方向的长细比 $\lambda_x=3001/57.8=51.9$

弱轴方向的长细比 $\lambda_y=4502/45.6=98.7$

柱的长期容许抗压应力是由弱轴方向的长细比所决定的　 $f_c=87.3\text{N/mm}^2$

长期容许抗拉应力 $f_t=156\text{N/mm}^2$

• 应力的验算

长期荷载时

（DL+CL-5）　 $\sigma_t/f_t=(215\times10^3/3245)/156=0.42<1.0$　OK

短期荷载时

（DL+WL-4）　受压　 $\sigma_c/f_c=(167\times10^3/4169)/(87.3\times1.5)=0.31<1.0$　OK

（DL+SL）　受拉　 $\sigma_t/f_t=(377\times10^3/3245)/(156\times1.5)=0.50<1.0$　OK

② 桁架梁中央部位的验算

• 长期设计用内力

（DL+CL-3） $N=-179\text{kN}$；受压

• 短期设计用内力

使用构件　CT-200×200×8×13

$A=4169\text{mm}^2$　　 $i_x=57.8\text{mm}$　　 $i_y=45.6\text{mm}$　 $l_x=1000\text{mm}$　 $l_y=2001\text{mm}$

X 轴方向的长细比 $\lambda_x=1000/57.8=17.3$

Y 轴方向的长细比 $\lambda_y=2001/45.6=43.9$

柱的长期容许抗压应力是由 Y 轴方向的长细比所决定的　 $f_c=139\text{N/mm}^2$

・应力的验算

长期荷载时

(DL+CL-3)　受压　$\sigma_c/f_c=(179\times10^3/4169)/139=0.31<1.0$　OK

(2)下弦杆的设计

长期设计用内力(轴力:kN)

	DL+CL-1	DL+CL-2	DL+CL-3	DL+CL-4	DL+CL-5	DL+CL-6
Y2 端	−390	−366	−373	−374	−388	−365
中央	164	180	185	167	168	170

短期设计用内力（轴力：kN）

	DL+CL-7 +KL	DL+CL-7 −KL	DL+WL-1	DL+WL-2	DL+WL-3	DL+WL-4	DL+SL
Y2 端	−474	−281	−221	−100	−34	195	−633
中央	188	167	100	−189	−6	97	299

Y2 端的验算

　・短期设计用内力

　(DL+SL)　$N=-633$kN　受压

　使用构件　CT-200×200×9×16

　$A=4929\text{mm}^2$　$i_x=56.4$mm　$i_y=46.6$mm　$l_x=3001$mm　$l_y=4502$mm

　X 轴方向的长细比　$\lambda_x=3001/56.4=53.2$

　Y 轴方向的长细比　$\lambda_y=4502/46.6=96.6$

　柱的长期容许抗压应力是由 Y 轴方向的长细比所决定的　$f_c=89.5\text{N/mm}^2$

　・应力的验算

　短期荷载时

　(DL+SL)　受压　$\sigma_c/f_c=(633\times10^3/4929)/(89.5\times1.5)=0.96<1.0$　OK

(3) 缀杆的设计

　缀杆的设计内力，一般来说在桁架梁的端部最大。但是由于受压侧和受拉侧的容许应力不同，所以设计用内力选择桁架梁端部位（图中的①）、桁架梁中间部位（图中的②）来进行计算。

长期设计用内力（轴力：kN）

	DL+CL-1	DL+CL-2	DL+CL-3	DL+CL-4	DL+CL-5	DL+CL-6
①构件	191	191	193	190	192	188
②构件	−200	−197	−201	−196	−201	−195

短期设计用内力（轴力：kN）

	DL+CL-7 +KL	DL+CL-7 −KL	DL+WL-1	DL+WL-2	DL+WL-3	DL+WL-4	DL+SL
①构件	215	171	60	−35	10	−24	342
②构件	−230	−170	−76	26	2	33	−355

构件的截面是由短期荷载所决定的，因此

• 短期设计用内力

$(DL+SL)$ $N=-355kN$ 受压

使用构件 $2L-90\times90\times10$

$A=3400mm^2$ $i_x=27.1mm$ $i_y=34.5mm$ $l_x=l_y=2283mm$

长细比 $\lambda_c=2283/27.1=84.3$

缀材的长期容许抗压应力是 $f_c=102.2N/mm^2$

• 应力的验算

短期荷载时

$(DL+SL)$ 受压 $\sigma_c/f_c=(355\times10^3/3400)/(102.2\times1.5)=0.68<1.0$ OK

[解说]

在桁架梁的设计中，和格构柱的设计一样，屈曲长度的确定非常重要。在桁架梁面内，缀杆的节点间距可以认为是屈曲长度。在桁架梁面外，侧向屈曲约束次梁的间距可以认为是屈曲长度。对于桁架梁下弦杆，在次梁位置，要设置侧向屈曲约束构件。

屈曲约束构件，需要具有被约束构件屈服承载力的 2% 的强度和刚度。

7. 墙面斜撑的设计

对 Y1 轴 X3-X4 之间的墙面斜撑进行设计。

7.1 地震力的计算

Y1 轴地震作用时的重量计算。

位置	层	名称	①单位重量	②计算式	①×②	重量 $W[kN]$	$\Sigma W[kN]$
Y1 轴	屋顶	屋顶	0.60	$90.0\times20.0/2$	540.0	818.7	818.7
		换气架	3.00	$80.0/2$	120.0		
		外纵墙(纵向面)	0.40	$90.0\times5.8/2$	104.4		
		外横墙(横向面)	0.40	$20.0\times(5.8+6.1)/2/2$	23.8		
		柱	1.50	$7\times5.8/2$	30.5		
	吊车梁	外纵墙(纵向面)	0.40	$90.0\times(5.8+10.0)/2$	284.4	753.7	1572.4
		外横墙(横向面)	0.40	$20.0\times\{(5.8+6.1)/2+10.0\}/2$	63.8		
		吊车梁	3.00	90	270.0		
		柱(上部)	1.50	$7\times8.5/2$	30.5		
		柱(下部)	3.00	$7\times10.0/2$	105.0		

Y1 轴的地震力

$H=15.80m$

厂房虽然是单层厂房，考虑到荷载的竖向分布，将其分为两层进行计算：即吊车梁层与屋顶层。

$T = 0.03 \times 15.80 = 0.474\text{s}$

位置	层	$W_i[\text{kN}]$	$\Sigma W_i[\text{kN}]$	α	A_i	C_i	$Q_i[\text{kN}]$	$P_i[\text{kN}]$
Y1轴	屋顶	818.7	818.7	0.521	1.338	0.268	219.4	219.4
	吊车梁	753.7	1572.4	1.000	1.000	0.200	314.5	95.1

[解说]

和横向一样，根据负担荷载范围求出所承担的荷载，计算出斜撑的地震力。

7.2　风荷载的计算

屋顶面：$1.20 \times 1.50 \times 20.0/2 \times (5.8 + 6.1)/2/2 = 53.6\text{kN}$

吊车梁面：$1.20 \times 1.50 \times 20.0/2 \times \{(5.8 + 6.1)/2 + 10.0\}/2 = 143.6\text{kN}$

根据上述结果可知，本建筑物的水平荷载是由地震作用所决定，所以对地震作用进行设计。

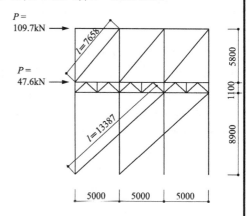

7.3　截面的验算

斜撑结构布置在两跨，每一跨的地震力如下。

屋顶面：$P = 219.4/2 = 109.7\text{kN}$

吊车梁面：$P = 95.1/2 = 47.6\text{kN}$

上部斜撑拉力：T

斜撑结构的放大系数　　斜撑数量

$T = 109.7 \times 1.5 \times 7658/5000/3 = 84.0\text{kN}$

使用构件：L-75×75×6　　　G. PL-9

　　　　　HTB　5-M16

$A_B = 872.7\text{mm}^2$　　$A_e = 872.7 - 75/2 \times 6 - 18 \times 6 = 539.7\text{mm}^2$

$_sf_t = 235\text{N/mm}^2$

$\sigma_t = 84.0 \times 10^3/539.7 = 155.6\text{N/mm}^2$

$\sigma_t/_sf_t = 155.6/235 = 0.66 < 1.0$　　OK

下部斜撑拉力：T

斜撑结构的放大系数　　　　斜撑数量

$T = (109.7 + 47.6) \times 1.5 \times 13387/10000/2 = 157.9\text{kN}$

使用构件：L-75×75×6　　　G. PL-9

　　　　　HTB　5-M16

$A_B = 2 \times 872.7 = 1745.4\text{mm}^2$

$A_e = 1079.4\text{mm}^2$

$_sf_t = 235\text{N/mm}^2$

$\sigma_t = 157.9 \times 10^3/1079.4 = 146.3\text{N/mm}^2$

$\sigma_t/_sf_t = 146.3/235 = 0.62 < 1.0$　　OK

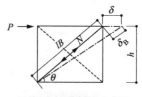

X型拉力斜撑的荷载与变形

斜撑的轴力　　$N = P/\cos\theta$　[N]

斜撑的轴向变形　$\delta_B = N \cdot l_B/(E \cdot A_B)$

框架的水平变形　$\delta = \delta_B/\cos\theta$

这里，E：钢材的弹性模量(2.05×10^5 N/mm²)

　　　A：斜撑的轴部截面积(mm²)

7.4 层间位移角的验算

上部：$N=109.7\times7658/5000/3=56.0\text{kN}$

（计算位移角时，不需要乘以 1.5 的放大系数）

$\delta_B=N\cdot l_B/(E\cdot A_B)=56.0\times10^3\times7658/(2.05\times10^5\times872.7)=2.40\text{mm}$

$\delta=\delta_B/\cos\theta=2.40\times7658/5000=3.68\text{mm}$

下部：$N=(109.7+47.6)\times13387/10000/2=105.3\text{kN}$

（计算位移角时，不需要乘以 1.5 的放大系数）

$\delta_B=N\cdot l_B/(E\cdot A_B)=105.3\times10^3\times13387/(2.05\times10^5\times1745.4)=3.94\text{mm}$

$\delta=\delta_B/\cos\theta=3.94\times13387/10000=5.27\text{mm}$

屋顶面的水平位移量为：

$\delta_H=3.68+5.27=8.95\text{mm}=1/1765<1/200$　　OK

[解说]

对于设计斜撑时所使用的荷载，一般是分别计算地震作用和风荷载，然后取较大值。不过当吊车荷载比较大时，需要注意有时吊车纵向的荷载会更大。在本设计例题中，吊车的纵向荷载（图 3.26）为：

$P=2\times0.15\times190=57.0\text{kN}$

这个值与地震时的水平力 314.5kN 相比非常小，没有问题。

在本例中，斜撑结构设置在纵向中央部分的 X3-X5 之间。从平面上的力学性能而言，在纵向的两端布置斜撑比较好。但若纵向长度超过 100m 时，须充分注意由于温度的变化，斜撑会产生很大的拉力（图 3.27）。

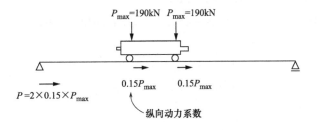

图 3.26　吊车行走方向的荷载

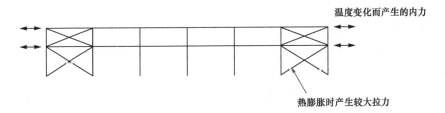

图 3.27　温度变化对斜撑的影响

7.5 斜撑的承载力以及极限承载力的验算

（1）上部斜撑的设计

使用构件：L-75×75×6　G. PL-9　HTB　5-M16

$$A_g = 872.7 mm^2$$

用下式对连接节点的极限承载力进行验算：

$$A_j \cdot \sigma_u \geqslant \alpha \cdot A_g \cdot F$$

式中，A_j——与节点的破坏形式相对应的节点有效截面积（mm^2）；

σ_u——与节点的破坏形式相对应的节点极限强度（N/mm^2）；

A_g——斜撑的全截面面积（mm^2）；

F——斜撑的基准强度（N/mm^2）；

α——安全系数（=1.2）。

斜撑的承载力为：

$1.2 A_g \cdot F = 1.2 \times 872.7 \times 235 = 246101 N = 246.1 kN$

• 斜撑端部的验算

$A_1 = 872.7 - 18 \times 6 - 0.25 \times 75 \times 6 = 652.2 mm^2$

$A_1 \cdot \sigma_u = 652.2 \times 400 = 260880 N = 260.8 kN > 246.1 kN$　OK

• 螺栓紧固件的验算

$A_2 = n \cdot m \cdot {}_f A = 5 \times 1 \times 201 = 1005 mm^2$

$0.75 \cdot A_2 \cdot {}_f \sigma_u = 0.75 \times 1005 \times 1000 = 753750 N = 753.8 kN > 246.1 kN$　OK

• 连接件端距的验算

斜撑

${}_1 A_3 = n \cdot {}_b e \cdot {}_b t = 5 \times 40 \times 6 = 1200 mm^2$

${}_1 A_3 \cdot \sigma_u = 1200 \times 400 = 480000 N = 480.0 kN > 246.1 kN$　OK

节点板

${}_2 A_3 = n \cdot {}_g e \cdot {}_g t = 5 \times 40 \times 9 = 1800 mm^2$

${}_1 A_3 \cdot \sigma_u = 1800 \times 400 = 720000 N = 720.0 kN > 246.1 kN$　OK

• 节点板断裂的验算

$A_4 = 2/\sqrt{3} \cdot l_1 \cdot {}_g t - A_d = 2/\sqrt{3} \times (60 \times 4) \times 9 - 17 \times 9 = 2341 mm^2$

$A_4 \sigma_u = 2341 \times 400 = 936400 N = 936.4 kN > 246.1 kN$　OK

（2）下部斜撑的设计

使用构件：2L-75×75×6　G. PL-9　HTB　5-M16

$A_g = 1745.4 mm^2$

斜撑的承载力：

$1.2 A_g \cdot F = 1.2 \times 1745.4 \times 235 = 492203 N = 492.2 kN$

• 斜撑端部的验算

$A_1 = 1745.4 - 18 \times 12 - 0.25 \times 75 \times 6 \times 2 = 1304.4 \text{mm}^2$

$A_1 \cdot \sigma_u = 1304.4 \times 400 = 521760\text{N} = 521.8\text{kN} > 492.2\text{kN}$　OK

・螺栓紧固件的验算

$A_2 = n \cdot m \cdot {}_f A = 5 \times 2 \times 201 = 2010 \text{mm}^2$

$0.75 \cdot A_2 \cdot {}_f \sigma_u = 0.75 \times 2010 \times 1000 = 1507500\text{N} = 1507.5\text{kN} > 492.2\text{kN}$　OK

・连接件端距的验算

斜撑

${}_1 A_3 = n \cdot {}_b e \cdot {}_b t = 5 \times 40 \times 12 = 2400 \text{mm}^2$

${}_1 A_3 \cdot \sigma_u = 2400 \times 400 = 960000\text{N} = 960.0\text{kN} > 492.2\text{kN}$　OK

节点板

${}_2 A_3 = n \cdot {}_g e \cdot {}_g t = 5 \times 40 \times 9 = 1800 \text{mm}^2$

${}_1 A_3 \cdot \sigma_u = 1800 \times 400 = 720000\text{N} = 720.0\text{kN} > 492.2\text{kN}$　OK

・节点板断裂的验算

$A_4 = 2/\sqrt{3} \cdot l_1 \cdot {}_g t - A_d = 2/\sqrt{3} \times (60 \times 4) \times 9 - 17 \times 9 = 2341 \text{mm}^2$

$A_4 \cdot \sigma_u = 2341 \times 400 = 936400\text{N} = 936.4\text{kN} > 492.2\text{kN}$　OK

[解说]

对斜撑节点的验算，目的是确认连接节点不要在斜撑屈服之前断裂。这是为了避免斜撑结构的脆性破坏。对此，设计者必须充分理解。

屋面斜撑所承受的地震力较小，并且在节点的细部设计上不易实现保有耐力连接设计，因此一般都会减少连接节点的螺栓数量。但是，当减少螺栓数量时，需要确认斜撑是否能传递所承受的荷载。

8. 层间位移角的验算

8.1　横向

跨度方向（DL＋CL-7＋KL）工况的水平位移如下图表所示（单位：mm）。

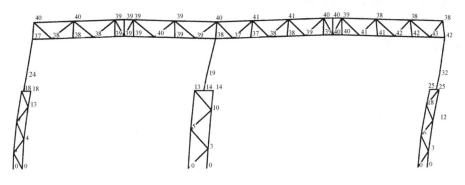

轴名	位移 δ_H(mm)	层高 h(mm)	层间位移角	判别
Y1 轴	40	15800	1/395	OK
Y2 轴	40	15800	1/395	OK
Y3 轴	38	15800	1/416	OK

由上表可知，跨度方向的层间位移角满足不大于 1/200 的要求。

8.2　纵向柱列方向

纵向柱列方向屋顶面位移和验算结果如下表所示。

轴名	位移 δ_H(mm)	层高 h(mm)	层间位移角	判别
Y1 轴	8.95	15800	1/1765	OK
Y2 轴	12.07	15800	1/1309	OK
Y3 轴	9.96	15800	1/1586	OK

由上表可知，柱列方向的层间位移角满足不大于 1/200 的要求。

[解说]

在本设计例中，因为采用格构柱和桁架梁，所以框架的刚度较高，满足层间位移角的要求。不过当吊车吨位比较小时，经常会使用单杆件的柱和梁。在这种情况下，很难满足层间位移角不大于 1/200 的要求。适当考虑外装修材料的变形能力，采用层间位移角不大于 1/180～1/120 的宽松值会比较经济。

9. 刚度比和偏心率的验算

9.1　刚度比的验算

由于本建筑物是单层，所以刚度比为 1.0。

9.2　偏心率的验算

刚性楼板假定不适用于本建筑物，而且按照负担荷载范围进行设计，因此可以考虑为没有偏心。但在建筑审查上，有必要对偏心率进行验算。

利用一次设计的结果计算偏心率。

（1）偏心的计算

• 横向的刚度

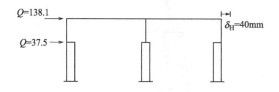

$$K = (138.1 + 37.5) \times 10^3 / 40 = 4390 \text{N/m}$$

• 纵向柱列方向的刚度

Y1 轴　$\delta_H = 8.95\text{mm}$　$Q = 21.4 + 95.1 = 314.5\text{kN}$　$K = 35140\text{N/mm}$

Y2 轴　$\delta_H = 12.07\text{mm}$　$Q = 359.3 + 58.3 = 417.6\text{kN}$　$K = 34600\text{N/mm}$

Y3 轴　$\delta_H = 9.96\text{mm}$　$Q = 249.8 + 94.9 = 344.7\text{kN}$　$K = 34610\text{N/mm}$

- 刚心的计算（单位：N/mm）

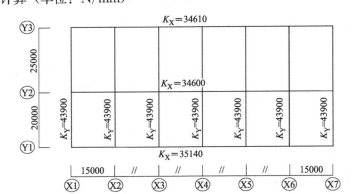

$$l_x = \frac{4390 \times 15000 \times 21}{4390 \times 7} = 45000\text{mm}$$

$$l_y = \frac{34600 \times 20000 + 34610 \times 45000}{35140 + 34600 + 34610} = 21557\text{mm}$$

（2）重心的计算

计算吊车在最边缘时的重心。

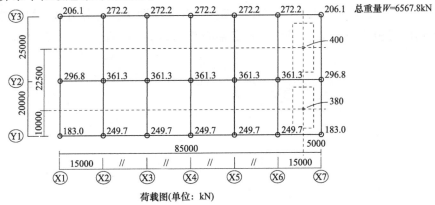

荷载图（单位：kN）

$$g_x = \frac{883.2 \times 15000 \times 15 + 685.9 \times 90000 + 380 \times 85000 + 400 \times 85000}{6567.8}$$

$$= 49750\text{mm}$$

$$g_y = \frac{2400.1 \times 2000 + 1773.2 \times 45000 + 380 \times 10000 + 400 \times 32500}{6567.8}$$

$$= 22016\text{mm}$$

（3）偏心距离 e 的计算

$$e_x = |l_x - g_x| = 4750\text{mm}$$

$$e_y = |l_y - g_y| = 459\text{mm}$$

（4）抗扭刚度的计算

$$K_R = \sum (K_x \cdot \overline{Y}^2) + (K_y \cdot \overline{X}^2)$$

$$= 35140 \times 21557^2 + 34600 \times 1557^2 + 34610 \times 23443^2 +$$

$$43900 \times (45000^2 \times 2 + 30000^2 \times 2 + 15000^2 \times 2)$$

$$= 3.120 \times 10^{14}$$

（5）弹性半径 r_e 的计算

$$r_{ex} = \sqrt{\frac{K_R}{\sum K_X}} = \sqrt{\frac{3.120 \times 10^{14}}{1.0435 \times 10^5}} = 54680 \text{mm}$$

$$r_{ey} = \sqrt{\frac{K_R}{\sum K_Y}} = \sqrt{\frac{3.120 \times 10^{14}}{3.073 \times 10^5}} = 31864 \text{mm}$$

（6）偏心率 R_e 的计算

• 纵向柱列方向（X 方向）的偏心率

$$R_{ex} = e_y / r_{ex} = 459/54680 = 0.008 < 0.15$$

• 横向（Y 方向）的偏心率

$$R_{ey} = e_x / r_{ey} = 4750/31864 = 0.149 < 0.15$$

［解说］

对于单层厂房，不需要验算刚度比。不过，若按吊车梁面和屋顶面的两层结构来考虑的话，有时也需要计算刚度比。对于偏心率，没有简单明了的计算方法，可以像本例一样，假定刚性楼板进行计算。当然，假定偏心率为最大值，取 $F_e = 1.5$ 也是一种设计方法。

10. 基础的设计

10.1 桩容许承载力的计算

土柱状图如右图所示。

桩工法：预钻孔扩底工法

桩径 D：500ϕ

桩持力层：GL＝48.5m（桩长 l＝47m）

桩尖的平均 N 值＝50

忽略 GL＝30m 以上地层的桩侧摩擦力。

桩的长期容许承载力计算式为：

$$R_a = 1/3 \times (\alpha N A_p + 15 L_f \phi)$$

$l/D > 90$ 时：

$$\alpha = 250 - 10/4 \times (l/D - 90) = 240$$

$$A_p = 0.1963 m^2$$

$$\phi = 1.571 m$$

$$L_f = 48.5 - 30.0 = 18.5 m$$

因此，

$$R_a = 1/3 \times (240 \times 50 \times 0.1963 + 15 \times 185 \times 1.571)$$

$$= 931 \rightarrow R_a = 900 kN$$

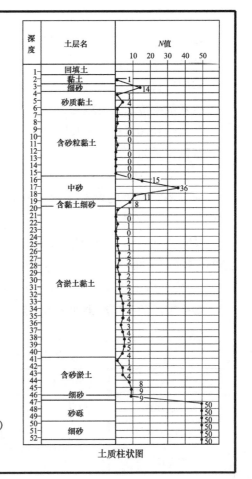

土质柱状图

[解说]

本设计例采用了预钻孔扩底工法（大臣认证的工法）。

如结构设计章节 B 中所述，当桩的持力层较深、桩基础工程费用较高的情况下，纵向柱列方向取较大跨度时，总体上会比较经济。

本设计例题中，虽然省略了对砂土液化的验算，不过在实际工程中需要视其必要性进行。

10.2　桩竖向承载力的验算

桩竖向荷载的计算。

基础形状如右图所示。

从基础梁传来的荷载为：

$$13.0 \times 15.0 = 195 \text{kN}$$

基础重量为：

$$5.0 \times 2.0 \times (1.0 \times 24 + 0.6 \times 20) = 360 \text{kN}$$

通过绕左侧桩的弯矩平衡方程式可以得到：

$$R_B = (P_1 \times 1.125 + P_2 \times 2.375 + 195 \times 1.025 + 360 \times 1.75 + Q_1 \times 1.67)/3.5$$

$$R_A = P_1 + P_2 + 195 + 360 - R_B$$

各个工况的验算结果如下表所示。

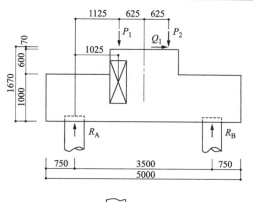

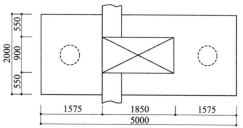

长期设计用轴力和水平力（单位：kN）

	DL+CL-1	DL+CL-2	DL+CL-3	DL+CL-4	DL+CL-5	DL+CL-6
外柱轴力 P_1	118	533	117	413	133	477
内柱轴力 P_2	525	113	345	51	420	78
剪力 Q_1	10	−50	7	−33	7	−42
桩反力 R_A	562	740	505	630	540	687
桩反力 R_B	636	461	512	389	568	423

短期设计用轴力和水平力（单位：kN）

	DL+CL-7 +KL	DL+CL-7 +KL	DL+WL-1	DL+WL-2	DL+WL-3	DL+WL-4	DL+SL
外柱轴力 P_1	−147	640	−835	−989	764	782	265
内柱轴力 P_2	549	−203	1105	1074	−582	−581	62
剪力 Q_1	36	−59	160	167	−95	−97	−10
桩反力 R_A	377	715	30	−87	695	1038	522
桩反力 R_B	580	277	795	727	42	48	360

从上表可知，长期荷载的最大及最小桩反力如下。

外侧桩：

$$（DL+CL-2）\quad R_{Amax} = 740 \text{kN} < R_a = 900 \text{kN}\quad OK$$

$$（DL+CL-3）\quad R_{Amin} = 505 \text{kN} > 0\quad OK$$

内侧桩：

  （DL＋CL-1） $R_{Bmax}＝636kN＜R_a＝900kN$ OK

  （DL＋CL-4） $R_{Bmin}＝389kN＞0$ OK

短期荷载时的最大及最小轴力如下。

外侧桩：

  （DL＋WL-4） $R_{Amax}＝1038kN＜R_a＝1800kN$ OK

  （DL＋WL-2） $R_{Amin}＝-87kN＜0$ …虽然有拉力，但小于桩自重，故OK。

内侧桩：

  （DL＋WL-1） $R_{Bmax}＝795kN＜R_a＝1800kN$ OK

  （DL＋WL-3） $R_{Bmin}＝42kN＞0$ OK

［解说］

本设计例中，跨度方向没有设置基础梁。因此，柱脚处产生的弯矩必须由基础承担。基础为桩基础时，有必要布置两根以上的桩。

另外，桩顶弯矩会产生附加轴力，需要注意。

10.3　基础梁的设计

关于 Y1 轴的 FG1 的设计。

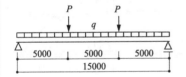

$q＝0.4×(1.0＋0.3)×24＝12.48→13.0kN/m$

从檩柱传递来的轴力 $P＝0.40×5.0×8.9/2＝8.90kN$

设计内力

$$\begin{cases} C＝1/12×13.0×15.0^2＋2/9×8.90×15.0＝273.4kN \cdot m \\ M_0＝1/8×13.0×15.0^2＋1/3×8.90×15.0＝410.1kN \cdot m \\ Q＝1/2×13.0×15.0＋8.90＝106.4kN \end{cases}$$

梁端的最大弯矩

  $M＝1.2C＝1.2×273.4＝328.1kN \cdot m$

梁中央部的最大弯矩

  $M＝M_0-0.65C＝410.1-0.65×273.4＝232.4kN \cdot m$

截面　　$B×D＝400×1000$　$d＝900mm$　$j＝7/8×900＝787.5mm$

需要的钢筋量

 端部　　$a_t＝328.1×10^6/(215×787.5)＝1938mm^2→6-D25$　（$a_t＝3042mm^2$）

 中央部 $a_t＝241.6×10^6/(215×787.5)＝1373mm^2→4-D25$　（$a_t＝2048mm^2$）

剪应力的验算

  $\tau＝106.4×10^3/(400×787.5)＝0.34＜f_s＝0.70N/mm^2→D13@200(p_w＝0.32\%)$

[解说]

在斜撑结构的方向上（纵向柱列方向）布置的基础梁，由于不存在从上部结构传来的弯矩，因此长期荷载为主控荷载。但是，对有斜撑的基础梁，需要注意由于斜撑和基础梁中心线的偏心而产生的弯矩（图 3.28）。

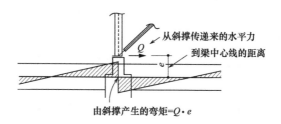

图 3.28　因斜撑产生的基础梁弯矩

11. 保有水平耐力的确认

在横向，由于格构柱和主桁架梁构件不能满足侧向支撑的要求，因此有必要计算保有水平耐力以验算建筑物的安全性。本设计例题采用节点弯矩分配法计算保有水平耐力。

(1) 桁架梁 TG1、TG2 的抗弯承载力的计算

上弦杆：CT-200×200×8×13

$A=4169\text{mm}^2$

$i_x=57.8\text{mm}$　$i_y=45.6\text{mm}$

下弦杆：CT-200×200×9×16

$A=4929\text{mm}^2$

$i_x=56.4\text{mm}$　$i_y=46.6\text{mm}$

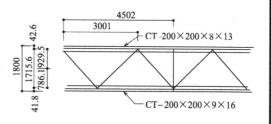

· 短期容许抗弯承载力

由上弦杆的长期容许抗压应力 $f_c=87.3\text{N/mm}^2$ 得：

$$M=4169×1.5×87.3×1715.6=9.37×10^8\,\text{N·mm}=9.37×10^2\text{kN·m}$$

· 由屈曲后的稳定承载力求出桁架梁的抗弯承载力

屈曲后稳定应力　$\sigma_s=\sigma_y×\dfrac{1}{\sqrt{1+45\bar{\lambda}^2}}$，$\bar{\lambda}=\dfrac{1}{\pi}\sqrt{\dfrac{\sigma_y}{E}}·\dfrac{l_B}{i}$

桁架杆件的屈曲为面外屈曲，因此，

$l_B=0.7×4502=3151\text{mm}$，$i=45.6\text{mm}$，$\bar{\lambda}=0.745$

$$M=235×0.196×4169×1715.6=3.29×10^8\,\text{N·mm}=3.29×10^2\text{kN·m}$$

(2) 柱 C1 与 C3 的极限承载力的计算

(a) 2 柱

H-390×300×10×16

$Z_p=2.140×10^6\text{mm}^3$

钢构件的全塑性抗弯承载力（轴力忽略不计）：

$M_{p0}=2.140 \times 10^6 \times 1.1 \times 235=5.53 \times 10^8 \text{N} \cdot \text{mm}=5.53 \times 10^2 \text{kN} \cdot \text{m}$

柱的全塑性抗弯承载力比桁架梁的短期容许抗弯承载力小，因此柱头发生塑性铰。

（b）1柱

由于格构柱两边弦杆的屈曲承载力不同，所以施加力的方向不同时，格构柱的抗弯承载力也不同。因此，对两个方向的抗弯承载力都进行计算。

弦杆：H-350×175×7×11

$A=6291\text{mm}^2 \quad i_x=146\text{mm} \quad i_y=39.6\text{mm}$

• 短期容许抗弯承载力

由屈曲长度较长的内柱的长期容许抗压应力 $f_c=105\text{N/mm}^2$ 可得：

$M=6291 \times 1.5 \times 105 \times 1250=1.24 \times 10^9 \text{N} \cdot \text{mm}=1.24 \times 10^3 \text{kN} \cdot \text{m}$

由屈曲长度较短的外柱的长期容许抗压应力 $f_c=127\text{N/mm}^2$ 可得：

$M=6291 \times 1.5 \times 127 \times 1250=1.50 \times 10^9 \text{N} \cdot \text{mm}=1.50 \times 10^3 \text{kN} \cdot \text{m}$

• 由柱脚锚栓的受拉屈服求得抗弯承载力（轴力忽略不计）

柱脚锚栓的屈服应力 $\sigma_y=235 \times 1.1=258.5\text{N/mm}^2$

$M_{p0}=8 \times 594.4 \times 258.5 \times 1250=1.54 \times 10^9 \text{N} \cdot \text{mm}=1.54 \times 10^3 \text{kN} \cdot \text{m}$

格构柱的短期容许抗弯承载力比由柱脚锚栓抗拉屈服求出的抗弯承载力小，所以柱肢杆先发生屈曲。根据屈曲后的稳定承载力计算抗弯承载力。

• 由屈曲后稳定承载力求柱的抗弯承载力

屈曲后稳定应力 $\sigma_s=\sigma_y \times \dfrac{1}{\sqrt{1+45\bar{\lambda}^2}}$，$\bar{\lambda}=\dfrac{1}{\pi}\sqrt{\dfrac{\sigma_y}{E}} \cdot \dfrac{l_B}{i}$

屈曲长度由较长的内柱的屈曲所决定时：

$l_B=3216\text{mm}, i=45.6\text{mm}, \bar{\lambda}=0.875$

$M_p=235 \times 0.168 \times 6291 \times 1250=3.10 \times 10^8 \text{N} \cdot \text{mm}=3.10 \times 10^2 \text{kN} \cdot \text{m}$

屈曲长度由较短的外柱的屈曲所决定时：

$l_B=1608\text{mm}, i=45.6\text{mm}, \bar{\lambda}=0.438$

$M_p=235 \times 0.322 \times 6291 \times 1250=5.95 \times 10^8 \text{N} \cdot \text{mm}=5.95 \times 10^2 \text{kN} \cdot \text{m}$

（3）柱C2的极限承载力的计算

（a）2柱

H-440×300×10×16

$Z_p=2.760 \times 10^6 \text{mm}^3$

钢构件的全塑性抗弯承载力（轴力忽略不计）

$M_{p0}=2.760 \times 10^6 \times 258.5=7.14 \times 10^8 \text{N} \cdot \text{mm}=7.14 \times 10^2 \text{kN} \cdot \text{m}$

（b）1柱

对该柱，与C1、C3柱一样，对两个方向都进行验算。

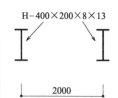

肢杆：H-400×200×8×13

$$A=8337 \text{mm}^2 \quad i_x=168 \text{mm} \quad i_y=45.6 \text{mm}$$

- 短期容许抗弯承载力

容许抗弯承载力是由屈曲长度较长的 Y1 轴柱所决定时，根据长期容许抗压应力 $f_c=99.1 \text{N/mm}^2$ 可得：

$$M=8337×1.5×99.1×2000=2.48×10^9 \text{N·mm}=2.48×10^3 \text{kN·m}$$

容许抗弯承载力是由屈曲长度较短的 Y3 轴柱所决定时，根据长期容许抗压应力 $f_c=134 \text{N/mm}^2$ 可得：

$$M=8337×1.5×134×2000=3.35×10^9 \text{N·mm}=3.35×10^3 \text{kN·m}$$

- 由柱脚锚栓的受拉屈服所决定的抗弯承载力（轴力忽略不计）

柱脚锚栓屈服应力　$\sigma_y=235×1.1=258.5 \text{N/mm}^2$

$$M_{p0}=8×594.4×258.5×2000=2.46×10^9 \text{N·mm}=2.46×10^3 \text{kN·m}$$

由于柱脚锚栓的抗弯承载力比柱子的短期容许承载力小，所以柱脚锚栓受拉先行屈服，因此，不需要进行屈曲后稳定承载力的计算。

(4) 破坏形式的计算

从上述的计算结果可知，产生塑性铰的部位为 Y1 与 Y3 轴的柱头和柱脚（屈曲后稳定承载力），以及 Y2 轴的柱头和柱脚锚栓。

破坏形式形成时的内力状态

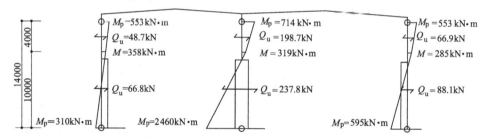

所需保有水平耐力的计算

$$D_S=0.40 \text{（FD 等级）}$$

$$F_{es}=1.0$$

	$Q_{ud}[\text{kN}]$	D_s	F_{es}	$Q_{un}[\text{kN}]$	$Q_u[\text{kN}]$	Q_u/Q_{un}	判别
屋顶	883.2	0.40	1.0	353.3	392.7	1.11	OK

［解说］

采用大跨度的桁架梁时，与柱头的抗弯承载力相比，桁架梁的抗弯承载力要大得多。在本设计例题中，柱头的抗弯承载力比桁架梁的短期容许抗弯承载力小，所以假定柱头先行屈服，产生塑性铰。

虽然是单层厂房，但由于考虑了吊车梁位置的地震力，因此地震剪力分布不均匀。形成破坏机制时的地震剪力分布按照 A_i 分布设定。

D 结构设计图

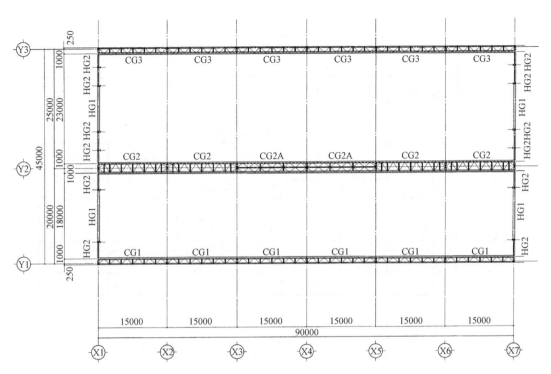

图 3.29 吊车梁平面图

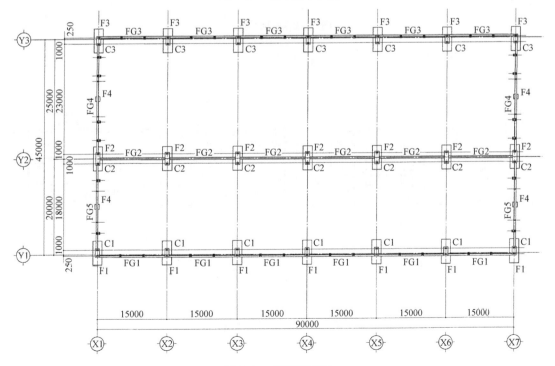

图 3.30 基础平面图

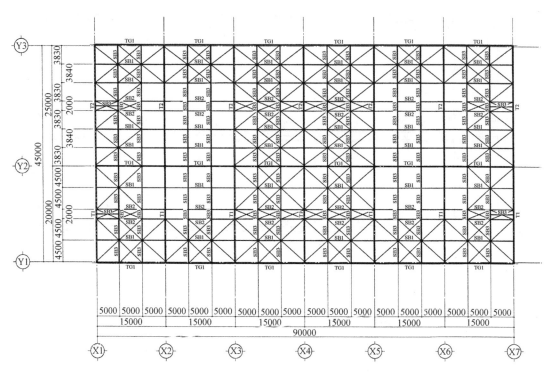

图 3.31　屋顶平面图

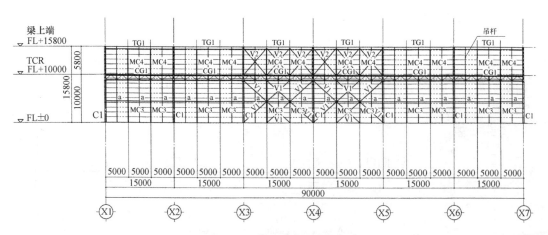

图 3.32　Ⓨ₁轴结构布置图

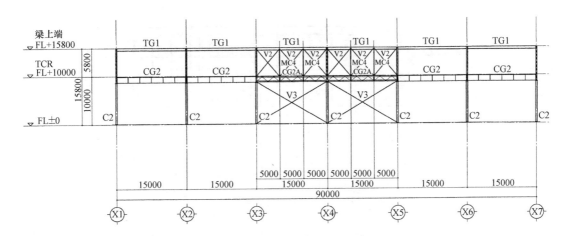

图 3.33 ⟨Y2⟩轴结构布置图

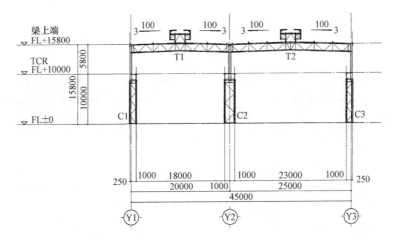

图 3.34 ⟨X2⟩～⟨X6⟩轴结构布置图

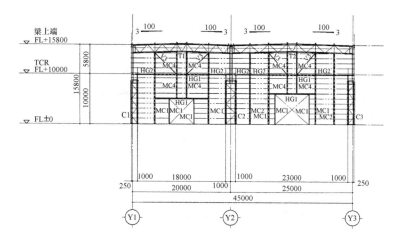

图 3.35　⊗1、⊗7轴结构布置图

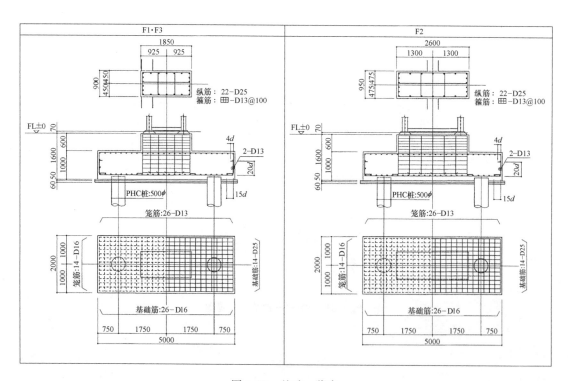

图 3.36　基础一览表

(注)1.钢材 主要构件：SN400A 板材：SN400B

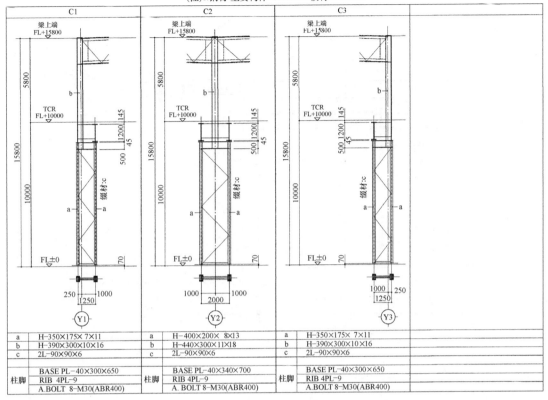

	C1		C2		C3
a	H-350×175× 7×11	a	H-400×200× 8×13	a	H-350×175× 7×11
b	H-390×300×10×16	b	H-440×300×11×18	b	H-390×300×10×16
c	2L-90×90×6	c	2L-90×90×6	c	2L-90×90×6
柱脚	BASE PL-40×300×650 RIB 4PL-9 A.BOLT 8-M30(ABR400)	柱脚	BASE PL-40×340×700 RIB 4PL-9 A. BOLT 8-M30(ABR400)	柱脚	BASE PL-40×300×650 RIB 4PL-9 A.BOLT 8-M30(ABR400)

图 3.37　柱一览表

(注)1.钢材　主要构件：SN400A　　板材：SN400B

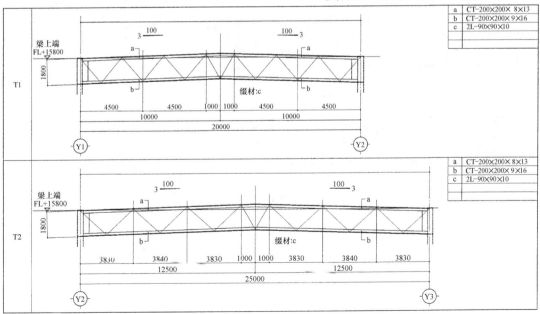

图 3.38　桁架梁一览表

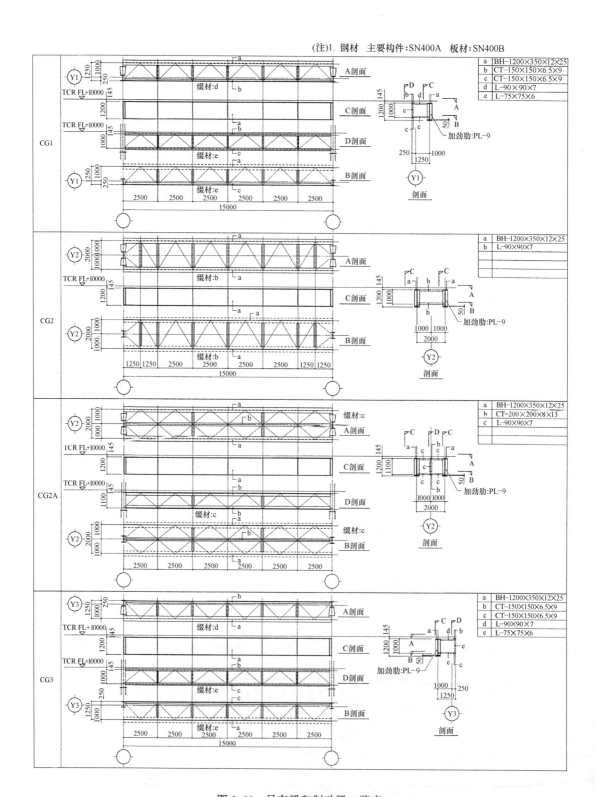

图 3.39　吊车梁和制动梁一览表

(注)1.钢材　　主要构件:SN400A　板材:SN400B

符号	TG1		SB1	SB2	SB3
剖面					
主要构件	H−500×200×10×16 G.PL−12 HTB 5−M20		H−450×200×9×14 G.PL−9 HTB 4−M20	H−500×200×10×16 G.PL−12 HTB 5−M20	H−200×100×5.5×8 G.PL−9 HTB 2−M16

符号	MC1	MC2	MC3	MC4
剖面	250 450 250 100 / 100 170 / 40 40	225 400 200 100 / 145 / 40 40	200 350 150 100 / 120 / 40 40	200 300 150 / 150 120
主要构件	H−400×200×8×13 B.PL−22×450×250 A.BOLT 4−M20(L=800) G.PL−9 HTB 4−M20	H−350×175×7×11 B.PL−19×400×225 A.BOLT 4−M20(L=800) G.PL−9 HTB 3−M20	H−300×150×6.5×9 B.PL−16×350×200 A.BOLT 4−M16(L=640) G.PL−9 HTB 3−M20	H−250×125×6×9 B.PL−16×300×200 A.BOLT 2−M16(L=640) G.PL−9 HTB 2−M16

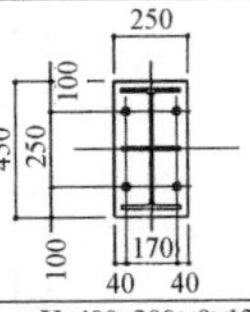

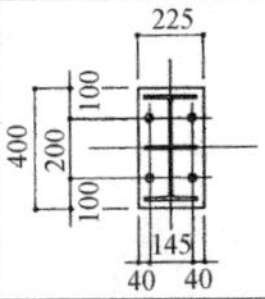

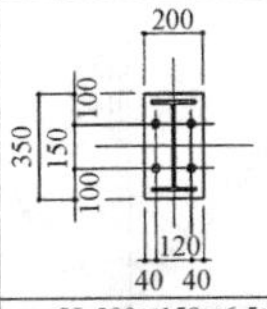

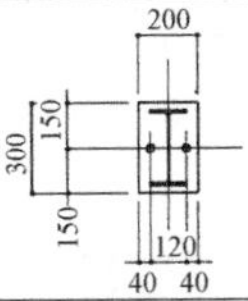

符号	HG1	HG2	a		
剖面					
主材	H−350×175×7×11 G.PL−9 HTB 3−M20	H−194×150×6×9 G.PL−9 HTB 2−M16	CT−150×150×6.5×9 G.PL−9 HTB 4−M16		

符号	V1	V2	V3		HV1
剖面	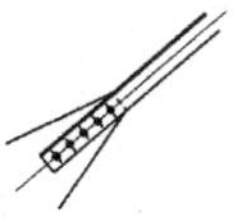	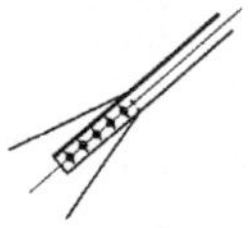	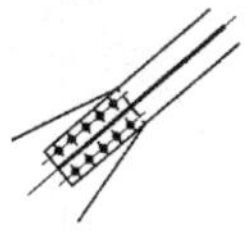		
主要构件	2L−75×75×6 G.PL−9 HTB 5−M16	L−75×75×6 G.PL−9 HTB 5−M16	2CT−75×150×7×10 G.PL−16 HTB 10−M16		L−75×75×6 G.PL−9 HTB 3−M16

符号	墙檩				
剖面					
主要构件	C−100×50×20×3.2 L−100×75×7 普通螺栓2−M12				

图 3.40　钢构件一览表

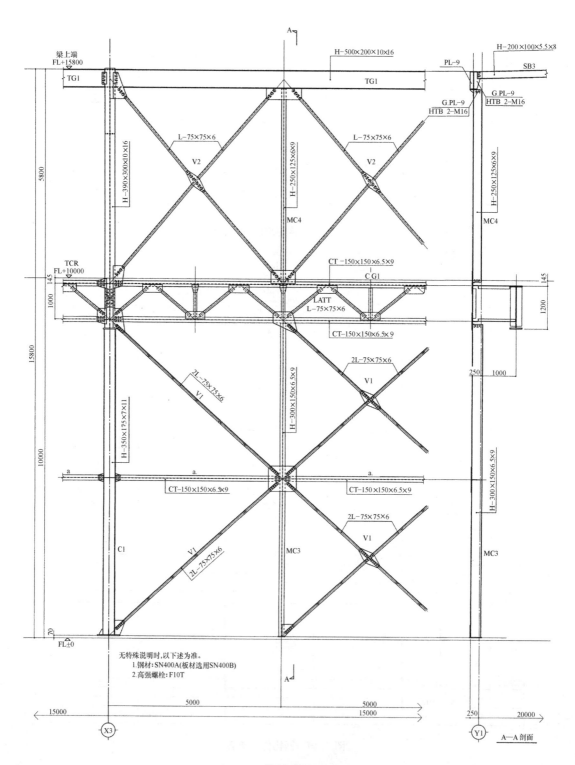

图 3.41 (Y1)轴钢框架详细图

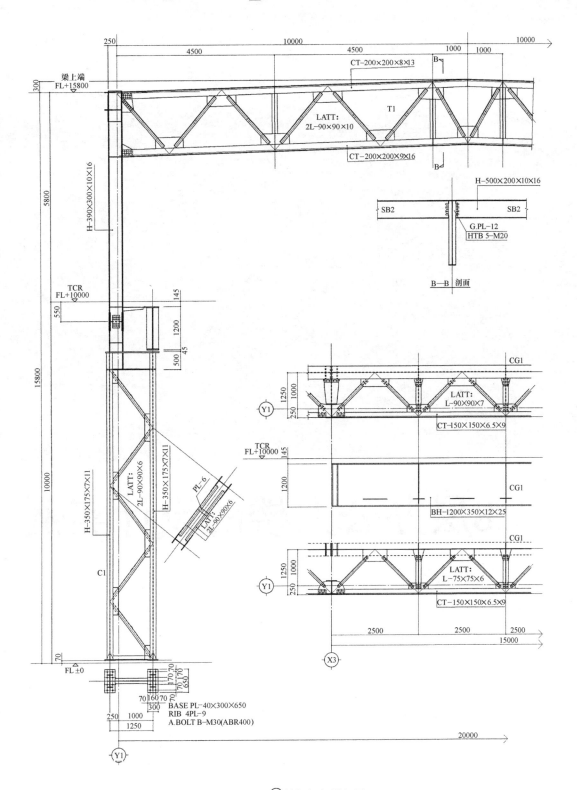

图 3.42 Ⓧ3轴钢框架详细图

第 4 章

8层办公大楼的设计实例

A 建筑物概要

1. 建筑物概要

本建筑物为租赁办公大楼，位于东京都内 JR 电车山手线车站附近的道路转角处，面向大街（图 4.1～图 4.6）。

建设场地呈长方形，面积为 661.18m²，地处商业区域。建筑容积率限制为 700％（从大街的道路边界线起 30m 以内范围）和 500％（从大街的道路边界线起 30m 以外范围）的两部分。根据面积比例，法定容积率为 681.5％。本建筑物计划使用建筑容积率是 681％。为了符合容积率规定，最上层的 8 楼部分从大街一侧后退 4.0m。建筑物最高高度为 32.85m，建筑总面积为 4797.57m²（条例放宽后，停车场的 300m² 可以不计入计算容积率的建筑面积，所以计算容积率的总建筑面积为 4500m²）。底层层高为 3.9m，底层面积为 555m²。

1 层为商业店铺，2～8 层为可租比 80％的租赁办公室，地下 1 层是停车场和机房。按照条例规定在屋顶上设置了地上部分所需要的 140m² 的绿化地。所需要的 13 个停车位，设置在地下 1 层的机械式停车场内。

本建设场地临街南侧比里面北侧低 1.4m，所以南侧的 1 层楼梁比北侧的梁低 1.3m。

为了迎合建筑物外观，面向大街的外墙使用带竖向红陶色遮板的铝合金玻璃幕墙，其他三面使用压塑成型水泥板。

根据设计方案的比较结果，地下层高定为 7m，基础梁高为 3m，采用以 GL-10m 的东京砾石层为持力层的天然地基。

为了提高办公室部分的可租比，结构形式采用 14.4m×29.1m 的无柱空间纯框架钢结构。2 层以上的楼板采用以压型钢板为施工模板的钢筋混凝土楼板。1 层主梁为钢骨钢筋混凝土结构，地下 1 层为钢筋混凝土框架剪力墙结构。

2. 1层平面图

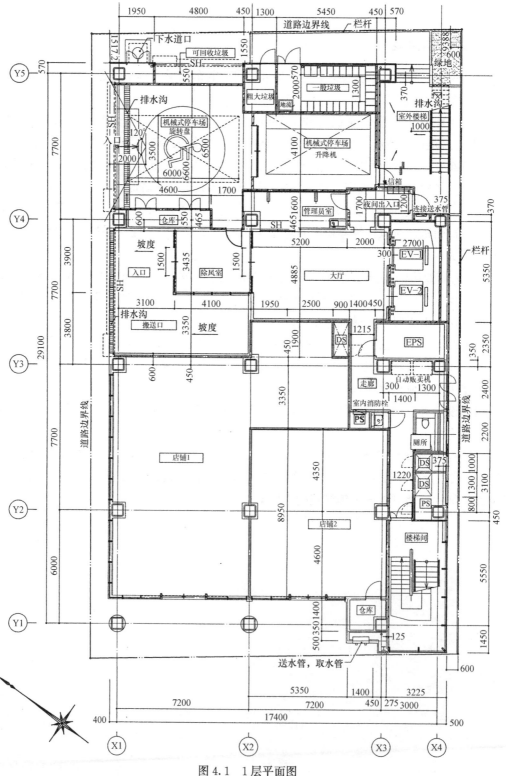

图 4.1　1层平面图

3. 2～7层平面图

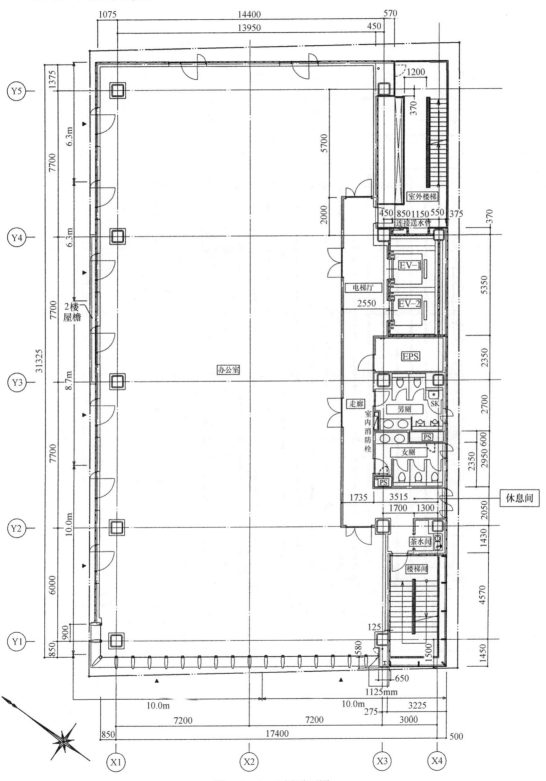

图4.2　2～7层平面图

4. 立面图（南面）

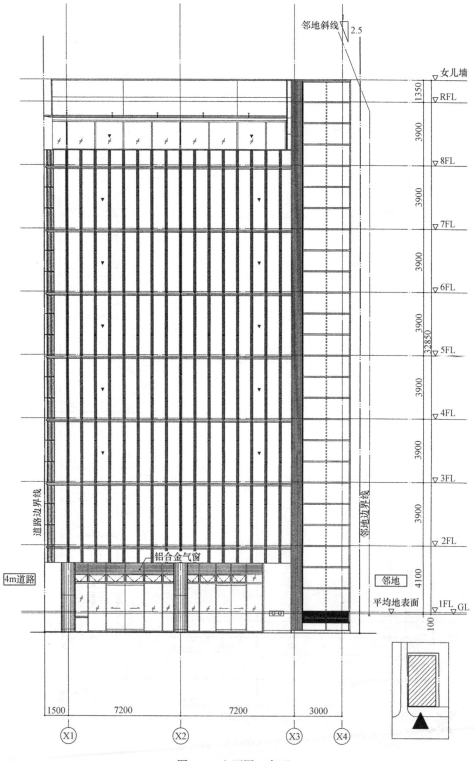

图4.3 立面图（南面）

5. 立面图（西面）

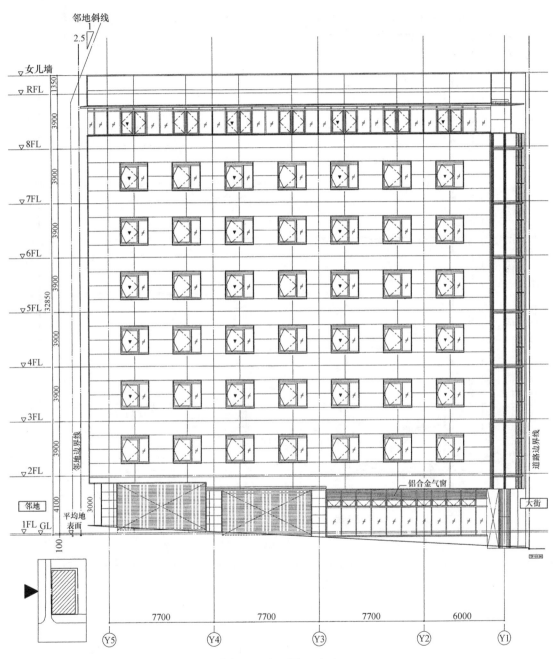

图 4.4　立面图（西面）

6. 截面图（南北面）

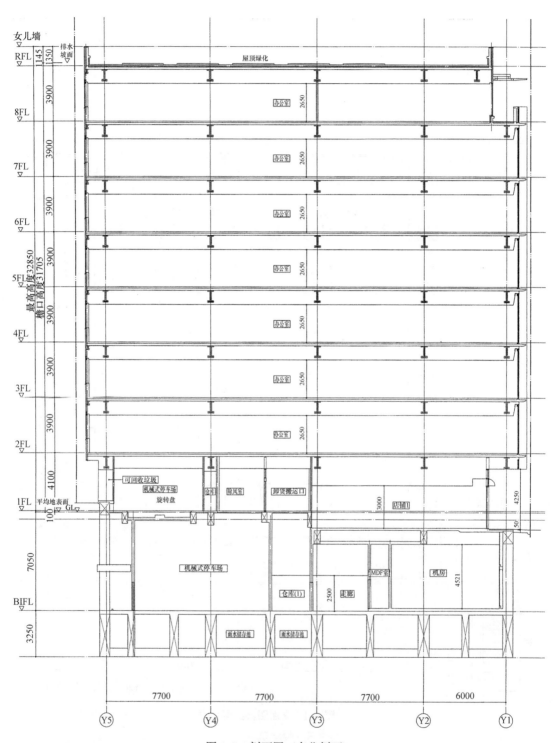

图 4.5 剖面图（南北剖面）

7. 剖面详图

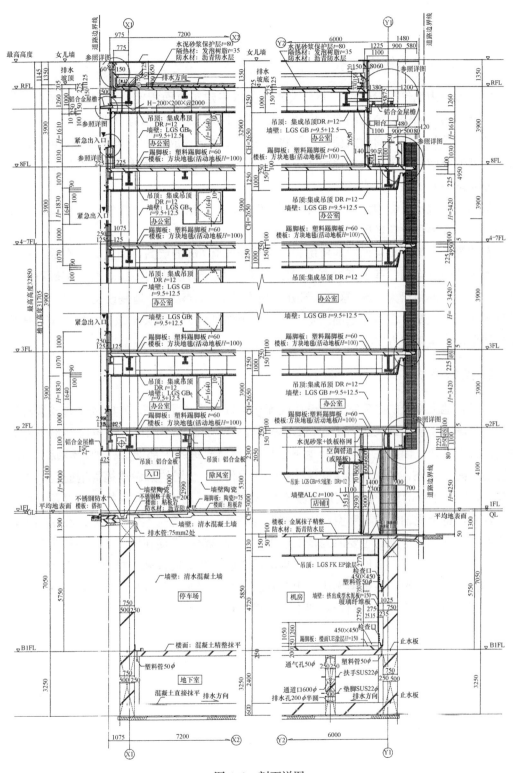

图 4.6　剖面详图

B　结 构 方 案

1. 建筑方案与结构方案

由于大楼为地价昂贵的临街办公大楼，所以将建筑总面积定为法定建筑容积率的上限。另外，为了确保办公室的有效空间，尽可能不设柱、斜撑和剪力墙。

建筑南面的大街为商业大街，因此将朝南的1楼设计成既可以作为饮食店也可以作为其他店铺的空间。由于建设场地南北方向上有1m多的高差，所以1楼的设计层高比一般层（办公室层）的层高高出0.2m。

根据条例规定，必须设置13个停车位和140m² 的绿地，因此在地下1层设置机械式停车场，并在屋顶设置轻质土壤绿地。

在建筑上，地下1层设置的机房和储水池需要有6m的层高，而且为了有效利用基础梁高度内的地下空间，基底至少要在GL-8m处。但持力层为GL-10m的东京砾石层，即基底与持力层的距离为2m。这2m部分可用下述4个方法：①地基改良。②利用流动化处理工法置换地基。③短桩基础。④上部结构延伸到持力层的天然地基。根据工程造价比较的结果，决定采用方案④，地下1层的层高为7m，基础梁高为3m。

2. 结构形式

为了将地上部分的办公室空间设计成无柱空间，采用了7.7m×14.4m 的较大跨度钢结构。考虑到1楼的最大层高接近5m，为了确保1层的水平刚度，并考虑到地下部分是钢筋混凝土结构，因此在1层以及地下1层的14.4m 跨的中部增加柱子，形成7.2m×2跨度的空间。另外，考虑到1层钢柱柱脚的内力传递，1层的梁做成钢骨钢筋混凝土结构（SRC），地下1层的柱子做成钢筋混凝土柱（RC）。为了加强柱脚的抗拉力以及钢构件的安装需要，将承受轴力的十字型和工字型钢骨设置在钢筋混凝土柱的中心。在结构上，没有将钢柱做到地下1层的主要原因是1层以上的方形钢柱即使在地下1层的柱头变换成十字形或工字型钢截面，但地下1层的柱脚仍需要通过柱脚底板来支撑钢柱，钢骨与基础梁在力的传递上不连续，基础梁无法承担钢骨的弯矩，因此这部分只能作为钢筋混凝土柱来设计，所以规划承受内力的钢骨只到1层的梁为止。

C 结构计算书

作为结构计算书，需要有封面和目录。具体可参照第 2 章，这里不再叙述。

1. 一般事项

1.1 建筑物概要

（1）建筑物概要

建筑物名称		JSCA 大楼		
建设场地	地址	东京都〇〇区〇〇〇		
	用途区域	商业区域	场地面积	661.18m²
	其他	防火区域 法定建筑密度 100% 以下 法定容积率 681.5% 以下（700% 和 500% 部分的折算值）		
主要用途		办公室,店铺,停车场		
规模	层数	地上 8 层,地下 1 层		
	总建筑面积	4797.57m²	基底面积	590.58m²
	容积率对象面积	4497.64m² *	标准层面积	555.00m²
	最高高度	32.850m	结构檐口高度	31.705m
	建筑密度	89.33%	容积率	680.76%
装修概要	屋顶	沥青防水,混凝土保护层		
	楼板	方块地毯,活动地板（$H=100$）		
	外墙	压塑成型水泥板 铝合金玻璃幕墙		
	檐口吊板	铝合金板		
结构概要	结构类别	地上:钢结构,地下:钢筋混凝土结构（一部分为钢骨钢筋混凝土结构）		
	结构体系	地上:纯框架结构,地下:框架剪力墙结构		
	基础	直接基础（筏基）		
	地基持力层	N 值为 60 以上的东京砾石层		
	主要跨度	14.4m×7.7m		

* 根据条例，容积率面积可以不包括停车场面积。

（2）结构计算者

（ⅰ）资质　　　一级建筑士　　　　　　国土交通大臣　登录 第〇〇〇〇〇〇号

　　　　　　　结构设计一级建筑士　　国土交通大臣　交付 第〇〇〇〇号

（ⅱ）姓名：〇〇　〇〇

（ⅲ）建筑士事务所　　一级建筑士事务所　　东京都　知事登录 第〇〇〇〇号
　　　　　　　　　　　〇〇〇设计事务所

（ⅳ）邮编　　　　〇〇〇－〇〇〇〇

（ⅴ）地址　　　　东京都〇〇区〇〇〇

（ⅵ）电话号码　　〇〇－〇〇〇〇－〇〇〇〇

（3）结构特点

① 本建筑物为大约 18.8m×31.3m 的长方形建筑，高度为 32.9m。1 层为店铺及出入口大厅，2~8 层为办公室，B1 层为机械式停车场及机房。

② 标准层平面为 17.4m×29.1m 的长方形，1 层长边方向（Y 方向）为 4 跨（6.0m，7.7m×3），短边方向（X 方向）为 3 跨（7.2m×2，3.0m），二层以上长边方向（Y 方向）为 4 跨（6.0m，7.7m×3），短边方向（X 方向）为 2 跨（14.4m，3.0m），长边方向的西南侧及东北侧分别有 1.45m 和 1.375m 的悬臂跨，短边方向的西北侧及东南侧分别有 0.85m 和 0.5m 的悬臂跨。另外，在 8 层的西南面有 4m 的缩进。

③ 建筑用地在长边方向（Y 方向），从西南侧到东北侧约有 1m 高差。一层的楼层标高是结合该标高进行规划的。因此，相比东北侧，西南侧的柱高出 1m。

④ 1 层柱子的高度不一而产生偏心，因此 1 层和地下 1 层在 14.4m 跨中增设柱子，以提高刚度。

⑤ 地上部分的结构类别为钢结构，地下部分为钢筋混凝土结构。为了顺利传递地上部分和地下部分的荷载，一层楼板的主梁采用钢骨混凝土结构。

⑥ 地上部分的结构形式为纯框架结构，地下部分为带有剪力墙的框架结构。

⑦ 基础为直接基础的钢筋混凝土筏式基础。

1.2　设计方针

（1）结构设计方针

（上部结构）

• 建筑物为办公楼，为了提高办公室部分的可租比，采用钢结构，结构形式在 X 方向和 Y 方向均采用纯框架结构。

• 柱子采用由建筑结构钢板（SN490C）焊接而成的组装箱型截面柱（俗称组装 Box 柱）。

• 主梁采用外尺寸固定热轧 H 型钢（俗称外尺寸 H 型钢）（SN490B）。为了便于将来可以采用焊接组装 H 型梁（俗称组装 H 型钢）进行替换，在计算上不考虑翼缘和腹板连接部圆弧部分的截面。

• 大梁和柱采用 FB 以上（含 FB）的构件。

• 梁柱结合部采用内横隔板连接形式，内横隔板的材质采用 SN490B。另外，主梁端采用由柱心悬挑 1400mm 的托架形式。

• 主梁拼接节点在翼缘板、腹板上均采用高强螺栓连接。

- 柱拼接节点采用工地焊接连接。考虑到从钢材加工厂到工地的运输和吊车的起重能力，拼接节点分别设置在 1 楼、3 楼、6 楼和 8 楼，高度为 FL＋1000mm。
- 梁柱连接及主梁拼接均采用保有耐力连接。主梁的侧向支撑也采用保有耐力侧向支撑。
- 小梁采用建筑结构钢材（SN400A）制造的几乎没有负误差的 H 型钢（俗称JIS-H梁）。

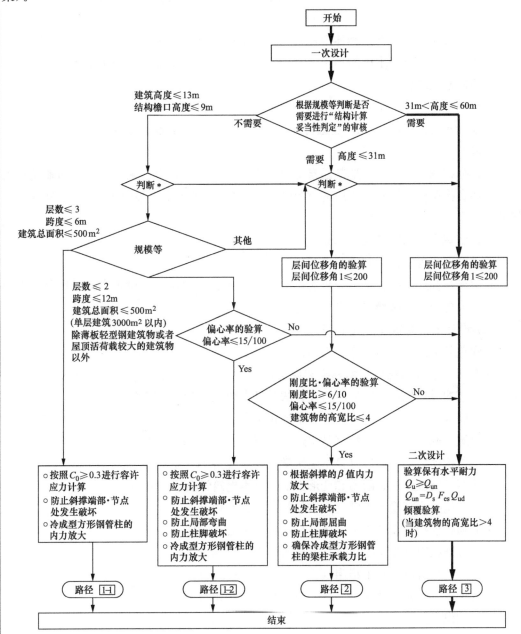

*"判断"是指设计人员根据设计方针进行的判断。例如：虽然是建筑高度31m以下的建筑，
  经过判断可以选择更加详细的验算方法路径③来进行设计。

[出处:2015年版建筑结构技术基准解说书]

　　•楼板采用了以平顶压型钢板为模板的现场浇筑非组合钢筋混凝土楼板。梁的翼缘板顶部安装圆柱头焊钉，使梁与楼板一体化。

　　•主体结构的设计采用一贯式结构计算程序进行计算，柱和主梁构件换成杆系单元进行建模。

　　（地下结构）

　　•地下采用钢筋混凝土结构。为了利于传递上部结构的荷载，1 楼主梁采用钢骨混凝土结构。

　　•为了传递轴力，钢柱延伸至柱脚，但柱子只作为钢筋混凝土结构进行设计。

　　•在外围布置承受土压的挡土墙兼剪力墙，并根据平面在内部布置剪力墙，形成带有剪力墙的框架结构。

　　•采用地下、地上结构一体化的模型进行设计分析。

　　•设计水位为 GL-3.0m，在进行地下结构设计时，考虑地下水压。

　　（基础结构）

　　•根据在场地内实施的地基勘察结果，以 GL-10m 深处附近东京砾石层为地基持力层，采用直接基础。地基持力层的 N 值为 60 以上，但在设计上为了保守起见 N 值采用了 60。

　　•基底标高为 GL-10.2m，场地种类为第 2 类。

　　•基础形式为直接基础的筏形基础。

　　•由于是筏形基础，结构分析建模时在柱下方和基础梁下方设置支点。在分析水平荷载时，考虑地基的弹簧支撑进行设计。

　　（2）设计依据的指针、规范等

　　•建筑基准法、同施行令、告示；

　　•2015 年版建筑结构技术基准解说书；

　　•钢结构设计规范•容许应力设计法（日本建筑学会，2005 年）；

　　•钢筋混凝土结构计算规范（日本建筑学会，2010 年）；

　　•建筑基础结构设计指针（日本建筑学会，2001 年）；

　　•钢结构塑性设计指针（日本建筑学会，2017 年）；

　　•建筑抗震设计保有耐力和变形性能（日本建筑学会，1990 年）；

　　•钢结构接合部设计指针（日本建筑学会，2012 年）；

　　•高强螺栓接合设计施工指南（日本建筑学会，2016 年）；

　　•焊接连接设计施工指南（日本建筑学会，2008 年）；

　　•钢结构柱脚设计施工指南（日本建筑学会，2017 年）；

　　•各种组合结构设计指针（日本建筑学会，2010 年）。

　　○结构设计路径

　　因建筑物高度超过 31m，故 X 方向和 Y 方向均按照设计路径 ③ 的保有水平耐力进行设计。

○使用程序概要

(a) 程序名称：○○○○○ Ver.○.○　株式会社○○○○

(b) 有无国土交通省的认证　□有（为大臣认证程序，其安全性已获得认证）

　　　　　　　　　　　　　■无

(c) 认证号码　无（评定　○○○-○○○○）

(d) 取得认证时间　无（评定　○○○○年○○月○○日）

(e) 结构计算检查清单　另付（参考○○）

(f) 所使用的其他计算程序　无

○结构计算方针

• 根据地基勘察结果，判断为第 2 类地基。用于计算 A_i，R_t 的第一阶自振周期采用不考虑地基弹簧的模型进行固有值分析求得的第一阶自振周期精算值。同时，根据该精算值求得的 R_t，必须大于根据略算式（$T=0.03h$）求得的 R_t 的 3/4 以上。

• 与地震作用相比，风荷载非常小，在此省略其核算。

• 关于积雪荷载，因不是多雪地区，仅需核算短期荷载。而其短期荷载（$G+P+S$）小于长期荷载（$G+P$）的 1.5 倍，故省略雪荷载核算。

• 结构内力分析采用地上、地下一体化的模型进行计算。

• 因各层楼板不存在大开口，具有连续性，所以采用刚性楼板假定。利用矩阵位移法进行立体框架的结构内力计算。

• 一次设计采用弹性计算，二次设计采用一般化塑性铰的弹塑性荷载增量法进行计算。

• 结构分析的跨距采用 1 层的柱子中心线间距。结构层高采用各个楼层的大梁中心之间的高度。对有高低差的一层，先算出各个柱子的柱长之后，取平均长度作为一层结构层高。

• 梁和柱置换成杆系单元。柱考虑弯曲、剪切及轴向变形，而梁考虑弯曲和剪切变形。梁柱节点域对结构内力分析影响甚微，且对变形的评价属于保守评价，故不考虑节点域。

• 楼板对于主梁的刚度放大率 Φ，按照大梁与有效宽度的楼板组成的 T 形截面算出刚度后，输入到电算程序中。另外，承载力的计算仅考虑主梁截面。

• 1 层的柱脚采用将钢柱直接插进 B1 层钢筋混凝土柱中的埋入式柱脚。B1 层柱底的支点，在容许应力法设计中的竖向荷载作用下设定为铰接，在容许应力法设计中的水平荷载作用及保有水平耐力作用下设定为弹簧支撑。

• 在一次设计时，最大层间位移角不超过 1/200。

• 为了满足使用性能要求，计算出构件截面高跨比，或挠度，确认它们在告示所规定的限值范围之内。

• 屋顶为钢筋混凝土，无需进行抗风设计验算。

○容许应力计算

- 利用一贯式结构计算程序进行计算。二次构件、基础等另行计算和设计。
- 结构内力分析为弹性计算，故只进行正向加载分析。
- 进行钢结构构件截面设计时的弯矩，在竖向荷载作用下采用节点弯矩，在水平荷载作用下采用截面的端面弯矩。另外，柱子设计中同时考虑直交方向的弯矩来进行截面核算。
- 截面的验算，大梁选择两端、中央及拼接位置共 5 处进行。柱选择柱头和柱脚共 2 处进行。
- H 型钢梁的容许弯矩仅考虑翼缘截面进行计算。
- 悬臂梁按照 1.5 倍长期荷载，确认在长期容许应力度范围之内。

○保有水平耐力计算

- 外力分布采用 A_i 分布。
- 建筑物的平面形状为较规整的长方形，故外力采用 X 方向的正负和 Y 方向的正负，共 4 个方向进行设计。
- 构件的滞回曲线按双折线（Bi-Linear）模型。折点为全塑性弯矩，二次刚度为初始弹性刚度的 1/100。另外，梁端部的抗弯强度采用全截面有效的全塑性弯矩。此时，材料强度采用基准强度 F 的 1.1 倍。
- 由于是没有斜撑的纯框架结构，各个楼层的结构特性系数 D_s 值，取决于该层每个构件的构件类别等级。因此，无需为了确定 D_s 值而验算破坏机制。
- 保有水平耐力设定为某一楼层的层间位移角达到 1/100 时的楼层剪力。

1.3　材料的容许应力

材料的容许应力如下表。

钢材的强度设计值

钢材种类	F 值(N/mm²) (40mm 以下)	长期(N/mm²)		短期(N/mm²)	
		抗拉、抗压和抗弯	抗剪	抗拉、抗压和抗弯	抗剪
SN400A	235	156	90	235	135
SN400B	235	156	90	235	135
SN490B	325	216	125	325	187
SN490C	325	216	125	325	187

焊接部位的 F 值取连接构件的低值 F 值。

高强螺栓的强度设计值

螺栓公称直径	设计螺栓预拉力(kN/根)	长期(kN/根)			短期(kN/根)		
		容许抗剪力		容许抗拉力	容许抗剪力		容许抗拉力
		单摩擦面	双摩擦面		单摩擦面	双摩擦面	
M22	205.0	57.0	114.0	118.0	85.5	171.0	177.0
M20	165.0	47.1	94.2	97.3	70.7	141.0	146.0
M16	106.0	30.2	60.3	62.3	45.2	90.5	93.5

高强螺栓：F10T 或 S10T（大臣认证品）。

混凝土的容许应力

混凝土种类	长期（N/mm²）			短期（N/mm²）		
	抗压	抗拉	抗剪	抗压	抗拉	抗剪
普通混凝土 FC24	8	—	0.73	16	—	1.09

钢筋的容许应力

钢筋种类	长期（N/mm²）		短期（N/mm²）	
	抗拉、抗压	抗剪	抗拉、抗压	抗剪
SD295A	195	195	295	295
SD345	215(195)	195	345	345

（ ）：D29 以上

握裹力的容许应力

钢筋种类	长期（N/mm²）		短期（N/mm²）	
	上部钢筋	其他	上部钢筋	其他
带肋钢筋	1.54	2.31	2.31	3.46
钢骨	0.45		0.67	

[解说]

（1）结构设计路径

由于建筑物的最高高度超过 31m，须采用设计路径 3 进行设计。本建筑物的场地南低北高，致使 1 楼的柱子长度不均一，短边方向（X 方向）的刚心偏于北侧，偏心率超过 0.15。因此在所需保有水平耐力计算中（结构设计路径 3）须采用形状系数来考虑偏心率的影响。

（2）钢材

不需要焊接的次梁和主梁的中间部分使用 SN400A，需要焊接的次梁以及钢板板厚方向不产生应力的主梁等使用 SN490B，钢板厚度方向产生应力的箱形柱（BOX 柱）采用 SN490C。

（3）高强螺栓

高强螺栓使用 F10T 或 S10T（大臣认证品）。F11T 因为经常发生延迟断裂，JIS B1186 规定应尽量避免使用，所以实际工程中不使用 F11T。近年来有些厂家开发了 F14T 高强螺栓，并付诸使用，但因还未 JIS 标准化，在使用时还需要个别申请大臣认证。热浸镀锌的高强螺栓因为镀锌引起强度降低，目前只有 F8T 或 F12T 这两种螺栓还未 JIS 标准化、使用时需采用大臣认证的产品。它们常用于需要防锈的室外镀锌钢构件的连接节点。

1.4 设计荷载

（1）设计用长期荷载

长期荷载由恒荷载和活荷载构成，如下表所示。表中的 S1、S2、S3、S4、S5 是电脑输入时的楼板序号。

○楼板

楼板恒荷载以及活荷载一览

部位/特征		细目			楼板、次梁用 N/m²	框架用 N/m²	地震用 N/m²
		N/mm·m²	mm	N/m²			
屋顶	混凝土保护层	(γ=23)	t=110	2530			
	防水			70			
	结构楼板	(γ=24)	t=150	3600			
RF	压型钢板			150	DL	6700	6700	6700
防水楼板	管道、顶棚			300	LL	4900	1300	600
S1			6700	←6650	TL	11600	8000	7300
屋顶 (绿化地)	绿化土壤(使用轻质土)			3000			
	混凝土保护层	(γ=23)	t=110	2530			
	防水			70			
	结构楼板	(γ=24)	t=150	3600			
RF/8F	压型钢板			150	DL	9700	9700	9700
防水楼板	管道、顶棚			300	LL	2900	1800	800
S2			9700	←9650	TL	12600	11500	10500
办公室	活动地板			250			
	水泥砂浆	(γ=23)	t=5	115			
	结构楼板	(γ=24)	t=150	3600			
8F~2F	压型钢板			150	DL	4500	4500	4500
活动地板	管道、顶棚			300	LL	4900	1800	800
S3			4500	←4415	TL	9400	6300	5300
店铺	装修材料			570			
	水泥砂浆	(γ=23)	t=5	115			
	结构楼板	(γ=24)	t=150	3600	DL	4600	4600	4600
1F	管道、顶棚			300	LL	2900	2400	1300
S4			4600	←4585	TL	7500	7000	5900
机房	装修材料			70			
	水泥砂浆	(γ=23)	t=310	7130	DL	25200	25200	25200
B1F	结构楼板	(γ=24)	t=750	18000	LL	19600	9600	5200
S5			25200	←25200	TL	44800	34800	30400

○外墙

• 带红陶色竖向遮板的铝合金玻璃幕墙（h=3900mm）

玻璃（FL，t=10mm）   700N/m

补强钢骨（H-175×90）   700N/m

铝合金框   300N/m

红陶色竖向遮板   2400N/m   合计 4100N/m

• 压塑成型水泥板（h=3900mm，t=60mm）   3900N/m

○女儿墙（h=600mm）   4000N/m

○防火保护层（4.5kN/m³）

1~5层（2小时防火）   t=35mm

6～R 层（1 小时防火） $t=25\mathrm{mm}$

○装修荷载

柱：$500\mathrm{N/m^2}$　主梁：$0\mathrm{N/m^2}$　墙壁：$1000\mathrm{N/m^2}$

主梁的装修荷载为 0，是因为主梁在顶棚内，不需要装修。

（2）设计用地震力　根据令第 88 条规定进行计算。

地震水平力一览表

楼层	恒荷载 (kN)	活荷载 (kN)	楼层重量 (kN)	合计重量 (kN)	α_i	A_i 分布	系数 C_i	层间剪力 Q_i(kN)
8	6330	330	6660	6660	0.182	2.161	0.301	2002.4
7	4213	434	4647	11307	0.309	1.800	0.250	2831.7
6	3693	447	4140	15447	0.422	1.560	0.217	3352.7
5	3718	447	4164	19611	0.536	1.446	0.201	3945.4
4	3752	447	4198	23809	0.651	1.316	0.183	4359.3
3	3755	447	4202	28011	0.766	1.202	0.167	4684.4
2	3761	447	4208	32219	0.881	1.099	0.153	4926.4
1	3898	447	4345	36564	1.000	1.000	0.139	5087.2
B1	15125	606	15731	52295	—	—	(0.103)*	6707.5

＊注：因 B1 层是地下层，故采用震度进行计算。

标准剪力系数：$C_0=0.20$

场地种类：第 2 类（$T_0=0.6\mathrm{s}$）

区域系数：$Z=1.0$（东京都内）

振动特性系数：$R_t=0.696$

自振周期：$T=0.981\mathrm{s}$（根据昭 55 建告第 1793 号第 1 进行计算）

　　　　　：$T=1.380\mathrm{s}$（振型分析的精算值）（本例的采用值）

（3）设计用风压力

根据令第 87 条计算如下。

风压力：$W=q\cdot C_f$（$\mathrm{N/m^2}$）

风压系数：$C_f=C_{pe}-C_{pi}$（外压系数 $C_{pe}=0.8k_z$（迎风），0.4（背风）

　　　　　　　　内压系数 $C_{pi}=0$ 或 -0.2）

速度压：$0.6E\cdot V_0^2=1541\mathrm{N/m^2}$

告示规定风速：$V_0=34\mathrm{m/s}$（东京都内）

建筑物高度与结构檐口高度的平均：$H=32.85\mathrm{m}$（建筑物的最高高度）

地表面粗糙度分类：Ⅲ

阵风系数　　　　　　$G_f=2.20$（$H=32.85\mathrm{m}$）

　　　　$Z_b=5\mathrm{m}$，$Z_G=450\mathrm{m}$，$\alpha=0.2$

　　$E_r=1.7(Z_b/Z_G)^\alpha$：（$H\leqslant Z_b$），$1.7(H/Z_G)^\alpha$：（$H>Z_b$）

　　　　$E=E_r^2\cdot G_f=2.23$

风压力一览表

楼层	层高 (m)	Z (m)	k_z	C_f	W (N/m²)	长度 长边 (m)	长度 短边 (m)	面积 长边 (m²)	面积 短边 (m²)	各层的风压力 长边 (kN)	各层的风压力 短边 (kN)	风压力 长边 (kN)	风压力 短边 (kN)
R	1.35	31.50	0.98	1.19	1833.0	32.5	19.5	107.25	64.35	196.59	117.96	196.6	118.0
8	3.90	27.60	0.93	1.15	1770.5	32.5	19.5	126.75	76.05	224.41	134.64	421.0	252.6
7	3.90	23.70	0.88	1.10	1702.2	32.5	19.5	126.75	76.05	215.77	129.46	636.8	382.1
6	3.90	19.80	0.82	1.05	1627.7	32.5	19.5	126.75	76.05	206.23	123.74	843.0	505.8
5	3.90	15.90	0.75	1.00	1542.8	32.5	19.5	126.75	76.05	195.49	117.29	1038.5	623.1
4	3.90	12.00	0.67	0.93	1443.9	32.5	19.5	126.75	76.05	183.01	109.81	1221.5	732.9
3	3.90	8.10	0.57	0.86	1323.7	32.5	19.5	126.75	76.05	167.78	100.67	1389.3	833.6
2	3.90	4.20	0.47	0.78	1199.8	32.5	19.5	130.00	78.00	155.98	93.59	1545.3	927.2
1	4.10	0.10	0.47	0.78	1199.8	32.5	19.5	66.63	39.98	79.94	47.96	1625.2	975.1

（4）设计用雪荷载

根据令第 86 条规定的特定行政厅（东京都）规定，最大积雪深度为 30cm，积雪的单位重量为 20N/(m² * cm)，因此雪荷载为 600N/m²。

屋顶的长期荷载（TL 即 DL＋LL）为 8000N/m²，所以积雪时的屋顶荷载为（DL＋LL＋1.4S）8600N/m²，是长期荷载的 1.075 倍。由于短期容许应力/长期容许应力是 1.5 倍的关系，因此只要长期荷载（DL＋LL）时的应力在长期容许应力以内，雪荷载时的应力就自然低于短期容许应力，可以省略计算。

［解说］

（1）长期荷载以及活荷载

长期荷载是由建筑物的自重以及人使用时所带来的可变荷载所组成。前者称为恒荷载（DL），后者称为活荷载（LL）。恒荷载在设计建筑物时是已经确定的荷载，活荷载则有可变性，是估测的荷载。活荷载又分为用于设计楼板（次梁）时的荷载、框架时的荷载、地震时的荷载。楼板活荷载的传递顺序是由楼板→次梁→主梁→柱。荷载分布不一定是均匀分布，需要考虑某个范围内有集中加载等情况。而且，地震力等的水平力的作用点是在各层楼板的重心位置。考虑以上因素，采用接近实际情况的活荷载重量作为地震时的荷载；考虑到荷载具有一定的集中性，把地震时的荷载加大作为设计框架（柱，主梁）时的荷载；考虑到荷载最大的集中程度，再加大荷载作为设计楼板、次梁的荷载。如此定出来的荷载一般会大于令第 85 条所示荷载。

在恒荷载和活荷载的一览表中记载着电算输入时的楼板序号，用这些楼板序号比较容易确认楼板荷载的电算输入结果。除了楼板荷载以外，还需要输入柱、梁和墙的防火保护材以及装饰材的重量。本例是用单位面积重量来输入柱、梁和墙的防火材料和装饰材料的重量。另外，外墙和女儿墙的荷载可以考虑为楼板或梁上的线荷载进行电算输入。其他还有次梁重量、隔墙重量、机械设备荷载、水箱荷载、电梯荷载、电扶梯荷载、屋顶机械设备基础荷载等计算程序无法自动计算的荷载。所以设计时需要考虑其他的输入方法。次梁重量的输入方法也因各个计算程序都有所不同，在本例中次梁重量是在输入楼板形状时考虑次梁截面尺寸或外加到防火材料的单位长度重量作为设计框架时的恒荷载输入。机械设备荷载及其基础的荷载计算到楼板的活荷载中。

（2）地震力

计算振动特性系数 R_t 时所用的建筑物自振周期一般是根据昭 55 建告第 1793 号第 1 的规定，由计算式 $T=h(0.02+0.01\alpha)$（h：建筑物高度（m），α：建筑物大部分是钢结构的高度与建筑物高度之比）求出，也可以使用特别调查或研究的计算值。本建筑物采用振型分析的精算值进行设计（有关的计算，可参照 3.6 振型分析结果），但 R_t 的折减以告示值的 75％ 为折减的限度。另外要注意的是，有的特定行政厅会要求采用告示公式所求出的自振周期进行设计。地下的水平震度计算公式是按 $k=0.1(1-H/40)Z$（H：从 GL 的深度（m））进行计算。

（3）雪荷载

雪荷载由特定行政厅所定。

（4）设计荷载

办公室大楼的主要设计荷载有长期荷载（恒荷载、活荷载）、地震力、风荷载、雪荷载。比较地震作用和风荷载，除了像超高层建筑物等，只要建筑物高宽比不是很大时，一般地震作用会大于风荷载。短期的水平荷载只要计算地震作用，就可以确保对风荷载的安全性。除了多雪地区以外，雪荷载为短期荷载，建筑物为办公大楼时，屋顶一般用混凝土保护层＋沥青防水层，允许行走，屋面的长期荷载大多数会大于雪荷载的 2 倍以上。由于短期和长期的容许应力比是 1.5 倍，因此只要验算长期荷载就可以确保雪荷载的安全性。

2. 计算准备

2.1　假定截面

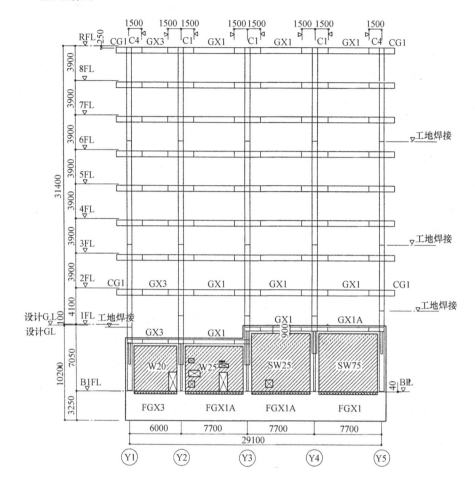

X3 轴结构图

柱截面一览表　　　　　　　　　　　　　　　　　（单位：mm）

层	C1	C2	C3	C4
8	□-600×22	□-550×22	□-500×22	□-550×22
7				
6				
5	□-600×25	□-550×25	□-500×22	□-550×25
4				
3				
2	□-600×28	□-550×25	□-500×25	□-550×25
1				
B1	1000×1000(RC)	1000×1000(RC)	1000×1000(RC)	1000×1000(RC)

钢柱均采用焊接箱型截面柱（组装 BOX）（SN490C）

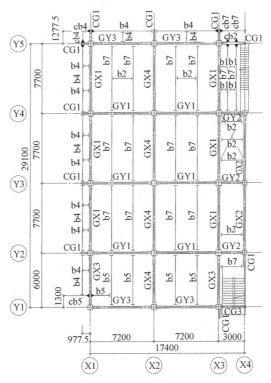

2 层平面结构布置图

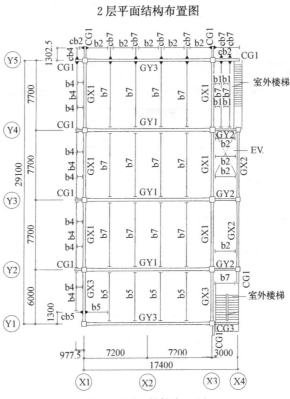

标准层平面结构布置图

GY 主梁截面一览表　　　　　　（单位：mm）

层	GY1	GY2	GY3	GY3A	备考
R	H-800×350×14×25 H-800×300×14×25	H-650×200×12×19 ↑	H-800×300×14×22 H-800×250×14×22	H-650×250×12×25 ↑	S 截面
8	H-800×350×14×22 H-800×300×14×22	H-650×200×12×19 ↑	H-800×300×14×22 H-800×250×14×22	H-650×200×12×19 ↑	S 截面
7	H-800×350×14×25 H-800×300×14×25	H-650×200×12×19 ↑	H-800×300×14×25 H-800×250×14×25	—	S 截面
6	H-800×350×14×25 H-800×300×14×25	H-650×200×12×19 ↑	H-800×300×14×25 H-800×250×14×25	—	S 截面
5	H-800×350×14×28 H-800×300×14×25	H-650×200×12×19 ↑	H-800×300×14×25 H-800×250×14×25	—	S 截面
4	H-800×350×14×28 H-800×300×14×25	H-650×200×12×19 ↑	H-800×300×14×25 H-800×250×14×25	—	S 截面
3	H-800×350×14×28 H-800×300×14×25	H-650×200×12×22 ↑	H-800×300×14×25 H-800×250×14×25	—	S 截面
2	H-800×250×14×22 H-800×200×14×22	H-650×200×12×22 ↑	H-800×250×14×22 H-800×200×14×22	—	S 截面
1	450×900(SRC) H-450×200×9×19	450×900(SRC) H-450×200×9×19	450×900(SRC) H-450×200×9×19	—	SRC 截面 内藏 S 截面
B1	800×3000(RC)	500×3000(RC)	750×3000(RC)	—	RC 截面

钢梁截面采用外尺寸固定热轧 H 型钢（外尺寸 H）(SN490B)。

同一栏内的上面的截面表示端部截面，下面的截面表示中央截面，截面变化位置设计在现场连接节点处。

GX 主梁截面一览表　　　　　　（单位：mm）

层	GX1	GX2	GX3	GX4	备考
R	H-650×200×12×19	H-650×200×12×19	H-650×200×12×19	H-650×250×12×25	S 截面
8	H-650×200×12×19	H-650×200×12×19	H-650×200×12×19	—	S 截面
7	H-650×200×12×19	H-650×200×12×19	H-650×200×12×19	—	S 截面
6	H-650×200×12×22	H-650×200×12×19	H-650×200×12×22	—	S 截面
5	H-650×200×12×25	H-650×200×12×22	H-650×200×12×25	—	S 截面
4	H-650×200×12×25	H-650×200×12×22	H-650×200×12×25	—	S 截面
3	H-650×200×12×25	H-650×200×12×22	H-650×200×12×25	—	S 截面
2	H-650×200×12×22	H-650×200×12×22	H-650×200×12×22	H-650×200×12×22	S 截面
1	450×900(SRC) H-450×200×9×19	450×900(SRC) H-450×200×9×19	450×900(SRC) H-450×200×9×19	450×900(SRC) H-450×200×9×19	SRC 截面 内藏 S 截面
B1	750×3000(RC)	750×3000(RC)	750×3000(RC)	650×3000(RC)	RC 截面

钢梁截面采用外尺寸固定热轧 H 型钢（外尺寸 H）(SN490B)。

所有的钢梁端部翼缘扩幅至250mm，截面变化位置设计在现场连接节点处。

悬臂主梁截面一览表

层	CG 1	层	CG 1
R	H-650×250×12×19	5	H-650×250×12×19
8	H-650×250×12×19	4	H-650×250×12×19
7	H-650×250×12×19	3	H-650×250×12×19
6	H-650×250×12×19	2	H-650×250×12×19

钢梁截面采用外尺寸固定热轧 H 型钢（外部尺寸 H）（SN490B）

次梁、悬臂次梁截面一览表

b1,cb1	H-200×100×6×8	b5,cb5	H-400×200×8×13
b2,cb2	H-250×125×6×9	b6,cb6	H-390×300×10×16
b3,cb3	H-300×150×7×10	b7,cb7	H-450×200×9×14
b4,cb4	H-350×175×7×11		

钢梁截面采用内尺寸固定热轧 H 型钢（JIS-H）（SN490A，但在刚接时采用 SN400B）

剪力墙：RC，$t=750$（承受土压力的墙体、地下外墙），$t=200$（地下内墙）

[解说]

（1）假定截面

假定截面需要专业知识和广泛的经验。在假定截面时，不仅要考虑构件的宽厚比以及主梁的侧向支撑间距等因素，而且还要考虑到建筑（包括设备管道）以及施工问题。

（2）主梁

主梁的高度在跨度为 14.4m 的办公室部分采用 800mm，跨度在 8m 以下的部分采用 650mm。在建筑方面，希望把办公室部分做成统一尺寸，因此各层都采用同一梁高。

主梁一般采用 H 型钢。H 型钢构件有热轧 H 型钢和焊接 H 型钢。热轧 H 型钢有 JIS 规格的内尺寸固定热轧 H 型钢（JIS-H）、国土交通大臣认证的日本铁钢联盟规格以及用于建筑上的外尺寸固定热轧 H 型钢（外尺寸 H）。热轧 H 型钢比焊接 H 型钢的加工量少，材料成本低，但是热轧加工型钢有规格限制，可选择截面的范围有限。而且，热轧 H 型钢即使在同一规格系列中因翼缘和腹板的厚度不同，截面的高度、宽度也不同，这会给施工精度带来影响，使用上有不便之处。这次采用的是外尺寸固定热轧 H 型钢，比起内尺寸固定热轧 H 型钢成本会高一些，但是同样高度、宽度的截面里有不同板厚的规格，使用上比 JIS-H 方便。即使如此，外尺寸固定热轧 H 型钢的截面规格也有限。在没有所需的热轧 H 型钢截面，或细部处理上需要时，可以采用焊接 H 型钢。钢构件的成本大体上可分为材料费、加工费和制作费，价格随市场变动，加工费和制作费里的人工费经常是价格上涨的主要因素。所以，决定使用何种钢材的关键是在确认市场价格的前提下，考虑成本以及节点的细部等因素。价格由低到高的顺序是①JIS-H，②外尺寸固定 H，③焊接 H 型钢。

在设计中，热轧 H 型钢和焊接 H 型钢的截面尺寸（高、宽、板厚）即使都一样，在结构计算程序里，热轧 H 型钢会考虑圆弧部分（翼缘与腹板连接部位的圆弧部分）的面积，而焊接 H 型钢却不考虑角焊部分的面积，两者的截面性能稍有差异。因此，设计图上标明的热轧 H 型钢，由于定购数量少或市场上缺货等原因，不得不变更为焊接 H 型钢时，在行政上的建筑确认方面就不是按照轻微变更设计，而是按照计划变更设计来处理。这是因为在告示中规定了轻微变更设计仅适用于构件的截面性能增加时的情况，但不适用于截面性能减少时的情况。因此，在设计时可以事先用焊接 H 型钢进行设计来处理这种情况。

决定主梁截面的主要因素是应力和变形能力，此外还有建筑上和施工上的因素。建筑上的主要问题是在确保顶棚高度的情况下，如何进行顶棚以上空间的设计。最近的办公大楼层高一般设计为 4m 左右，在确保顶棚高度 3m 左右的情况下，还需布置活动地板、混凝土楼板、主梁、防火保护层、顶棚支架、照明器具和空调管道等。为了有效利用顶棚以上的空间，大多在梁截面上穿孔设置空调管道，穿孔直径为梁高的 1/2 以下，各孔的间隔在直径的 3 倍以上，一般设置在梁跨的中间部分。梁穿孔的数量过多或穿孔位置在主梁端部时要慎重考虑补强方法。另外在施工上，焊接部位由于使用焊条的原因，细部必须设计成向下或横向焊接姿势的连接。在定梁高时，特别要注意的是主梁存在上下水平错位或者钢梁高不同时，梁翼缘板的错位最少也需确保约 150mm 以上高差的焊接空间，否则会发生不能进行焊接，或没有离开 6 倍板厚距离时无法对对接焊缝进行超声波探伤检查（如图 4.7）的情形。

建筑上使用的 JIS 钢材，以一般结构用钢材的 SS 钢材、焊接结构用钢材的 SM 钢材和建筑结构用钢材的 SN 钢材为主（有时也使用板厚超过 40mm 也无须折减 F 值的大臣认证品钢材，或 JIS 规格里所没有规定的强度规格的大臣认证品钢材）。SS 钢材和 SM 钢材，没有规定屈服点的上限值，只规定屈服点的下限值。而 SN 钢材，对屈服点的上限值和下限值都有规定。这是因为几乎所有的一般构造物只进行弹性设计，而建筑结构需要进行弹塑性设计。例如在设计路径 ③ 的保有水平耐力设计中，使用荷载增量法决定构件截面时允许梁端部等发生塑性铰。塑性铰是构件的一部分局部性地超过屈服点进入塑性的状态（如图 4.8），这时钢材的应力与应变的关系如图 4.8 所示。

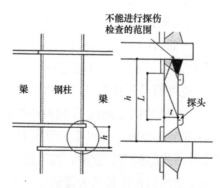

图 4.7 对隔板进行超声波探伤检查的距离

［出处：日本建筑学会《焊接连接设计施工指南》，P.84，图 5.30（2008）］

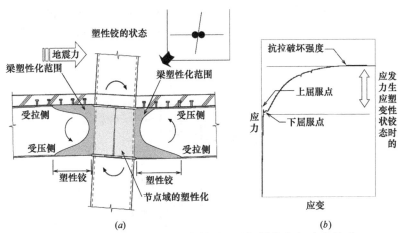

图 4.8　梁柱节点域的塑性化范围以及钢材的应力-应变关系

［出处：日本建筑学会《焊接连接设计施工指南》，P.23，图 3.2（2008）］

从应力与应变关系图可以看出，当荷载超过屈服点以后变形将大幅度增加。若使用没有规定屈服点上限值的钢材时，在建筑结构设计中就无法正确设定何时发生塑性铰。因此，对可能发生塑性铰部位的钢材，最好是使用对屈服点的上、下限值都有规定的 SN 钢材。

（3）柱

为了让建筑设计有更大的自由度并有效利用空间，XY 方向均采用没有斜撑构件的纯框架结构。因此柱子采用没有方向性、用 4 块钢板焊接成的箱型截面柱（俗称组装 BOX 柱）。

柱构件一般采用 H 形截面、箱形截面或圆形截面。箱形截面有方形钢管和焊接箱形截面柱（组装 BOX 柱）。方形钢管可以分类为辊轧成型和冲压成型，还可以分类为冷成型和热成型。

柱梁所使用的钢材根据炼钢方法可分为高炉钢（型钢、钢板等）和电炉钢（型钢、钢板、扁钢等）。1990 年前后，发现有一部分电炉钢的扁钢在厚度方向出现了开裂现象，一时成为社会问题，当时采取了限制使用的措施。现在，由于各个厂家各自采用了比 JIS 规格还严格的控制化学成分的制造管理，而且在板厚方向存在作用力时，对使用的 SN 钢材的 C 材进行了标准化，这些措施消除了对钢板开裂的担忧。

（4）柱梁连接节点

没有用连接隔板补强的柱梁连接节点，在主梁的弯矩作用下，柱的翼缘和腹板会产生局部变形，导致柱梁连接节点的强度下降。另外，主梁的翼缘以及柱的腹板因应力集中，会产生局部屈服，导致刚度下降（图 4.9）。为了防止这些现象，柱梁连接节点需用连接隔板补强。钢管柱和箱形柱等封闭型截面柱的连接节点有：①梁贯通型（a）、②内连接隔板的柱贯通型（b）、③封闭截面柱内为空洞的外连接隔板形式（c）、④圆环形状的连接隔板（d）、⑤柱梁连接节点板加厚形式等多种形式。若是开放截面如 H 型钢柱或十字形钢柱时，一般采用⑥连接隔板形式（e）（图 4.10）。

本设计例采用了 BOX 柱和 H 型钢梁，所以使用内连接隔板形式。BOX 柱的制作方法是，切割出柱截面钢板，然后装入内连接隔板，并拼装 4 个面的钢板。连接隔板和柱钢板的焊接是在柱钢板上开洞并进行电渣焊焊接。4 个面的钢板连接绝大多数是采用自动焊接（图 4.11，图 4.12）。

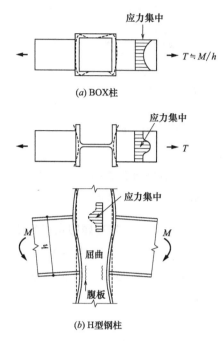

(a) BOX柱

(b) H型钢柱

图 4.9　无连接隔板时的局部变形

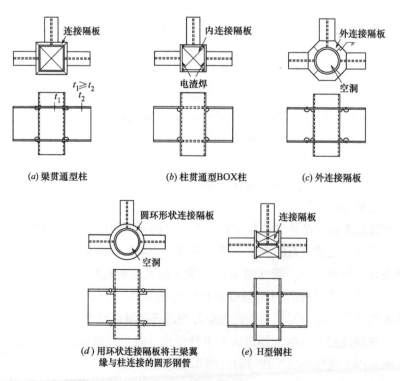

(a) 梁贯通型柱　　　　　(b) 柱贯通型BOX柱　　　　　(c) 外连接隔板

(d) 用环状连接隔板将主梁翼缘与柱连接的圆形钢管　　　　(e) H型钢柱

图 4.10　连接隔板形式

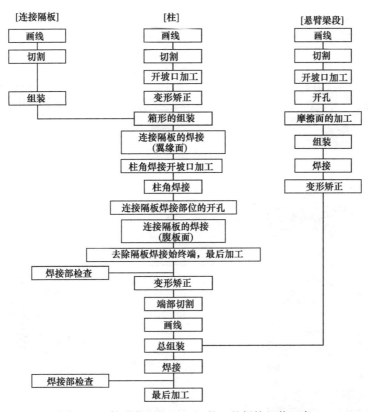

图 4.11 箱形截面柱（BOX 柱）的焊接组装工序

［出处：日本建筑学会《钢结构工程技术指针·工厂制作篇》，P.308，图 4.13.17（2018）］

这种制作方法一般是在工厂的专用生产线进行，若在这种生产线上生产规格外尺寸的产品（规格范围截面一般是 $400 \times 400 \sim 1000 \times 1000$）的话会增加成本。而且，电渣焊的焊接线能量为几万～几十万 J/cm，比一般焊接线能量高 10 倍以上，有可能导致焊接钢材的韧性下降。电渣焊焊接的钢板在板厚方向上受到主梁翼缘的拉力，需要使用能保证板厚方向性能的 JIS 规格 SN 钢材的 C 材。另外，为了防止焊接热输入过大时的熔化现象，钢板厚度最好不小于 22mm。当内连接隔板比柱钢板厚度大 4 个规格尺寸时（1 个规格尺寸约为 3～5mm，钢板的一般厚度为 9、12、16、19、22、25、28、32、36、40mm，大于40mm 以后是按 5mm 递增。焊接 6mm 板厚容易发生翘曲变形，所以焊接时一般都使用9mm 以上的钢板），会导致柱钢板的韧性显著下降。因此，考虑主梁和柱钢板的板厚差是选择截面时的一个重要因素。还有，当采用内连接隔板形式的柱子时，因为是柱贯通式，考虑到柱子的施工安装，将截面板厚的变化位置设计在各节柱子的连接点上是很重要的。柱子的施工长度，与钢构件出厂的运输长度限制和工地组装时的起重机大小也有关系。一般以柱子长度 12m、重量 20～30t 为上限决定各节柱子的长度。

尽管本项目没有使用，但方形钢管柱应用广泛。当采用方形钢管柱时，绝大多数是采用梁贯通式。这时，贯通的连接隔板隔开了上下柱子，柱板件厚度的变化位置就不受施工连接节点的约束，可随各个楼层变化即可。另外，方形钢管柱的板厚不同时柱子截面四角的转角半径也不同，当上下柱板厚相差 2 个规格尺寸时，上下柱角处钢板的错位较大，所

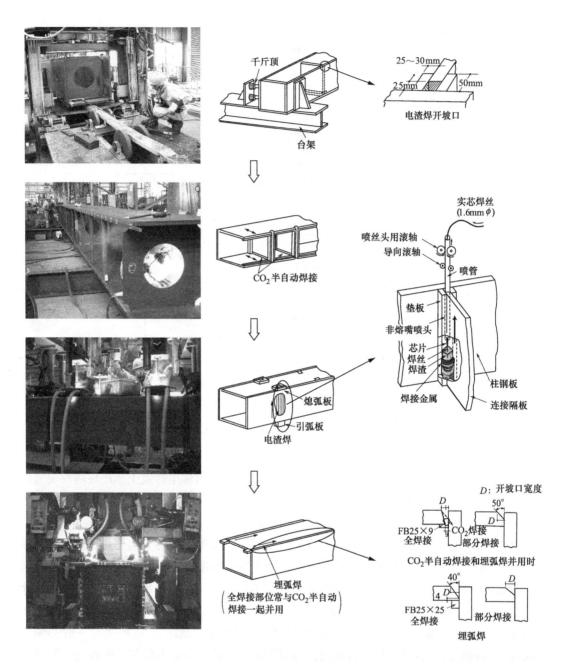

图 4.12   焊接组装箱型截面柱（BOX 柱）的制作过程

以有必要将板厚的变化范围控制在 1 个规格尺寸内。类似地，当上下层分别用方形钢管柱和箱形 BOX 柱时，柱的四角也会产生错位。这时，有必要采用角部一样的柱，或采取其他相应的措施。

在平 12 建告第 1464 号第二号中，对焊缝偏差量、错位量有规定，考虑到钢板的公差、加工制作误差以及施工性等因素，柱贯通式连接时，内连接隔板厚一般大于梁翼缘板厚一个规格尺寸以上（含一个规格尺寸）；梁贯通式连接时，连接隔板厚一般大于梁翼缘板厚两个规格尺寸以上（含两个规格尺寸）。当内连接隔板的板厚超过 70mm 时，一般的单电极非熔嘴电渣焊无法施工。梁与梁以及柱与柱的焊接也可能会有偏差，如表 4.1 所示，SN 规格的钢板规定的厚度负公差值，比 SS 规格以及 SM 规格的小；又如表 4.2 所示，外尺寸固定 H 型钢在高度上的公差值，比 JIS-H 型钢规定的小。钢材有各种各样的种类和规格，有必要合理选择钢材。特别是在柱梁焊接连接节点上，建议采用在截面高度方面公差较小的 SN 钢材。

钢板以及扁钢的规格值一览表（摘要） 表 4.1

项　目			JIS G3136		JIS G3193・JIS G3194	
					JIS G3101	JIS G3106
			SN400 A,B,C	SN490B,C	SS400	SM490A
厚度 (mm)	宽度小于 1600mm 的钢板	$6.0{\leq}t{<}6.3$	+0.7　−0.3		±0.50	
		$6.3{\leq}t{<}16$	+0.8　−0.3		±0.55	
		$16{\leq}t{<}25$	+1.0　−0.3		±0.65	
		$25{\leq}t{<}40$	+1.1　−0.3		±0.70	
		$40{\leq}t{<}63$	+1.3　−0.3		±0.80	
		$63{\leq}t{<}100$	+1.5　−0.3		±0.90	
		$t=100$	+2.3　−0.3		±1.30	
	扁钢*	$6.0{\leq}t{<}12$	+0.5　−0.3		±0.5	
		$12{\leq}t{<}15$	+1.1　−0.3			
		$15{\leq}t{<}20$			±0.6	
		$20{\leq}t{<}25$			±1.0	
		$25{\leq}t{<}40$	+1.4　−0.3			
		$40{\leq}t{\leq}100$	+2.1　−0.3		±1.5	
屈服点(N/mm²)		$t{<}12$	235 以上[1]	325 以上[1]	245 以上	325 以上
		$12{\leq}t{\leq}16$	235～355[2][3]	325～445[2]		
		$16{<}t{\leq}40$			235 以上	315 以上
		$40{<}t{\leq}100$	215～335[3]	295～415	215 以上	295 以上
抗拉强度(N/mm²)			400～510	490～610	400～510	490～610
屈强比(%)			80 以下[2][4][5]	80 以下[2][5]	—	—

[1] C 材不括在内　　[2] 板厚小于 16mm 的 C 材不包括在内　　[3] 对 A 材无上限规定
[4] 对 A 材无规定　　[5] 对板厚小于 12mm 的 B 材无规定
*：（译者注）宽度不大于 500mm 的平板

内尺寸固定热轧 H 型钢和外尺寸固定热轧 H 型钢的形状以及尺寸的容许公差值（单位：mm）

表 4.2

项　目		内尺寸固定热轧 H 型钢 （统称：JIS-H）		外尺寸固定热轧 H 型钢 （统称：外尺寸 H）		适用范围
		SN 规格 JIS G3136	SS、SM 规格 JIS G3192	SN 规格 JIS G3136	SS、SM 规格 JIS G3192	
高度 H		$H<800 \cdot B{\leqslant}400$　±2.0		±2.0		
		$H<800 \cdot B>400$　±3.0				
		$H{\geqslant}800$　±3.0				
翼缘板 厚 t_2	$t_2<16$	$+1.7\ -0.3$	±1.0	$+1.7\ -0.3$	±1.0	
	$16{\leqslant}t_2<25$	$+2.3\ -0.7$	±1.5	$+2.3\ -0.7$	±1.5	
	$25{\leqslant}t_2<40$		±1.7		±1.7	
	$40{\leqslant}t_2{\leqslant}100$	$+2.5\ -1.5$	±2.0	$+2.5\ -1.5$	±2.0	
	$100<t_2$	$-$ [*1]	±2.0	$-$ [*2]	±2.0	
腹板 板厚 t_1	$t_1<16$	±0.7		±0.7		
	$16{\leqslant}t_1<25$	±1.0		±1.0		
	$25{\leqslant}t_1<40$	±1.5		±1.5		
	$40{\leqslant}t_1$	±2.0		±2.0		
直角度 T		$H{\leqslant}300$　$T{\leqslant}B/100$ 但容许值的最小值为 1.5 $H>300$　$T{\leqslant}1.2B/100$ 但容许值的最小值为 1.5		$B{\leqslant}150$　$T{\leqslant}1.5$ $B>150$　$T{\leqslant}2.0$		
翼缘板的曲折 e		$e{\leqslant}0.015B$ 但容许值的最小值为 1.5		$e{\leqslant}b/100$ 而且 $e{\leqslant}1.5$		

＊1　SN 规格的适用范围为板厚 100mm 以下。

＊2　无规定。

2.2 各层的节点荷载

计算所得的标准层各节点荷载结果如下。

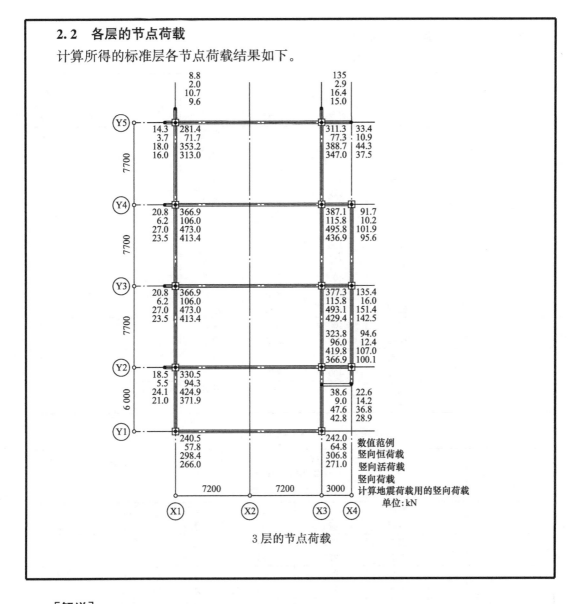

3 层的节点荷载

[解说]

上述结果是将荷载集中到柱节点位置的荷载图。根据该图可以确认承载面积以及该层的输入值正确与否。荷载的表示方法随使用计算程序的不同而不同。以本设计为例，第一栏的竖向恒荷载是 1.4（1）（楼板的恒荷载以及活荷载一览表中的恒荷载）的各个柱的计算值。第二栏的竖向活荷载是用于设计框架时的活荷载计算值。第三栏的竖向荷载是第一栏的恒荷载和第二栏的活荷载的合计值，是设计框架时的长期荷载。第四栏计算地震力用的竖向荷载是第一栏的恒荷载和地震时活荷载的合计值，是各个节点位置用于计算地震力时的荷载。

2.3　柱、主梁构件刚度的计算

柱 C2 (*X1-Y3*) 的构件刚度

层	长度 (m)		梁构件轴线至梁翼缘面的距离(mm)			轴向刚度倍率	抗弯刚度倍率	
			X 轴	Y 轴			X 轴	Y 轴
8	3.90	柱头	325	325	垂直	1.0	1.0	1.0
		柱脚	400	325	水平	1.0	1.0	1.0
7	3.90	柱头	400	325	垂直	1.0	1.0	1.0
		柱脚	400	325	水平	1.0	1.0	1.0
6	3.90	柱头	400	325	垂直	1.0	1.0	1.0
		柱脚	400	325	水平	1.0	1.0	1.0
5	3.90	柱头	400	325	垂直	1.0	1.0	1.0
		柱脚	400	325	水平	1.0	1.0	1.0
4	3.90	柱头	400	325	垂直	1.0	1.0	1.0
		柱脚	400	325	水平	1.0	1.0	1.0
3	3.90	柱头	400	325	垂直	1.0	1.0	1.0
		柱脚	400	325	水平	1.0	1.0	1.0
2	3.90	柱头	400	325	垂直	1.0	1.0	1.0
		柱脚	400	325	水平	1.0	1.0	1.0
1	5.50	柱头	450	450	垂直	1.0	1.0	1.0
		柱脚	400	325	水平	1.0	1.0	1.0
B1	7.70	柱头	0	1500	垂直	1.0	1.0	1.0
		柱脚	0	450	水平	1.0	1.0	1.0

主梁 GX1 (*X1-Y3~Y4*) 的构件刚度

层	长度 (m)		柱构件轴线至柱表面的距离(mm)			轴向刚度倍率	抗弯刚度倍率
			X 轴	Y 轴			
R	7.70	左端	275	275	垂直	1.0	2.2
		右端	275	275	水平	1.0	2.2
8	7.70	左端	275	275	垂直	1.0	2.2
		右端	275	275	水平	1.0	2.2
7	7.70	左端	275	275	垂直	1.0	2.2
		右端	275	275	水平	1.0	2.2
6	7.70	左端	275	275	垂直	1.0	2.2
		右端	275	275	水平	1.0	2.2
5	7.70	左端	275	275	垂直	1.0	2.2
		右端	275	275	水平	1.0	2.2
4	7.70	左端	275	275	垂直	1.0	2.2
		右端	275	275	水平	1.0	2.2
3	7.70	左端	275	275	垂直	1.0	2.2
		右端	275	275	水平	1.0	2.2
2	7.70	左端	275	275	垂直	1.0	2.2
		右端	275	275	水平	1.0	2.2
1	3.40	左端	0	0	垂直	1.0	1.29
		右端	0	0	水平	1.0	1.29
B1	3.40	左端	0	0	垂直	1.0	1.56
		右端	0	0	水平	1.0	1.56

主梁 GY1（*Y3-X1~X3*）的构件刚度							
层	长度（m）		柱构件轴线至柱表面的距离(mm)			轴向刚度倍率	抗弯刚度倍率
			X 轴	Y 轴			
R	14.4	左端	275	275	垂直	1.0	2.49
		右端	300	300	水平	1.0	2.49
8	14.4	左端	275	275	垂直	1.0	2.49
		右端	300	300	水平	1.0	2.49
7	14.4	左端	275	275	垂直	1.0	2.49
		右端	300	300	水平	1.0	2.49
6	14.4	左端	275	275	垂直	1.0	2.49
		右端	300	300	水平	1.0	2.49
5	14.4	左端	275	275	垂直	1.0	2.49
		右端	300	300	水平	1.0	2.49
4	14.4	左端	275	275	垂直	1.0	2.49
		右端	300	300	水平	1.0	2.49
3	14.4	左端	275	275	垂直	1.0	2.49
		右端	300	300	水平	1.0	2.49
2	7.20	左端	275	275	垂直	1.0	2.2
		右端	275	275	水平	1.0	2.2
1	7.20	左端	500	500	垂直	1.0	1.60
		右端	500	500	水平	1.0	1.60
B1	2.30	左端	500	500	垂直	1.0	1.96
		右端	0	0	水平	1.0	1.96

[解说]

在设计中，长期荷载时的内力多数取节点位置内力值进行设计，而地震作用时多数取构件表面位置的内力值进行设计。因此，作为构件的资料之一，构件轴线至构件表面间距离也记载于表中。构件刚度是计算程序自动计算的结果，但作为设计者有必要了解考虑楼板组合效应时所得到的主梁抗弯刚度放大倍率的计算过程。在上表中，由于在预备计算阶段假定的截面抗弯刚度倍率是手动输入的，因此3层到R层的抗弯刚度倍率都一样。

在预备计算时，建筑物的形状（跨度、层高等）、构件布置、构件截面、设计荷载等数据手动输入后，计算机会自动计算出内力分析所需的构件长度、构件截面特性和设计荷载等。

3. 结构分析

3.1 结构分析条件

结构分析力学模型

·结构分析采用地上部分与地下部分连成一体的模型。

·竖向支点和水平支点都设定在 B1 层，并且考虑各支点的竖向基底反力系数（弹簧）。

·各层楼板均假定为刚性楼板。

• 梁柱均为杆系模型。

• 考虑主梁的弯曲变形和剪切变形，对于弯曲刚度，考虑 RC 楼板的刚度放大效应。

• 考虑柱的弯曲变形、剪切变形及轴向变形。

• 考虑柱梁节点部位的刚域，不考虑节点域的变形。

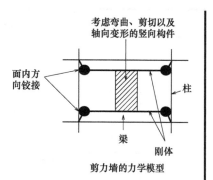

考虑弯曲、剪切以及轴向变形的竖向构件

面内方向铰接

柱

梁

刚体

剪力墙的力学模型

• 地下层的剪力墙模型，假定为能承受弯矩、剪力和轴力的向构件，以及连接在墙体上下的刚梁的水平构件。且墙体的两侧柱子在面内方向假定为铰接。

• 基础设计为筏形基础。为了考虑基础梁的地基反力，不仅对基础主梁建模，对基础次梁也建模，并且设置竖直方向地基弹簧。（参照 5.3 项　地基弹簧的计算）

本设计例内的结构计算条件如下表所示。

结构计算条件

计算条件	计算内容	备　　注
楼板的刚度	假定刚性楼板	
节点域	不考虑剪切变形	
刚域长度和连接构件边缘位置	当刚域长度超过边缘位置时,对刚域长度进行折减	X、Y 两方向的最短边缘位置为边缘位置
构件刚域	考虑	
刚域的处理	不考虑轴向伸缩 构件长度为刚域间长度	当考虑刚域时有效
构件的抗扭刚度	不考虑	
构件的剪切变形	考虑	
钢骨的刚度	计算构件刚度时,考虑钢骨的刚度	计算钢骨钢筋混凝土构件时
钢筋的刚度	不考虑	计算钢筋混凝土、钢骨钢筋混凝土构件时

[解说]

用计算程序进行内力计算时有很多选项条件，所以在结构计算书中设计人员应该明确记载结构计算时所假定的条件。上述仅为一例，表述方法等因使用不同的计算程序而有所不同。

在结构分析建模时，柱和主梁用杆件模拟，并且在交接处设置节点。对于剪力墙，也有用斜撑来建模的，本设计例采用了所谓的墙板单元模拟方法建模。

在框架的结构计算时，需要对柱、主梁、斜撑、剪力墙等抗震构件进行建模，而次梁和楼板等 2 次构件只与长期荷载的传递方式有关，与主框架的结构内力计算无关，无须建模。另外，对非承重墙、檩柱、二端铰接的梁等构件，在建模时通常将其作为不负担地震力的构件来处理。但是，本例在筏基的设计中，采用了与上部结构为一体的结构计算模型，因此对基础次梁也一起建模。（图 4.13）

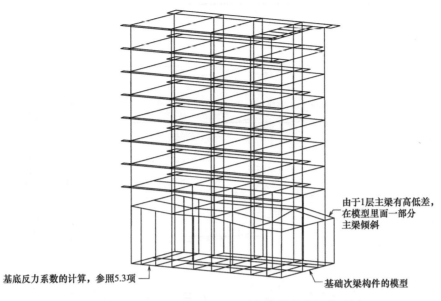

由于1层主梁有高低差，在模型里面一部分主梁倾斜

基底反力系数的计算，参照5.3项

基础次梁构件的模型

图 4.13　建筑物的立体模型图（主框架结构分析模型图）

3.2　各楼层相关参数的计算

各楼层相关参数的计算结果如下表。

各楼层的参数

刚性楼板编号	楼层	各层楼板重量(kN)	总重量(kN)	抗扭惯性矩(kN·m²)	各层重心位置		下一层楼板编号	层高(m)
					X 坐标	Y 坐标		
1	R	6660	6660	0.890×10^6	9.41	16.68	2	3.90
2	8	4647	11307	0.696×10^6	9.07	14.50	3	3.90
3	7	4140	15446	0.620×10^6	9.09	15.90	4	3.90
4	6	4164	19611	0.623×10^6	9.09	15.90	5	3.90
5	5	4198	23809	0.628×10^6	9.10	15.90	6	3.90
6	4	4202	28011	0.629×10^6	9.10	15.90	7	3.90
7	3	4208	32219	0.629×10^6	9.11	15.89	8	3.90
8	2	4345	36563	0.574×10^6	9.18	15.91	9	3.97
9	1	15731	52295	2.210×10^6	9.52	16.07	—	9.00

[解说]

由于内力计算采用了刚性楼板假定，楼层的各参数如上表所示。表中各层楼板重量为计算地震力荷载时的重量总和。这些数值在后述的3.6"振动特征值的计算"中也使用。

1层的层高为3.97m，如图4.13所示，由于1层梁的标高不同，因此采用了平均的层高来进行计算。

3.3　竖向荷载的计算

（1）内力图

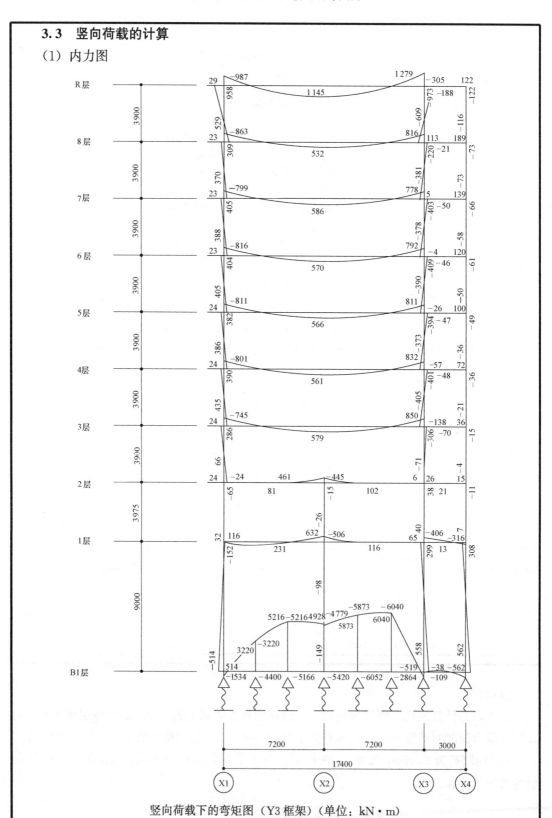

竖向荷载下的弯矩图（Y3框架）（单位：kN·m）

（节点处的内力值）

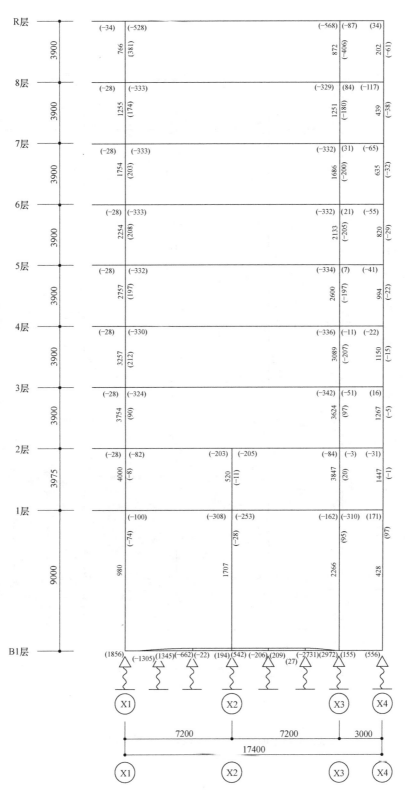

竖向荷载下的剪力、轴力图（Y3 框架）（单位：kN）

（括号内的数值为剪力）

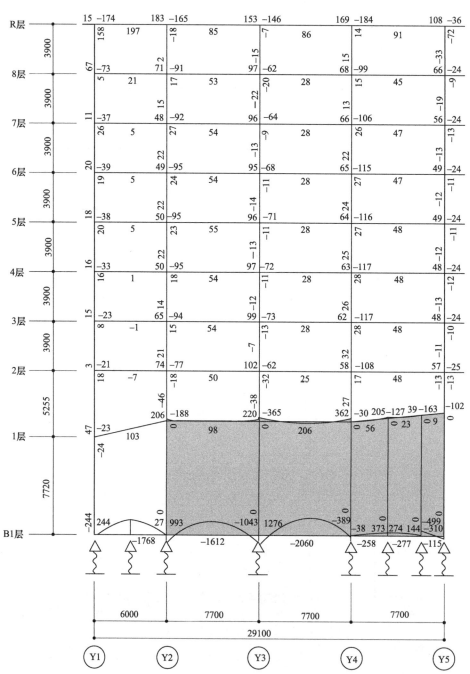

竖向荷载下的弯矩图（X3框架）（单位：kN·m）

（节点处的内力值）

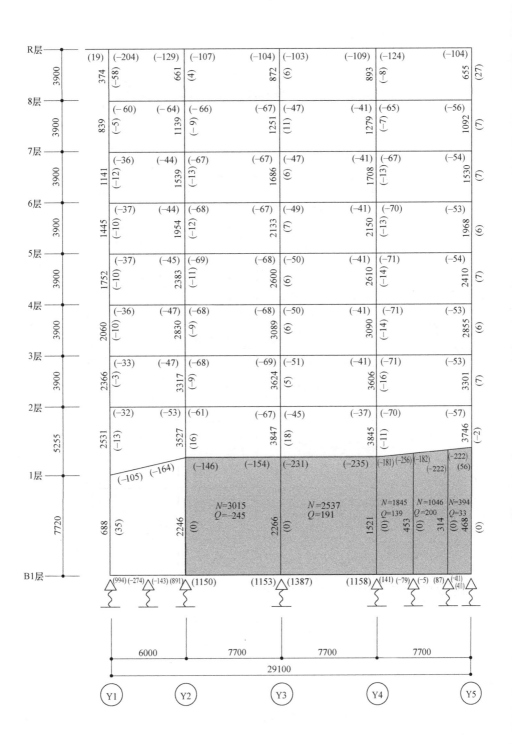

竖向荷载下的剪力、轴力图（X3 框架）（单位：kN）

（括号内的数值为剪力）

（2）基底支点反力

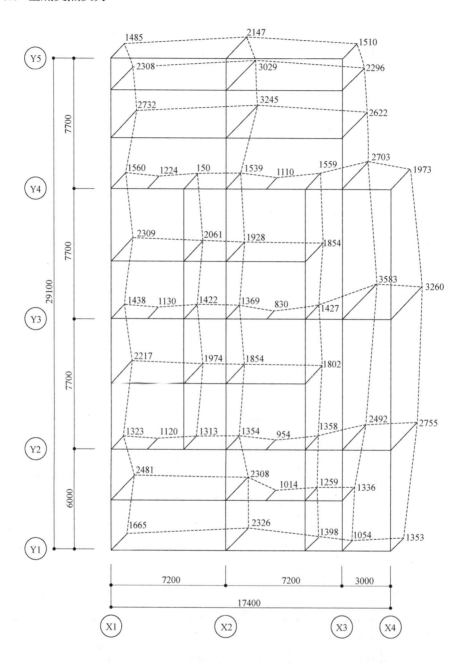

竖向荷载下的基底支点反力示意图（单位：kN）

3.4 水平荷载的计算

(1) 内力图

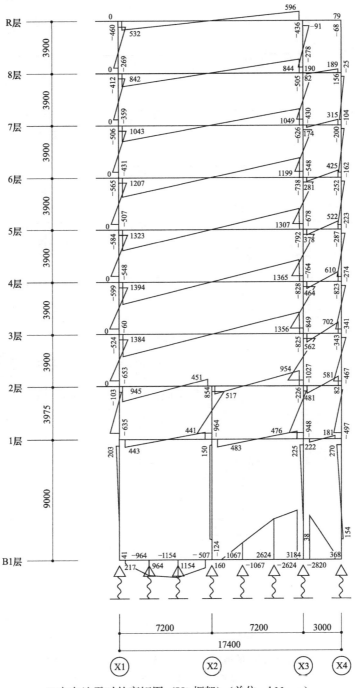

X 方向地震时的弯矩图 (Y3 框架) (单位：kN • m)

(连接节点边缘的内力值)

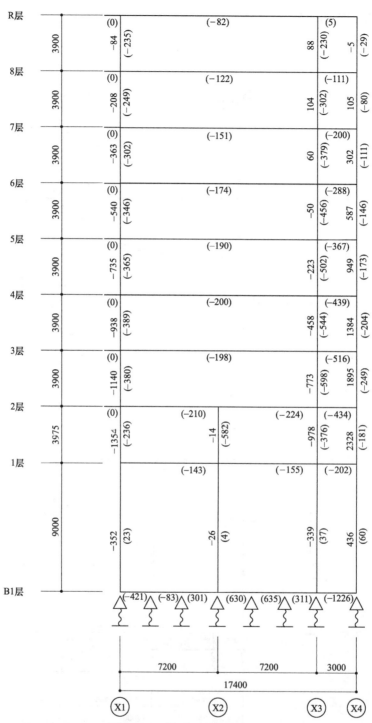

X 方向地震时的剪力、轴力图（Y3 框架）（单位：kN）

（括号内的数值为剪力）

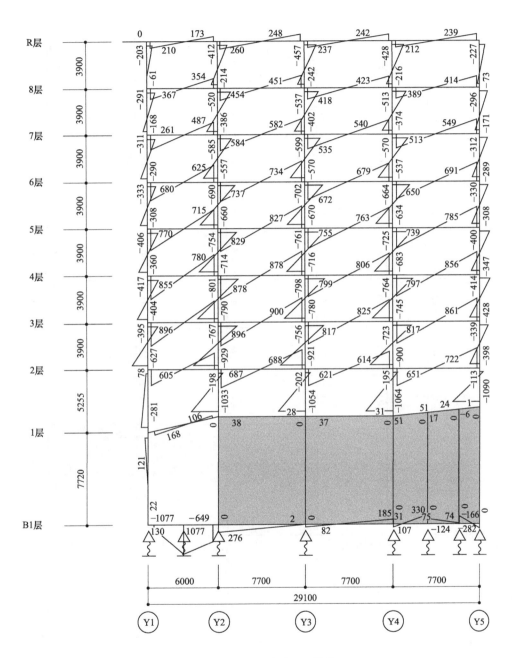

Y 方向地震时的弯矩图（X3 框架）（单位：kN·m）

（连接节点边缘的内力值）

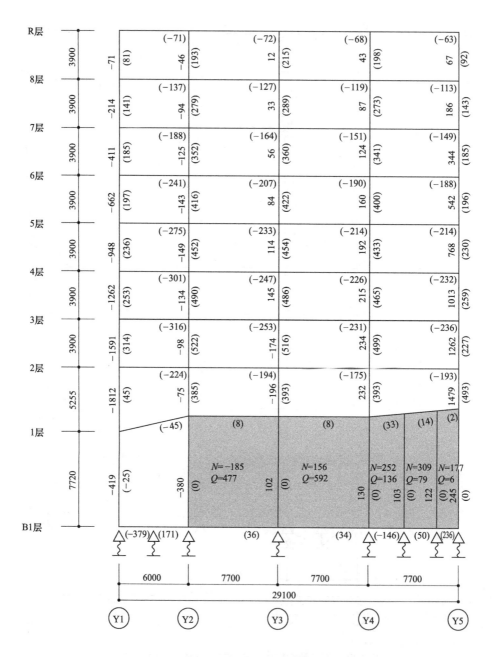

Y 方向地震时的剪力、轴力图（X3 框架）（单位：kN）
（括号内的数值为剪力）

（2）各节点的水平位移一览

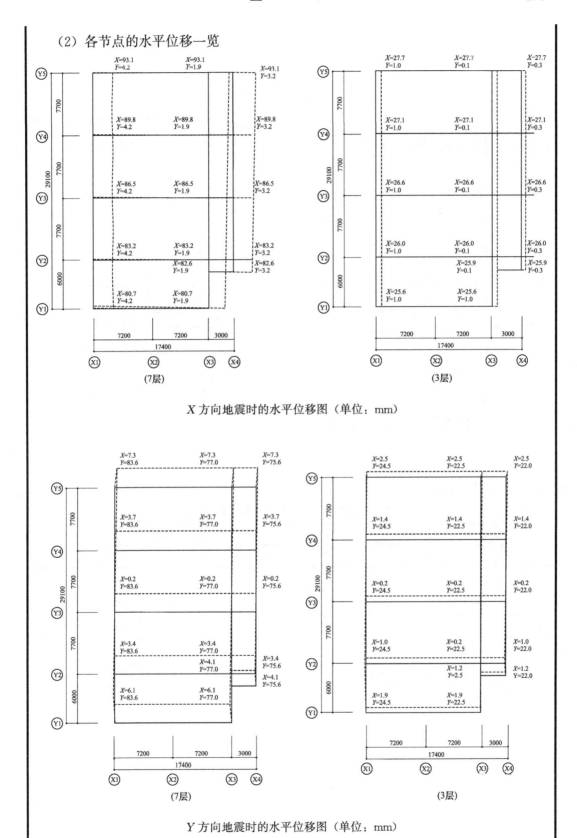

X 方向地震时的水平位移图（单位：mm）

Y 方向地震时的水平位移图（单位：mm）

（3）基底支点反力一览

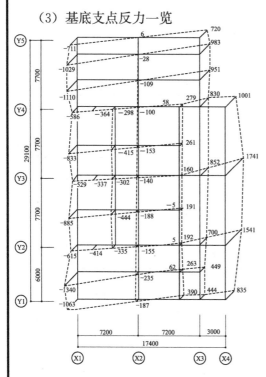

X 方向地震时的基底支点反力（单位：kN）

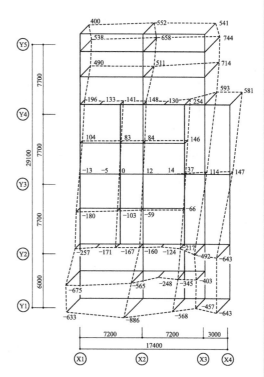

Y 方向地震时的基底支点反力（单位：kN）

（4）层间位移角和剪力分担率

层间位移角和剪力分担率一览（X 方向）

X 方向		最大层间位移角	剪力分担率				
			Y1	Y2	Y3	Y4	Y5
8 层	框架	1/430	2.0%	26.5%	26.0%	26.3%	16.5%
7 层	框架	1/323	14.9%	21.4%	23.3%	24.3%	16.2%
6 层	框架	1/279	13.3%	22.5%	23.9%	24.2%	16.1%
5 层	框架	1/256	12.3%	23.2%	24.8%	24.8%	14.8%
4 层	框架	1/241	12.9%	22.9%	24.5%	24.2%	15.4%
3 层	框架	1/235	12.4%	23.2%	24.9%	24.4%	15.2%
2 层	框架	1/265	12.9%	12.9%	24.8%	24.7%	14.4%
1 层	框架	1/486	11.2%	11.2%	24.2%	18.6%	25.8%
B1 层	框架剪力墙	1/2568	0.0% 56.4%	0.8% −0.8%	−1.2% —	0.2% 0.1%	0.0% 43.7%

层间位移角和剪力分担率一览（Y 方向）

X 方向		最大层间位移角	剪力分担率			
			Y1	Y2	Y3	Y4
8 层	框架	1/383	44.3%	—	40.9%	14.8%
7 层	框架	1/277	43.3%	—	41.5%	15.2%
6 层	框架	1/236	42.8%	—	42.9%	14.3%
5 层	框架	1/225	43.1%	—	42.7%	14.2%
4 层	框架	1/213	42.9%	—	42.6%	14.6%
3 层	框架	1/203	43.0%	—	42.6%	14.4%
2 层	框架	1/218	42.0%	—	42.9%	15.1%
1 层	框架	1/377	25.4%	33.5%	30.3%	10.8%
B1 层	框架 剪力墙	1/4317	0.0% 50.3%	−3.4% —	−0.5% 16.5%	0.0% 37.1%

［解说］

作为内力计算结果，长期荷载下以及水平荷载下的内力图、基底支点反力图都应列出。还应给出水平荷载下的各个节点的位移图、最大层间位移角和剪力分担率一览表。

（1）内力图

长期荷载下的截面验算是确认各构件节点处的内力不超过长期容许承载力，因此长期荷载下的内力为节点处的内力值。

地震作用下截面验算的是连接节点边缘位置的内力值，因此内力图所示数值为连接节点边缘的内力值。

（2）位移图

节点的自由度有水平 X 方向、水平 Y 方向、竖直方向和 X 轴、Y 轴、Z 轴的扭转方向，合计 6 个方向。一般情况下，列出地震作用时的水平方向位移较多。通过确认水平方向的位移，可以判定在地震时有无扭转位移。

（3）基底支点反力一览

基底支点反力用于基础部分的设计。如果长期荷载下的反力±地震作用下的反力的结果大于零，可判断基础没有发生上浮。

（4）剪力分担率

剪力分担率表示各榀框架所分担水平力的比率。从分担率可以知道每榀框架负担多少水平力，确认是否符合设计意图。另外，当下面楼层增设框架或斜撑等抗震构件时，利用楼板传递剪力时，可以根据剪力分担率来确认传递水平剪力的楼板的受力状况。

（5）最大层间位移角

最大层间位移角等于层间位移除以层高，通常用 1/○○ 的形式来表示。当刚性楼板的假定成立，而且建筑物没有发生扭转时，重心位置的层间位移角将与该层的最大层间位移角相近。但是，平面形状不规则存在偏心扭转时，最大层间位移角需取建筑物端部的值。

3.5　刚度比 F_s 与偏心率 F_e 的计算

（1）刚度比 F_s

刚度比一览表（X 方向）

X 方向	水平刚度 (kN/cm)	层高 (m)	层间位移 (mm)	层高/位移	平均	刚度比
8 层	2023	3.90	8.95	435.9		1.27
7 层	2321	3.90	11.11	351.0		1.02
6 层	2450	3.90	12.85	303.6		0.89
5 层	2599	3.90	13.96	279.4		0.81
4 层	2713	3.90	14.86	262.5	343.0	0.77
3 层	2849	3.90	15.29	255.1		0.74
2 层	3311	3.90	13.92	280.3		0.82
1 层	6943	3.97	6.90	576.2		1.68

刚度比一览表（Y 方向）

Y 方向	水平刚度 (kN/cm)	层高 (m)	层间位移 (mm)	层高/位移	平均	刚度比
8 层	2390	3.90	9.68	403.1		1.39
7 层	2444	3.90	13.47	289.4		1.00
6 层	2548	3.90	15.78	247.2		0.85
5 层	2809	3.90	16.50	236.4		0.81
4 层	2954	3.90	17.43	223.7	290.4	0.77
3 层	3054	3.90	18.22	214.0		0.74
2 层	3485	3.90	16.89	231.0		0.80
1 层	7362	3.97	8.31	478.3		1.65

（2）偏心率 F_e

偏心率一览表（X 方向）

X 方向	抗扭刚度 (kN·cm)	重心 (m)	刚心 (m)	偏心距离 (m)	回转半径 (m)	偏心率
8 层	0.287×10^8	16.68	16.76	0.08	11.91	0.01
7 层	0.355×10^8	16.03	15.07	0.96	12.37	0.08
6 层	0.364×10^8	16.01	15.17	0.83	12.19	0.07
5 层	0.382×10^8	15.99	15.12	0.88	12.13	0.07
4 层	0.406×10^8	15.98	15.10	0.88	12.23	0.07
3 层	0.420×10^8	15.98	15.15	0.83	12.14	0.07
2 层	0.482×10^8	15.97	15.16	0.81	12.06	0.07
1 层	0.959×10^8	15.97	18.79	2.82	11.76	0.24

偏心率一览表（Y 方向）

Y 方向	抗扭刚度 (kN·cm)	重心 (m)	刚心 (m)	偏心距离 (m)	回转半径 (m)	偏心率
8 层	0.287×10^8	9.41	9.69	0.29	10.96	0.03
7 层	0.355×10^8	9.31	9.80	0.49	12.05	0.04
6 层	0.364×10^8	9.27	9.87	0.60	11.96	0.05
5 层	0.382×10^8	9.24	9.84	0.59	11.67	0.05
4 层	0.406×10^8	9.23	9.88	0.65	11.72	0.06
3 层	0.420×10^8	9.22	9.86	0.64	11.72	0.05
2 层	0.482×10^8	9.21	10.05	0.83	11.76	0.07
1 层	0.959×10^8	9.21	9.75	0.54	11.42	0.05

[解说]

本设计例题由于是高度超过 31m 的建筑，所以依据令 82 条的 3 的规定，应按设计路径 ③ 进行设计，需要进行保有水平耐力的计算。这时，需要计算各层的刚度比系数 F_s，偏心率系数 F_e。当刚度比 F_s 大于 0.6、偏心率小于 0.15 时，所需保有水平耐力不需要考虑由 F_s 与 F_e 来决定的形状系数。本建筑的刚度比大于 0.6，但 X 方向 1 层的偏心率超过 0.15。虽然平面的结构布置比较平衡，但是由于地基的倾斜，使得南北方向的柱长不均一，从而使刚心位置偏向北侧。根据昭 55 建告第 1792 号规定，1 层的所需保有水平耐力还需乘以放大系数。

刚度比是各层的水平方向的刚度/建筑整体的刚度的比值。刚度比比较小意味着层间位移较大，因此在地震力的作用下结构容易受到损伤，不利于建筑物的抗震。

地震力作用在重心位置，建筑物整体以刚心为中心发生扭转。因此，重心和刚心的距离越远的话就越容易发生扭转，建筑物端部的构件会发生较大的位移。所以，将重心和刚心的距离除以回转半径定义为偏心率，当偏心率超过 0.15 时，所需保有水平耐力需乘以放大系数。

3.6 振动特征值的计算

特征值一览表

	X方向一阶	Y方向一阶	扭转一阶	Y方向二阶	X方向二阶	扭转二阶	X方向三阶	Y方向三阶	扭转三阶
振型阶数	1	2	3	4	5	6	7	8	9
圆频率ω	4.494	4.672	5.031	14.307	14.959	15.648	25.703	26.825	27.939
周期T(s)	1.398	1.345	1.249	0.439	0.420	0.402	0.245	0.234	0.225
参与系数β	6.514	−1.806	−3.983	−2.174	−0.449	2.109	1.611	0.923	−1.538
R	1.361	0.335	0.064	−0.264	−0.071	−0.027	0.088	−0.066	0.016
8	1.157	0.316	0.060	−0.130	−0.031	−0.012	−0.024	0.029	−0.006
7	1.088	0.280	0.054	0.053	0.014	0.004	−0.132	0.093	−0.020
6	0.924	0.236	0.046	0.218	0.055	0.019	−0.122	0.079	−0.016
5	0.740	0.188	0.037	0.307	0.079	0.028	−0.014	0.033	0.000
4	0.539	0.137	0.027	0.307	0.080	0.028	0.103	−0.074	0.016
3	0.330	0.082	0.016	0.222	0.059	0.021	0.138	−0.095	0.020
2	0.136	0.031	0.006	0.090	0.025	0.009	0.074	−0.051	0.010
1	0.037	0.005	0.000	0.010	0.004	0.000	0.025	0.007	0.000

X方向振型

Y方向振型

[解说]

特征值计算，是用将建筑物的整体刚度矩阵压缩成各层刚性楼面的水平位移以及扭转位移的刚度矩阵、和各楼层的质量和抗扭惯性矩所组成的广义质量矩阵来进行计算得到的。

一览表中列出了第1振型至第9振型的计算结果。特征值由 X、Y 二方向的水平位移以及楼层扭转角θ三个方向的变量所构成。从计算结果来看，第1振型的周期，X 方向为1.4s，Y 方向为1.35s，扭转方向为1.25s；第2振型的周期，X 方向为0.42s，Y 方向为0.44s，扭转方向为0.40s；第3振型的周期，X 方向为0.25s，Y 方向为0.23s，扭转方向为0.23s。

4. 构件的截面验算

4.1 截面验算的条件

截面的验算条件一览

计算条件	计算内容
柱的连接构件边缘位置的取值方法	抗弯:取 X、Y 二方向的较小值 抗剪:取 X、Y 二方向的较大值
构件的验算位置	长期荷载:节点位置 地震作用:连接节点边缘位置
RC(钢筋混凝土)柱构件 Q_d 的计算方法	$Q_d = Q_L + \alpha Q_E$,$\sum M_y/h_0$,$(\sum$ 柱头梁 $M_y +$ 柱脚 · $M_y)/h_0$ 的较小值
SRC(钢骨钢筋混凝土)柱构件 RC 部分 Q_d 的计算方法	$Q_d = Q_L + \alpha Q_E$,$\sum M_y/h_0$,$(\sum$ 柱头梁 $M_y +$ 柱脚 · $M_y)/h_0$ 的较小值
SRC 柱构件 Q_d 计算时的弯矩分配方法	S 部分优先承担弯矩
S 梁构件计算时是否考虑钢腹板	不考虑
SRC 梁构件计算时是否考虑钢腹板	考虑
RC 梁构件 Q_d 的计算方法	$Q_d = Q_L + \alpha Q_E$,$\sum M_y/L_0$ 的较小值
SRC 梁构件 RC 部分的 Q_d 的计算方法	$Q_d = Q_L + \alpha Q_E$,$\sum M_y/L_0$ 的较小值
SRC 梁构件 Q_d 计算时的弯矩分配方法	S 部分优先承担弯矩

[解说]

在构件截面设计时,根据不同的计算条件,会得出不同的结果,因此计算条件需要明确记载。本设计案例,对 RC 和 SRC 构件不予以多加说明,上表第 6 行计算 S 梁时不考虑腹板截面的理由为,在弹性范围内箱形柱和 H 型钢梁的连接处的弯矩是由梁翼缘来承担的,作为保守设计,长期荷载和地震作用的截面计算只考虑翼缘的截面面积。

图 4.14 所示为理论上的梁端部的应力分布与实际上的梁端部的应力分布的比较。梁受弯矩 M 作用时,与梁腹板连接的柱钢板由于产生面外的变形,导致梁腹板部分的应力变小,应力集中产生在翼缘处。

因此,虽然在理论上 $M_y = M_{fy} + M_{wy}$ 是成立的,但在梁端时可以忽略 M_{wy},只考虑翼缘 $M_y = M_{fy}$。

式中　　M_y——梁的短期容许弯矩($= Z \cdot f_b$);

　　　　M_{fy}——梁翼缘所承担的短期容许弯矩($= Z_f \cdot f_b$);

　　　　M_{wy}——梁腹板所承担的短期容许弯矩($= Z_w \cdot f_b$);

$$Z_f = B \cdot t_f \cdot (H - t_f)$$

$$Z_w = t_w \cdot (H - 2t_f)^2/6$$

　　　　f_b——梁的短期容许应力;

H,B,t_w,t_f——H 型钢梁的高、宽、腹板厚度、翼缘厚度。

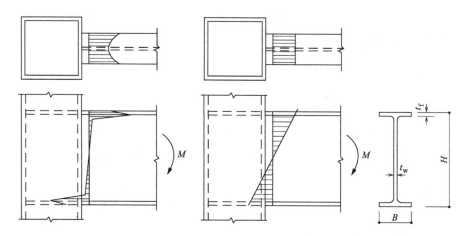

(a) 实际上的梁端应变分布　　　　　　　　(b) 理论上的梁端应变分布

图 4.14　箱形截面柱和 H 型钢梁的连接处的弯矩应变分布

4.2　柱的设计

取标准层的内柱与外柱各一例的验算结果，表示如下。

C2（外柱：4 层）

符号			4 层　C2<X1-Y3>构件长 L＝3900mm　净长 L_0＝3100mm			
计算位置			柱脚		柱头	
截面	钢构件		BOX-550×550×25		BOX-550×550×25	
	材质	极限长细比	SN490	101.9	SN490	101.9
	宽厚比		翼缘 20.0FA	腹板 20.0FA	翼缘 20.0FA	腹板 20.0FA
	长期容许抗压应力$_sf_c$(N/mm²)		210		210	
	短期容许抗压应力$_sf_c$(N/mm²)		316		316	
性能	构件轴向		X 轴	Y 轴	X 轴	Y 轴
	有效截面积$_sA_e$(mm²)		52500	52500	52500	52500
	抗剪截面面积$_sA_s$(mm²)		25000	25000	25000	25000
	翼缘抗压截面面积$_sA_f$(mm²)		13750	13750	13750	13750
	长细比 λ		18	18	18	18
	有效截面模量 Z_e(mm³)		8789800	8789800	8789800	8789800
	有效截面回转半径 i_e(mm)		215	215	215	215
长期	内力	轴力 N_L(kN)	2757		2757	
		弯矩 M_L(kN·m)	15	386	−13	−382
		剪力 Q_L(kN)	−7	−197	−7	−197
	轴力·弯矩	容许抗压轴力$_sN_0$(kN)	11073		11025	
		轴力比 $N_L/_sN_0$	0.25		0.25	
		C^*	1.0	1.0	1.0	1.0
		容许抗弯应力$_sf_b$(N/mm²)	217	217	217	217
		容许弯矩$_sM_0$(kN·m)	1904	1904	1904	1904
		弯矩比 $M_L/_sM_0$	0.01	0.20	0.01	0.20
		$N_L/_sN_0+M_{LX}/_sM_{0X}+M_{LY}/_sM_{0Y}$	0.27		0.46	
		结果(<1.0)	OK		OK	
	剪力	容许剪力$_sQ_{AL}$(kN)	3127	3127	3127	3127
		剪力比 $Q_L/_sQ_{AL}$	0.00	0.06	0.00	0.06
		$Q_X/_sQ_{As}+Q_Y/_sQ_{AS}$	0.07		0.07	
		结果(<1.0)	OK		OK	

续表

符号		4层　C2<X1-Y3>构件长 L=3900mm　净长 L₀=3100mm							
计算位置		柱脚				柱头			
地震力方向		X 方向		Y 方向		X 方向		Y 方向	
构件轴向		X 轴	Y 轴	X 轴	Y 轴	X 轴	Y 轴	X 轴	Y 轴
地震时·内力	轴力 N_E(kN)	−735		28		−735		28	
	弯矩 M_E(kN·m)	38	576	706	3	−41	612	−744	−3
	剪力 Q_E(kN)	−24	365	−446	−2	−24	365	−446	−2
短期·内力	轴力 N_1(kN)	2022		2785		2022		2785	
	弯矩 M_1(kN·m)	53	962	721	389	−54	230	−757	−385
	剪力 Q_1(kN)	−31	168	−453	−199	−31	168	−453	−199
	轴力 N_2(kN)	3492		2729		3492		2729	
	弯矩 M_2(kN·m)	−23	−190	−691	383	28	−994	731	−379
	剪力 Q_2(kN)	17	−562	439	−195	17	−562	439	−195
短期·轴力·弯矩	容许抗压轴力 $_sN_0$(kN)	16610		16610		16610		16610	
	容许抗拉轴力 $_sN_0$(kN)	17063		17063		17063		17063	
	轴力比 $N_s/_sN_0$	0.12	0.20	0.17	0.16	0.12	0.20	0.17	0.16
	C*	1.0	1.0	1.0	1.0	1.0	1.0	1.0	1.0
	容许弯矩应力度 $_sf_b$(N/mm²)	325	325	325	325	325	325	325	325
	容许弯矩 $_sM_0$(kN·m)	2857	2857	2857	2857	2857	2857	2857	2857
	弯矩比 $M_{12}/_sM_0$	0.02|0.01	0.34|0.07	0.25|0.24	0.14|0.13	0.02|0.01	0.08|0.35	0.26|0.26	0.13|0.13
	$N_s/_sN_0 + M_{s12X}/_sM_{0X} + M_{s12Y}/_sM_{0Y}$	0.48	0.28	0.56	0.54	0.22	0.56	0.57	0.55
	结果(<1.0)	OK	OK	OK	OK	OK	OK	OK	OK
短期·剪力	容许剪力 $_sQ_{AS}$(kN)	4691		4691		4691		4691	
	剪力比 $Q_1/_sQ_{AS}, Q_2/_sQ_{A6}$	0.01|0.00	0.04|0.12	0.10|0.09	0.04|0.04	0.01|0.00	0.04|0.12	0.10|0.09	0.04|0.04
	$Q_X/_sQ_{AS} + Q_Y/_sQ_{AS}$	0.04	0.12	0.14	0.14	0.04	0.12	0.14	0.14
	判定(<1.0)	OK	OK	OK	OK	OK	OK	OK	OK

*：$C=1.75-1.05(M_大/M_小)+0.3(M_大/M_小)^2$

C1（内柱：4层）

符号		4层　C1<X3-Y3>构件长 L=3900mm　净长 L₀=3100mm			
计算位置		柱脚		柱头	
截面	钢构件	BOX-600×600×25		BOX-600×600×25	
	材质　极限长细比	SN490	101.9	SN490	101.9
	宽厚比	翼缘 22.0FA	腹板 22.0FA	翼缘 22.0FA	腹板 22.0FA
	长期容许抗压应力 $_sf_c$(N/mm²)	211		211	
	短期容许抗压应力 $_sf_c$(N/mm²)	318		318	
	构件轴向	X 轴	Y 轴	X 轴	Y 轴
性能	有效截面积 $_sA_e$(mm²)	57500	57500	57500	57500
	抗剪截面面积 $_sA_s$(mm³)	27500	27500	27500	27500
	翼缘抗压截面面积 $_sA_f$(mm²)	15000	15000	15000	15000
	长细比 λ	17	17	17	17
	有效截面模量 Z_e(mm³)	10581600	10581600	10581600	10581600
	有效截面回转半径 i_e(mm)	235	235	235	235

续表

符号	4层　C1<X3-Y3>构件长 L=3900mm　净长 L0=3100mm							
计算位置	柱脚				柱头			

		计算位置	柱脚				柱头			
长期	内力	轴力 N_L(kN)	2600				2600			
		弯矩 M_L(kN·m)	13		-373		-11		394	
		剪力 Q_L(kN)	-6		197		-6		197	
	轴力·弯矩	容许抗压轴力 $_sN_0$(kN)	12182				12133			
		轴力比 $N_L/_sN_0$	0.21				0.21			
		C^*	1.0		1.0		1.0		1.0	
		容许抗弯应力 $_sf_b$(N/mm²)	217		217		217		217	
		容许弯矩 $_sM_0$(kN·m)	22927		22927		1904		1904	
		弯矩比 $M_L/_sM_0$	0.00		0.02		0.01		0.21	
		$N_L/_sN_0+M_{LX}/_sM_{0X}+M_{LY}/_sM_{0Y}$	0.23				0.43			
		结果(<1.0)	OK				OK			
	剪力	容许剪力 $_sQ_{AL}$(kN)	3127		3127		3127		3127	
		剪力比 $Q_L/_sQ_{AL}$	0.00		0.06		0.00		0.06	
		$Q_X/_sQ_{As}+Q_Y/_sQ_{AS}$	0.06				0.06			
		结果(<1.0)	OK				OK			

		地震力方向	X方向		Y方向		X方向		Y方向	
地震时		构件轴向	X轴	Y轴	X轴	Y轴	X轴	Y轴	X轴	Y轴
	内力	轴力 N_E(kN)	-223		114		-223		114	
		弯矩 M_E(kN·m)	-32	-802	716	10	33	830	-761	-10
		剪力 Q_E(kN)	20	502	-454	-6	20	502	-454	-6

			X轴	Y轴	X轴	Y轴	X轴	Y轴	X轴	Y轴
短期	内力	轴力 N_1(kN)	2377		2714		2377		2714	
		弯矩 M_1(kN·m)	-19	-1175	729	-363	22	1224	-772	384
		剪力 Q_1(kN)	14	699	-460	191	14	699	-460	191
		轴力 N_2(kN)	2823		2486		2823		2486	
		弯矩 M_2(kN·m)	45	429	-703	-383	-44	-436	750	404
		剪力 Q_2(kN)	-26	-305	448	203	-26	-305	448	203
	轴力·弯矩	容许抗压轴力 $_sN_0$(kN)	18273		18273		18273		18273	
		容许抗拉轴力 $_sN_0$(kN)	18688		18688		18688		18688	
		轴力比 $N_s/_sN_0$	0.13	0.15	0.15	0.14	0.13	0.15	0.15	0.14
		C^*	1.0	1.0	1.0	1.0	1.0	1.0	1.0	1.0
		容许弯矩应力度 f_b(N/mm²)	325	325	325	325	325	325	325	325
		容许弯矩 $_sM_0$(kN·m)	3439	3439	3439	3439	3439	3439	3439	3439
		弯矩比 $M_{12}/_sM_0$	0.01 0.01	0.34 0.12	0.21 0.20	0.11 0.11	0.01 0.01	0.36 0.13	0.22 0.22	0.11 0.12
		$N_s/_sN_0+M_{s12X}/_sM_{0X}+M_{s12Y}/_sM_{0Y}$	0.48	0.29	0.47	0.45	0.49	0.29	0.48	0.47
		结果(<1.0)	OK	OK	OK	OK	OK	OK	OK	OK
	剪力	容许剪力 $_sQ_{AS}$(kN)	5160		5160		5160		5160	
		剪力比 $Q_1/_sQ_{A5}$,$Q_2/_sQ_{A6}$	0.00 0.01	0.14 0.06	0.09 0.09	0.04 0.04	0.00 0.01	0.14 0.06	0.09 0.09	0.04 0.04
		$Q_X/_sQ_{AS}+Q_Y/_sQ_{AS}$	0.14	0.06	0.13	0.13	0.14	0.06	0.13	0.13
		判定(<1.0)	OK	OK	OK	OK	OK	OK	OK	OK

*：$C=1.75-1.05(M_大/M_小)+0.3(M_大/M_小)^2$

[解说]

柱构件的设计，需考虑轴力以及同时作用在两方向的弯矩对柱头和柱脚进行截面验算。

4.3 主梁的设计

作为例子，取 3 层的 14.4m 跨主梁及与其直交的 7.7m 跨主梁的验算结果，表示如下。

GX1（3 层）

	符号	3 层　GX1<X3,Y3−Y4>构件长 $L=7700\text{mm}$　净长 $L_0=7100\text{mm}$									
	计算位置	Y3 轴 290		Y3 轴侧拼接 1500		中央 3850		Y4 轴侧拼接 6200		Y4 轴 7400	
截面	钢构件	SH-650×250×12×25		SH-650×200×12×25		SH-650×200×12×25		SH-650×200×12×25		SH-650×250×12×25	
	材质　极限长细比	SN490	101.9	SN490	101.9	SN490	101.9	SN490	101.9	SN490	101.9
	宽厚比 等级 翼缘、腹板	5 FA 50 FA		4 FA 50 FA		4 FA 50 FA		4 FA 50 FA		5 FA 50 FA	
	抗剪截面面积 $_sA_s(\text{mm}^2)$	7200		7200		7200		7200		7200	
性能	有效截面模量 $Z_e(\text{mm}^3)$	375800		297300		297300		297300		375800	
	翼缘抗压截面面积 $_sA_f(\text{mm}^2)$	6250		5000		5000		5000		6250	
	受压翼缘支点间距离 $L_b(\text{mm})$	38500		38500		38500		38500		38500	
长期	应力	弯矩 $M_L(\text{kN}\cdot\text{m})$	−73		−11		28		−3		−62	
		剪力 $Q_L(\text{kN})$	−50		−32		−5		22		40	
		中央剪力 $Q_{L0}(\text{kN})$	−49		−31		−3		24		42	
	弯矩	C^*	1.1		1.1		1.1		1.1		1.1	
		容许抗弯应力 $_sf_b(\text{N/mm}^2)$	216		176		176		176		216	
		容许弯矩 $_sM_0(\text{kN}\cdot\text{m})$	814		524		647		524		814	
		弯矩比 $M_L/_sM_0$	0.09		0.02		0.04		0.01		0.08	
		判定（<1.0）	OK		OK		OK		OK		OK	
	剪力	容许剪力 $_sQ_{AL}(\text{kN})$	900		900		900		900		900	
		剪力比 $Q_L/_sQ_{AL}$	0.06		0.04		0.01		0.02		0.04	
		判定（<1.0）	OK		OK		OK		OK		OK	
地震时	地震力方向	X 方向	Y 方向	X 方向	Y 方向	X 方向	Y 方向	X 方向	Y 方向	X 方向	Y 方向
	弯矩 $M_E(\text{kN}\cdot\text{m})$	−48	817	−33	539	−3	−3	26	−547	41	−824
	剪力 $Q_E(\text{kN})$	−12	231	−12	231	−12	231	−12	231	−12	231
短期	应力	弯矩 $M_1(\text{kN}\cdot\text{m})$	−121	−890	−44	−550	25	31	23	544	−21	762
		剪力 $Q_1(\text{kN})$	−62	−281	−44	−263	−17	−236	10	−209	28	−191
		弯矩 $M_2(\text{kN}\cdot\text{m})$	−25	744	22	528	31	25	−29	−550	−103	−886
		剪力 $Q_2(\text{kN})$	−38	181	−20	199	7	226	34	253	52	271
	弯矩	C^*	1.6	1.5	2.3	2.3	1.6	1.5	2.3	2.3	1.6	1.5	2.3	2.3	1.6	1.5	2.3	2.3
		容许抗弯应力 $_sf_b(\text{N/mm}^2)$	325	325	283	296	283	296	283	296	283	296
		容许弯矩 $_sM_0(\text{kN}\cdot\text{m})$	1221	1221	841	1221	841	1221	841	1221	841	1221
		弯矩比 $M_1/_sM_a$	0.10	0.73	0.05	0.45	0.03	0.03	0.03	0.45	0.02	0.62
		弯矩比 $M_2/_sM_a$	0.02	0.61	0.03	0.43	0.04	0.02	0.03	0.45	0.12	0.73
		判定（<1.0）	OK		OK		OK		OK		OK	
	剪力	容许剪力 $_sQ_{AL}(\text{kN})$	1350		1350		1350		1350		1350	
		剪力比 $Q_1/_sQ_{AS}$	0.05	0.21	0.03	0.19	0.01	0.17	0.01	0.15	0.02	0.14
		剪力比 $Q_2/_sQ_{BS}$	0.03	0.13	0.01	0.15	0.01	0.17	0.03	0.19	0.04	0.20
		判定（<1.0）	OK		OK		OK		OK		OK	

$*$：$C=1.75-1.05\,(M_大/M_小)+0.3\,(M_大/M_小)^2$

GY1（3层）

符号			3层　GY1<X1−X3,Y3>构件长 L=14400mm　净长 L₀=13825mm				
计算位置			X1轴 270	X1轴侧拼接 1500	中央 7200	X3轴侧拼接 12900	X3轴 14100
截面	钢构件		SH-800×350×14×28	SH-800×300×14×25	SH-800×300×14×25	SH-800×300×14×25	SH-800×350×14×28
	材质　极限长细比		SN490　101.9	SN490　101.9	SN490　101.9	SN490　101.9	SN490　101.9
	宽厚比 等级 翼缘·腹板		6 FA 53 FB	6 FA 54 FB	6 FA 54 FB	6 FA 54 FB	6 FA 53 FB
性能	抗剪截面面积 $_sA_s$(mm²)		104	105	105	105	104
	有效截面模量 Z_e(mm³)		7304000	5559000	5559000	5559000	7304000
	翼缘抗压截面面积 $_sA_f$(mm²)		98	75	75	75	98
	受压翼缘支点间距离 L_b(mm)		288	288	288	288	288
长期	应力	弯矩 M_L(kN·m)	−745	−242	579	−325	850
		剪力 Q_L(kN)	−324	−255	8	272	341
		中央剪力 Q_{L0}(kN)	−331	−262	1	264	334
	弯矩	C^*	1.1	1.1	1.1	1.1	1.1
		容许抗弯应力 $_sf_b$(N/mm²)	216	216	216	216	216
		容许弯矩 $_sM_0$(kN·m)	1582	1204	1487	1204	1582
		弯矩比 $M_L/_sM_0$	0.47	0.20	0.39	0.27	0.54
		判定(<1.0)	OK	OK	OK	OK	OK
	剪力	容许剪力 $_sQ_{AL}$(kN)	1302	1313	1313	1313	1302
		剪力比 $Q_L/_sQ_{AL}$	0.25	0.19	0.01	0.21	0.26
		判定(<1.0)	OK	OK	OK	OK	OK

地震时			X方向	Y方向	X方向	Y方向	X方向	Y方向	X方向	Y方向	X方向	Y方向
	地震力方向	弯矩 M_E(kN·m)	1384	−3	1141	−3	11	0	−1117	2	−1355	2
		剪力 Q_E(kN)	198	0	198	0	198	0	198	0	198	0
短期	应力	弯矩 M_1(kN·m)	639	−742	899	−239	590	579	−1442	−237	−505	848
		剪力 Q_1(kN)	−126	−324	−57	−255	206	8	470	−272	539	341
		弯矩 M_2(kN·m)	−2129	−748	−1383	−245	568	579	792	−323	2205	852
		剪力 Q_2(kN)	−522	−324	−453	−255	−190	8	74	272	143	341
	弯矩	C^*	2.1 2.0	1.1 1.1	2.1 2.0	1.1 1.1	2.1 2.0	1.1 1.1	2.1 2.0	1.1 1.1	2.1 2.0	1.1 1.1
		容许抗弯应力 $_sf_b$(N/mm²)	325	325	283	296	283	296	283	296	283	296
		容许弯矩 $_sM_0$(kN·m)	2373	2373	2373	2373	2373	2373	2373	2373	2373	2373
		弯矩比 $M_1/_sM_a$	0.27	0.31	0.38	0.10	0.25	0.24	0.61	0.10	0.21	0.36
		弯矩比 $M_2/_sM_a$	0.90	0.32	0.58	0.10	0.24	0.24	0.33	0.14	0.93	0.36
		判定(<1.0)	OK		OK		OK		OK		OK	
	剪力	容许剪力 $_sQ_{AL}$(kN)	1954		1970		1970		1970		1954	
		剪力比 $Q_1/_sQ_{AS}$	0.06	0.17	0.03	0.13	0.10	0.00	0.24	0.14	0.28	0.17
		剪力比 $Q_2/_sQ_{AS}$	0.27	0.17	0.23	0.13	0.10	0.00	0.04	0.14	0.07	0.17
		判定(<1.0)	OK		OK		OK		OK		OK	

$*: C=1.75-1.05(M_大/M_小)+0.3(M_大/M_小)^2$

[解说]

梁构件的设计时，需对端部、拼接节点连接处、中央部位进行截面验算计算。

在对主梁端部的验算中，长期荷载时，取节点位置的内力进行计算；地震作用时，取柱边缘的内力进行截面计算。

4.4 截面验算结果比值图

通常，在此记载截面验算结果比值图，计算结果一目了然。此处省略该图。

5. 基础的设计

5.1 基础的设计方针

基础为筏形基础，以 GL-10.2m 处的东京砾石层为基础持力层。设计基础梁时，考虑基底的反力。采用对基础主梁与基础次梁同时进行建模的整体模型进行结构内力分析。

[解说]

由于使用的计算程序可以进行交叉连续梁的建模，所以整体模型里将基础梁也同时建模进行计算。对于不能进行交叉连续梁建模的计算程序，须将基础梁部分单独另外建立交叉连续梁的模型，进行内力及变形的分析。

5.2 地基概要

地质勘察报告的结果如下表示。

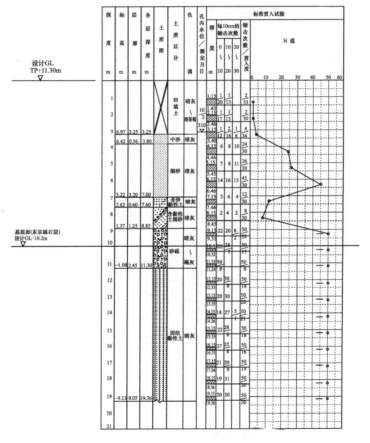

土柱状图

[解说]

地质勘察报告的钻探深度多为以 KBM（勘测标志点）为起点来计算。所以需明确 KBM 和设计 GL 的关系。计算书需记载建筑物的所处深度，及 GL 和基础的深度关系。另外，设计图纸也需记载同样的内容，并且需要将场地、建筑轮廓、KBM 位置、钻探位置等信息记载于总平面图内，以便于理解。

5.3   地基弹簧的计算

基底反力系数可根据基础规范 5.3 节，假定基础放置在有限厚度的地基上，用 Steinebrenner 的瞬时沉降计算式的近似解来进行计算。

（1）基础形式

基础短边长 $B=18.2\text{m}$

基础长边长 $L=30.1\text{m}$

$l=L/B=1.65$

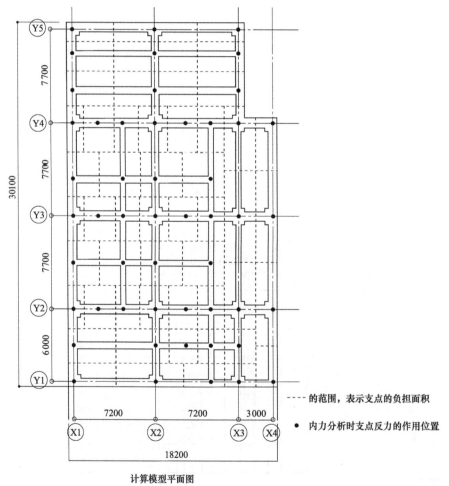

---- 的范围，表示支点的负担面积

● 内力分析时支点反力的作用位置

计算模型平面图

地基参数一览表

深度 GL (m)	土层厚度 H (m)	土质	N 值	V_s (m/s)	地基弹性模量 E_s (kN/m²)	泊松比 ν_s	$d=$ H/B	F_1	F_2	I_s (H_k, ν_{sk})	I_s (H_{k-1}, ν_{sk})	I_s/E_s
-9.5 -10.5	2.0	砂砾	60	315	447000	0.3	0.11	0.0022	0.025	0.015	—	0.34×10^{-7}
-11.5 以下	28.1	固结黏土	60	450	913000	0.3	1.54	0.23	0.10	0.257	0.015	2.65×10^{-7}

$$\sum (I_s/E_s) = 2.99 \times 10^{-7}$$

计算土层的深度为 B（基础长边的长度）

$$E_s = 2(1+\nu_s) \cdot \gamma \cdot V_s^2 / g$$

地基土的单位体积重量 $\gamma = 17 \text{kN/m}^3$

$$I_s = (1-\nu_s^2)F_1 + (1-\nu_s-2\nu_s^2)F_2$$

$$F_1 = \frac{1}{\pi}\left\{ l \cdot \log_e \frac{(1+\sqrt{l^2+1})\sqrt{l^2+d^2}}{l(1+\sqrt{l^2+d^2+1})} + \log_e \frac{(l+\sqrt{l^2+1})\sqrt{1+d^2}}{l+\sqrt{l^2+d^2+1}} \right\}$$

$$F_2 = \frac{d}{2\pi}\tan^{-1}\frac{l}{d\ \sqrt{l^2+d^2+1}}$$

（2）瞬时沉降的计算

面积　$A = 524.72 \text{m}^2$

建筑物重量（地震作用）　$\sum W = 93561 \text{kN}$

平均瞬时沉降　$S_E = \sum (I_s/E_s) \cdot q \cdot B = 0.97 \text{mm}$

作用于基础的荷载　$q = 178.3 \text{kN/m}^2$

基底反力系数　$K = \sum W/S_E = 96400 \text{kN/mm}$

单位面积基底反力系数　$k = K/A = 184 \text{kN/(m}^2 \cdot \text{mm)}$

采用的基底反力系数　$36.8 \text{kN/(m}^2 \cdot \text{mm)}$〈上述值的 1/5〉

（3）基底反力系数

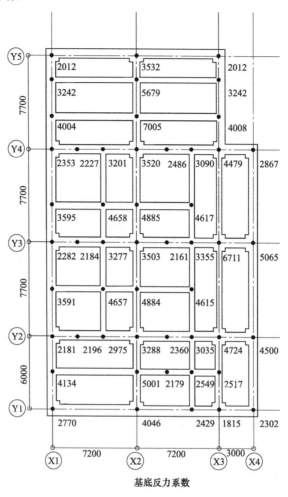

基底反力系数

[解说]

基底反力是由单位面积的基底反力系数乘以负担面积计算出的，将此结果输入程序，进行内力分析。

最终采用的基底反力系数是计算的基底反力系数乘以 1/5 得到的数值。由于在地质勘察中，没有进行脉动测试和 PS 检层测试，所以通过 N 值的经验公式来求出基底反力系数。由于此数值有可能大于实际的数值，为安全起见，参考周围的地质勘察资料，并根据工程经验，选择了上述数值。在计算瞬时沉降时，建筑物重量采用了接近于实际情况的地震作用。

5.4 基础底面压力的验算

（1）地基的容许承载力

地基的容许承载力是根据基础规范 5.2 节及平 13 国交告第 1113 号的地基竖向承载力的计算公式来进行计算的。由于瞬时沉降量在 10mm 以下，并且从地质勘察结果来看，没有勘测出固结沉降层，所以可推测此场地不产生固结沉降。根据令 93 条，地基的长期容许承载力为 $300kN/m^2$，短期容许承载力为长期的 2 倍即 $600kN/m^2$。

建筑物的基础底面标高为 GL-10.2m，持力层为 N 值 50 以上的东京砾石层，此深度的地基容许承载力的计算如下所示。

长期 $\quad q_a = 1/3(i_c \cdot \alpha \cdot C \cdot N_c + i_r \cdot \beta \cdot \gamma_1 \cdot B \cdot N_r + i_q \cdot \gamma_2 \cdot D_f \cdot N_q)$
$\qquad\qquad = 8184kN/m^2 \rightarrow 300kN/m^2$

短期 $\quad q_a = 2/3(i_c \cdot \alpha \cdot C \cdot N_c + i_r \cdot \beta \cdot \gamma_1 \cdot B \cdot N_r + i_q \cdot \gamma_2 \cdot D_f \cdot N_q)$
$\qquad\qquad = 16367kN/m^2 \rightarrow 600kN/m^2$

此处，q_a——地基的长期容许承载力（kN/m^2）

$\quad \alpha, \beta$——形状系数（基础规范表 5.2.2）

由于是长方形，故 $\quad \alpha = 1 + 0.2 \times B/L = 1.18$，$\beta = 0.5 - 0.2 \times B/L = 0.44$

$\quad C$——基础底面地基的黏聚力（由于是砂土层，故取 $0.0kN/m^2$）

N_c，N_r，N_q——内摩擦角 $\varphi = 39.5°$ 的承载力系数（依据地质勘察报告）

通过基础规范表 5.2.1 可得下值。

$$N_c = 71.8, N_r = 60.4, N_q = 86.3$$

$\quad B$——基础短边长（$= 18.2m$），L：基础长边长（$= 30.1m$）

$\quad D_f$——基础埋深（$= 10.2m$）

$\quad \gamma_1$——基底地基的单位体积重量（$= 18.0kN/m^3$）

$\quad \gamma_2$——基底以上的土的平均单位体积重量（$= 18.0kN/m^3$）

i_c，i_r，i_q——倾斜荷载作用时的修正系数（参考基础规范 5.2 节的 d）

$i_c = i_q = (1 - \theta/90)^2$，$i_r = (1 - \theta/\phi)^2$ （θ：荷载的倾斜角）

（2）基底应力

通过内力分析结果用得出的基底支点反力除以负担面积，计算出各支点的基底应力。

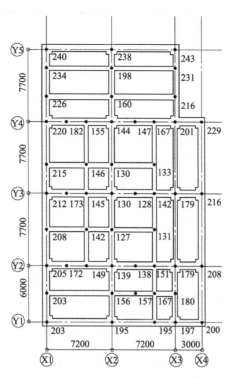

基底应力示意图(长期)(单位：kN/m²)

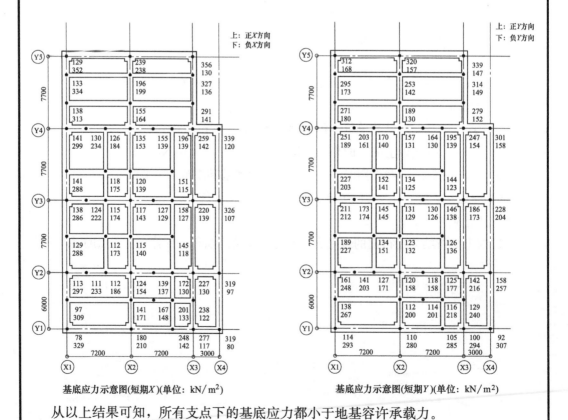

基底应力示意图(短期X)(单位：kN/m²)　　　　基底应力示意图(短期Y)(单位：kN/m²)

从以上结果可知，所有支点下的基底应力都小于地基容许承载力。

[解说]

由于筏基是直接基础，取基础梁和基础次梁的交点作为支点，通过电算程序建立了考虑基底反力系数的整体结构模型，并进行内力分析，求出支点反力。支点反力除以各支点的负担面积，计算出了基底应力，并确认基底应力小于地基容许承载力。

5.5 沉降量的计算

在长期荷载下由地基沉降引起各支点间产生的相对变形角必须要满足基础规范 5.3 节表 5.3.4 所示的规定，即相对变形角需小于 1/2000（筏基、地基持力层为砾石层时，RC 结构）。

支点沉降量示意图(长期)

如上图所示，所有的相对变形角都在 1/2000 以下。因此可以判断不均匀沉降的影响很小。

5.6 基础梁、基础次梁的设计

基础梁和基础次梁的设计内力，是采用考虑了基底反力系数的整体结构模型求得的，截面计算按容许应力设计法进行。基础次梁的设计内力是通过整体结构模型的计算结果所得，所用的活荷载是计算框架用的荷载，而不是用一般情况下计算次梁用的活荷载。

由于令 85 条规定了可根据楼层数对活荷载进行折减，对于本建筑的基础，活荷载可折减到 60%，2900×0.6＝1740＜1800（框架计算用），所以采用整体结构模型计算的内力进行截面设计是没有问题的。另外，本设计也考虑基底反力情况下，采用通常的次梁设计方法进行了截面设计。基础次梁的长期弯矩值控制不超过开裂弯矩值。

验算内容省略。

5.7　地下外墙的设计

由于地下水位位于－3.1m 处，所以需要同时考虑水压和土压，参照基础规范 3.3 节及 3.4 节的方法，进行外力计算。

在设计地下外墙时，由于地下外墙厚度和柱尺寸相差不大，因此不考虑柱的支撑作用，外墙所受压力只在上下方向传递。因此，外墙按在地下一层底板位置为固定端，1 层楼板位置为铰接端，另外两边为自由端的一边固定、一边铰接、两边自由的板来进行内力计算。

计算内容省略。

6. 保有水平耐力的计算

6.1　计算方针

保有水平耐力是用荷载增量的弹塑性分析方法（结构推覆分析法）进行计算。

求保有水平耐力时，是用与设计地震力分布相同的水平荷载逐渐增大水平力，当某一层的层间位移角达到 1/100 时的建筑物各层剪力，定为该建筑物的保有水平耐力。此时只允许钢梁端部发生塑性铰，不允许其他的构件发生塑性铰。

- 计算条件

1）刚性楼板。

2）考虑梁的弯曲和剪切变形。

3）计算梁的抗弯刚度时，考虑楼板的组合效应。

4）考虑柱的弯曲、剪切、轴向变形。

5）钢结构构件的恢复力模型假定为双线型，且折点为抗弯屈服承载力。

6）钢骨钢筋混凝土构件（SRC）及钢筋混凝土（RC）构件的恢复力模型为三线型。第一折点为开裂弯矩，第二折点为抗弯屈服承载力。

7）用杆系模型来建模，考虑柱、梁的刚域（刚域长度：S 构件时为节点边缘；RC 或 SRC 构件时，按照 RC 规范的规定）。

8）设计地震力的分布为 A_i 分布。

9）本建筑为钢结构的纯框架结构，所以结构特性系数 D_s 值可由构件的截面特性来决定，而不需要确认破坏机制。

［解说］

（1）保有水平耐力的计算

保有水平耐力的计算，是确认建筑物的保有水平耐力 Q_u 是否大于令第 82 条的 3 项所规定的所需保有水平耐力 Q_{un}。

容许应力设计结束后，再进行保有水平耐力的设计。设计过程参考图 4.15。

（2）保有水平耐力 Q_u

建筑物各层的保有水平耐力是在地震力的作用下，建筑物一部分或整体形成破坏机制时，该层的柱以及斜撑等抗震构件的水平剪力的总和。

保有水平耐力的计算方法有虚功原理的略算法、节点弯矩分配法、层弯矩分配法等略算方法，另外还有极限分析法和推覆分析法等精算方法。现在一般都是用计算机来进行计算，一般计算程序所用的方法通常是推覆分析法，本设计例题也用此方法来进行计算。

本来，保有水平耐力 Q_u 为形成破坏机制时的建筑物的承载力，但是，在钢结构的设计中，保有水平耐力对应的层间位移角通常取外墙装饰等非结构构件的容许值 1/100。但是，跨越在各层之间的外墙装饰如果能够吸收层间变形的话，保有水平耐力对应的层间位移角也可以定为 1/100～1/75。钢结构的所需保有水平耐力 Q_{un} 是由斜撑的水平力负担比 β_u、和梁柱的宽厚比相对应的结构特性系数 D_s 及形状系数 F_{es} 来决定的。

使用形成破坏机制前的 Q_u，只要能满足 $Q_{un} < Q_u$ 也可以。

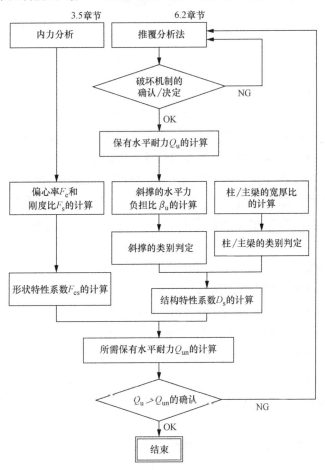

图 4.15　钢结构保有水平耐力的确认流程图

（3）破坏机制

建筑物在逐渐增加的水平力作用下，柱或梁的端部将逐渐形成塑性铰（当构件的内力超过屈服承载力，呈现塑性变形时）。整体的建筑物或者某层达到不稳定的状态，被称为破坏机制。计算保有水平耐力时的破坏机制分三种类型：1. 梁出现足够多的塑性铰，导致建筑物整体结构呈现不稳定状态（梁破坏型）。2. 柱出现足够多的塑性铰，导致某个特定层呈现不稳定状态（柱破坏型）。3. 虽然对于水平荷载承载力还有余量，但是由于某个特定构件的破坏使竖向荷载承载力丧失，导致局部破坏而形成的破坏机制（图 4.16）。一般在设计中，选择吸收能量较大的整体破坏机制（梁破坏型）最为理想，但是最终选择哪种破坏形式，设计者可根据具体情况来判断。

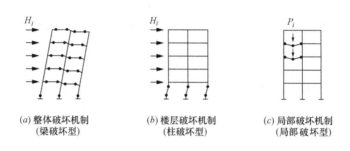

图 4.16 破坏机制

（4）水平外力分布

设计时所假定的水平力分布必须与地震力的分布相似。这是因为除了楼层破坏机制等特殊的情况外，各层保有水平耐力的大小与假定的水平外力分布有关。外力分布需要综合考虑建筑物的振动特性、场地类别、地震波的性质等因素，很难对其简单统一。通常，根据令第 88 条和昭和 55 建告第 1793 所规定的 A_i 分布来作为外力分布的案例较多。由于偏心率和刚度比的关系，如果某层的 F_{es} 值较大时，需要对 A_i 分布作相应调整。另外，如果 D_s 值因剪力墙或斜撑的水平力的负担比率而变化时，有时也会对外力分布做相应调整。

（5）构件的模型

本例题计算保有水平耐力所用的构件模型是，构件端部为刚塑性弹簧的模型（参见图 4.17）。柱的承载力根据轴力与弯矩的同时作用来计算，由于二个主轴方向同时受弯，因此可用三维的 M_x-M_y-N 坐标系来表示。柱的二个端部，可由 X 方向的 M_x-N 承载力曲线与 Y 方向的 M_y-N 曲线的相关曲线来做成一个三维的曲面。本设计例题所用的程序，可以考虑双向受弯来进行计算，若直交方向的弯矩比较小的话，有时只考虑单向的弯矩。

刚域是指变形难以发生的刚性部位，对于梁端来说是从柱的结构计算轴心到柱边缘位置，而对柱端则是从梁的结构计算轴心到梁的边缘位置。

对于钢结构，有时也考虑梁柱节点域的剪切变形，但本例采用刚域化的模型。对于节点域的承载力是否满足要求，另外进行计算。

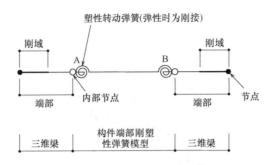

图 4.17 构件的力学模型

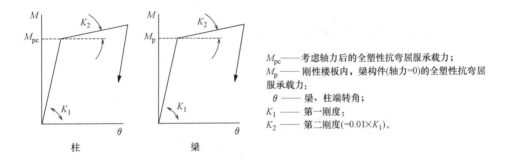

M_{pc}——考虑轴力后的全塑性抗弯屈服承载力；
M_p——刚性楼板内，梁构件(轴力=0)的全塑性抗弯屈服承载力；
θ——梁、柱端转角；
K_1——第一刚度；
K_2——第二刚度($=0.01 \times K_1$)。

图 4.18 构件的计算模型

（6）钢结构主梁、柱构件的承载力

• 抗弯承载力

柱的屈服判定，可采用轴力以及梁边缘位置的 XY 两方向的弯矩，依据三维的承载力曲面来进行。

柱、主梁所采用的模型为双线型的恢复力模型，承受的弯矩达到全塑性抗弯屈服承载力以前为弹性状态，超过全塑性抗弯屈服承载力以后，刚度降低为弹性时的 1/100（图 4.18）。在此虽取第二刚度为第一刚度的 1/100，但此数值应根据钢材的种类和所设想的塑性区域来判断决定。

• 抗剪承载力

不容许主梁和柱构件剪切屈服，各个阶段的剪力都需小于其抗剪承载力。

6.2 推覆分析法的计算结果

（1）层剪力与层间位移的恢复力曲线以及保有水平耐力

根据推覆分析法的计算结果，以各个阶段的层剪力和重心位置的层间变形表示的恢复力曲线（荷载-位移曲线）和各层的保有水平耐力如下所示。

- X 方向的计算结果（荷载-位移曲线）

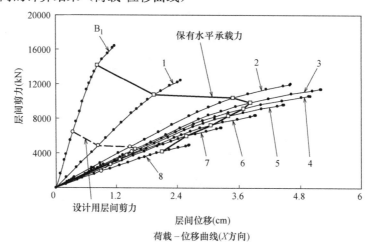

荷载－位移曲线(X方向)

- Y 方向的计算结果（荷载-位移曲线）

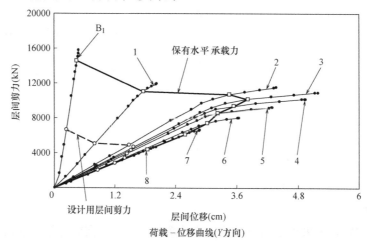

荷载－位移曲线(Y方向)

- 保有水平耐力 Q_u 和层间位移 δ_u 一览

保有水平耐力的计算结果一览

楼层	设计用层剪力 Q_d(kN)	保有水平耐力 Q_u(kN)		保有水平耐力时的层间位移 δ_u(cm)	
		X 方向	Y 方向	X 方向	Y 方向
8	1906	4225	4345	2.098(1/186)	1.847(1/211)
7	2695	6258	6145	2.563(1/152)	2.581(1/151)
6	3272	7598	7460	3.038(1/128)	3.026(1/129)
5	3754	8716	8559	3.381(1/115)	3.220(1/121)
4	4148	9635	9461	3.671(1/106)	3.544(1/110)
3	4459	10356	10169	3.814(1/102)	3.812(1/102)
2	4688	10888	10691	3.467(1/112)	3.454(1/113)
1	4841	11244	11041	1.927(1/213)	1.752(1/234)
（）内为层间位移角					

[解说]

计算保有水平耐力所使用的推覆分析法，是由静态的弹塑性分析，通过逐渐增加对框架的静力荷载，假定节点力的增量与节点位移的增量呈线性关系，由切线刚度矩阵计算出每一步骤的内力增量的计算方法。在推覆分析计算中，为了逐一找出发生塑性铰的构件，有如下的两种方法：①自动计算荷载增量的方法；②事先设定好荷载增量，当发生不平衡力时，通过反复迭代计算来消除不平衡力的方法。本例题所使用的计算程序，是考虑到计算效率的后者方法。

一般的推覆分析程序，作为停止计算的条件，可以指定基本的荷载种类（一般为一次设计时的层剪力），以及荷载的倍率还有最大层间位移、位移角。本例题停止计算的条件为某一层的层间位移角达到 1/75。保有水平耐力取某一层的层间位移角超过 1/100 时的前一步的层剪力（参照 6.1 项的解说，（4）外力分布）。

（2）保有水平耐力时的筏基支点反力

包含长期荷载，数值为零时表示基础上浮。

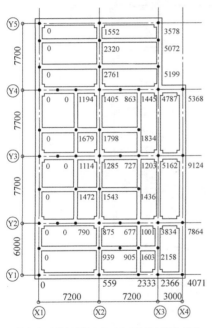

保有水平耐力时的支点反力(X方向)(单位:kN)

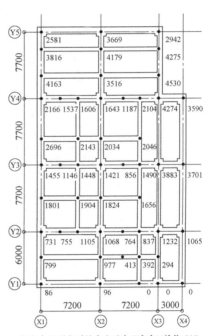

保有水平耐力时的支点反力(Y方向)(单位:kN)

由上图可知，有部分基础支点发生了上浮。在计算条件里，规定了支点上浮时解除该上浮支点的约束，再次进行计算。在考虑支点上浮的计算中，计算上没有发生不稳定倾覆现象，因此在结构分析上没有问题。

[解说]

（1）支点反力

此处的支点反力，用于保有水平耐力时的基础设计。还用于确认基础是否发生上浮，上浮发生的范围是否过大，基底压力是否小于地基的极限承载力等。

（2）基底应力

通过支点反力计算基底应力，并确认是否在地基的极限承载力以下。计算过程与5.4项基础底面压力的验算相同，在此省略计算结果。

（3）保有水平耐力时的弯矩图和塑性铰生成的状况

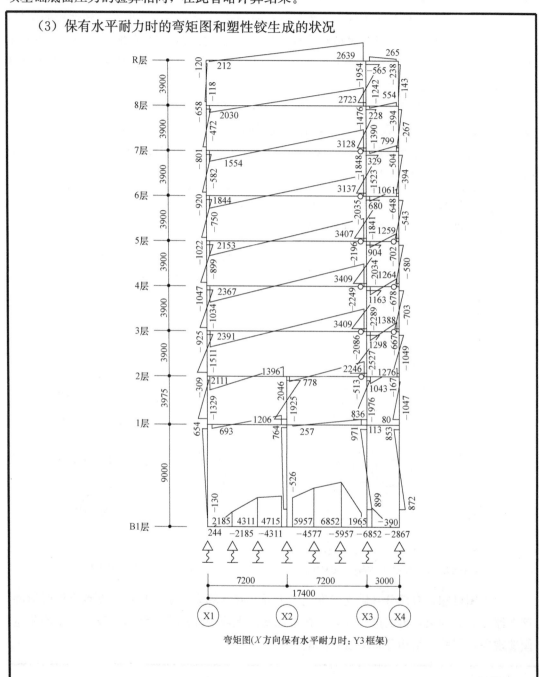

弯矩图(X方向保有水平耐力时：Y3框架)

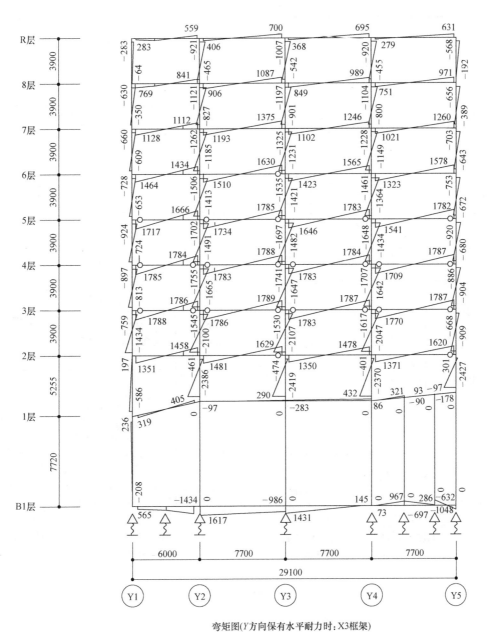

弯矩图(*Y*方向保有水平耐力时：X3框架)

(弯矩是构件边缘位置的数值，白圈(–○–)是表示至保有水平耐力为止所发生的塑性铰)

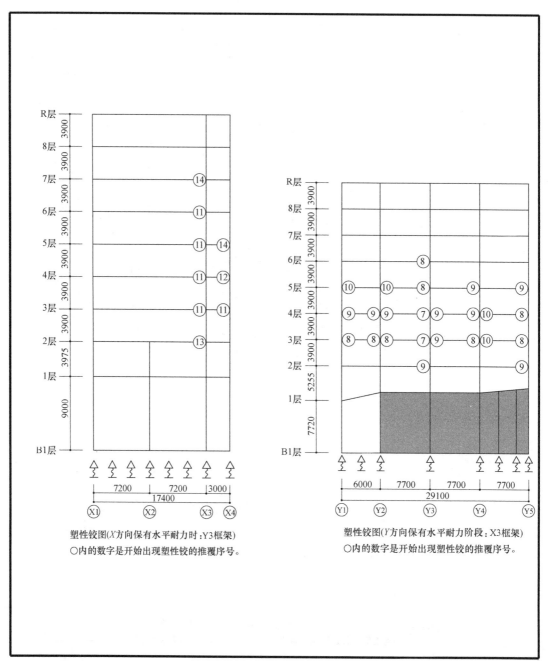

塑性铰图(X方向保有水平耐力时:Y3框架)
○内的数字是开始出现塑性铰的推覆序号。

塑性铰图(Y方向保有水平耐力阶段:X3框架)
○内的数字是开始出现塑性铰的推覆序号。

[解说]

通过确认保有水平耐力时的弯矩图和塑性铰状况，可以判断是否与设计意图相符，是否为梁屈服型破坏机制。

6.3　结构特性系数 D_s 的计算

框架的结构特性系数 D_s 是根据昭 55 建告第 1792 号规定的计算方法来进行计算。

（1）柱和主梁的构件类别的判定

柱构件类别

层	柱构件截面	宽厚比	钢材种类	构件类别	楼层类别
8-6	□-600×22	27.2	SN490C	FA	
	□-550×22	25.0	SN490C	FA	FA
	□-500×22	22.7	SN490C	FA	
5-3	□-600×25	24.0	SN490C	FA	
	□-550×25	22.0	SN490C	FA	FA
	□-500×22	22.7	SN490C	FA	
2-1	□-600×28	21.4	SN490C	FA	
	□-550×25	22.0	SN490C	FA	FA
	□-500×25	20.0	SN490C	FA	

GX 梁构件类别（所有钢材为 SN490B）

层	梁构件截面	翼缘板宽厚比	腹板宽厚比	构件类别	楼层类别
R	H-650×250×12×25	5.0	50.0	FA	FA
	H-650×200×12×19	5.3	51.0	FA	
8	H-650×200×12×19	5.3	51.0	FA	FA
7	H-650×200×12×19	5.3	51.0	FA	FA
6	H-650×200×12×22	4.5	50.5	FA	FA
	H-650×200×12×19	5.3	51.0	FA	
5	H-650×200×12×25	4.0	50.0	FA	FA
	H-650×200×12×22	4.5	50.5	FA	
4	H-650×200×12×25	4.0	50.0	FA	FA
	H-650×200×12×22	4.5	50.5	FA	
3	H-650×200×12×25	4.0	50.0	FA	FA
	H-650×200×12×22	4.5	50.5	FA	
2	H-650×200×12×22	4.5	50.5	FA	FA

GY 梁构件类别（所有钢材为 SN490B）

层	梁构件截面	翼缘板宽厚比	腹板宽厚比	构件类别	楼层类别
R	H-800×350×14×25	7.0	53.6	FB	
	H-650×200×12×19	5.3	51.0	FA	FB
	H-800×300×14×22	6.8	54.0	FB	
	H-650×250×12×25	5.0	50.0	FA	
8	H-800×350×14×22	8.0	54.0	FB	
	H-650×200×12×19	5.3	51.0	FA	FB
	H-800×300×14×22	6.8	54.0	FB	
7	H-800×350×14×25	7.0	53.6	FB	
	H-650×200×12×19	5.3	51.0	FA	FB
	H-800×300×14×25	6.0	53.6	FB	

续表

层	梁构件截面	翼缘板 宽厚比	腹板 宽厚比	构件类别	楼层类别
6	H-800×350×14×25	7.0	50.5	FB	
	H-650×200×12×19	5.3	51.0	FA	FB
	H-800×300×14×25	6.0	53.6	FB	
5	H-800×350×14×28	6.3	53.1	FB	
	H-650×200×12×19	5.3	51.0	FA	FB
	H-800×300×14×25	6.0	53.6	FB	
4	H-800×350×14×28	6.3	53.1	FB	
	H-650×200×12×19	5.3	51.0	FA	FB
	H-800×300×14×25	6.0	53.6	FB	
3	H-800×350×14×28	6.3	53.1	FB	
	H-650×200×12×22	4.5	50.5	FA	FB
	H-800×300×14×25	6.0	53.6	FB	
2	H-800×250×14×22	5.7	54.0	FB	
	H-650×200×12×22	4.5	50.5	FA	FB
	H-800×250×14×22	5.7	54.0	FB	

(2) 各层的结构特性系数 D_s 的判定

层	X方向				Y方向			
	柱类别	梁类别	斜撑类别	D_s	柱类别	梁类别	斜撑类别	D_s
8	FA	FB	—	0.30	FA	FA	—	0.25
7	FA	FB	—	0.30	FA	FA	—	0.25
6	FA	FB	—	0.30	FA	FA	—	0.25
5	FA	FB	—	0.30	FA	FA	—	0.25
4	FA	FB	—	0.30	FA	FA	—	0.25
3	FA	FB	—	0.30	FA	FA	—	0.25
2	FA	FB	—	0.30	FA	FA	—	0.25
1	FA	FB	—	0.30	FA	FA	—	0.25

［解说］

• 构造特性系数 D_s

对于S结构，通过梁和柱的宽厚比和斜撑的水平力负担率来决定各层以及各水平方向的结构特性系数 D_s，如图 4.19 所示流程进行计算。

结构特性系数 D_s 的值，简单的说是考虑框架的塑性变形所吸收的能量，对所需保有水平耐力进行折减的一个系数，像钢结构框架这种塑性变形能力大、延性好的结构，可取到最小值的 $D_s=0.25$。在水平外力作用下，建筑物产生的能量是和构件的承载力与变形的乘积所形成的吸收能量相等。对于在建筑物的使用年限内，可能会发生一次或根本就不发生的发生率极低的日本烈度6强的极罕遇地震，将构件设计在弹性状态范围内的话，是非常不经济的。因而，现行的设计体系是让一部分构件发生塑性变形来消耗能量，以达到防止建筑物倒塌的目的。在保有水平耐力的分析中，最重要的是把握框架各个抗震构件在极罕遇地震下的状态。

D_s 值与塑性率密切相关，比如，建筑物的所有构件都不发生塑性变形，按弹性状态来设计的话，此时 D_s 值就为 1.0。由于构件没有出现塑性铰，构件的塑性率 μ 小于 1.0，构件在弹性状态下，内力和变形成正比关系。而进入塑性后轻微的内力增加就会引起显著的变形增大，构件所吸收的能量显著增加，如图 4.20 所示。因此，如果构件的延性越好，所期待的塑性率也就越高，D_s 的取值就可以越小。虽然 D_s 值和塑性率 μ 的关系复杂，但是用略算公式 $D_s=1.25/\sqrt{2\mu-1}$ 进行计算的话，如果 D_s 值在表 4.3 所示的 0.3～0.4 范围内时，可得设计所期待的 μ 值约为 9.2～5.4。作为实现这个 μ 值的一个指标，规定了跟局部屈曲有关的构件截面宽厚比，并且用它们来决定构件类别（表 4.4）。

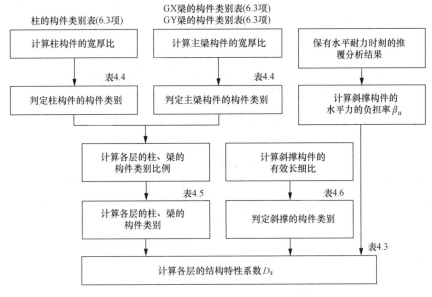

图 4.19 结构特性系数 D_s 的计算流程

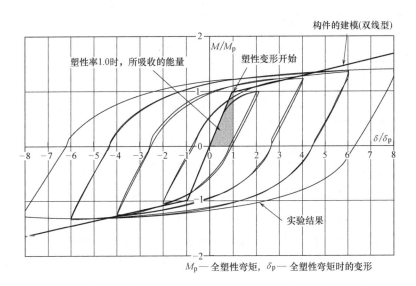

M_p——全塑性弯矩，δ_p——全塑性弯矩时的变形

图 4.20 T 形梁实验的内力-变形曲线

结构等级和结构特性系数 D_s 一览　　　　　　　　　　表4.3

斜撑群的类别 β_u / 柱、梁群的类别等		BA $\beta_u=0$	BB			BC		
			$\beta_u \leqslant 0.3$	$0.3 \leqslant \beta_u \leqslant 0.7$	$\beta_u > 0.7$	$\beta_u \leqslant 0.3$	$0.3 \leqslant \beta_u \leqslant 0.5$	$\beta_u > 0.5$
柱、梁群的类别 FA	○梁的条件 *3　○柱、梁节点域条件 *2　○斜撑端部条件 *1	I (0.25)	I (0.25)	I (0.3)	I (0.35)	II (0.3)	II (0.35)	II (0.4)
柱、梁群的类别 FB		II (0.3)	II (0.3)	I (0.3)	I (0.35)	II (0.3)	II (0.35)	II (0.4)
柱、梁群的类别 FC		III (0.35)	III (0.35)	II (0.35)	II (0.4)	III (0.35)	III (0.4)	III (0.45)
上述以外 (FD)		IV (0.4)	IV (0.4)	IV (0.45)	IV (0.5)	IV (0.4)	IV (0.45)	IV (0.5)

＊1 斜撑端部连接需满足昭55建告第1791号第2第二号的规定。

＊2 节点域满足昭55建告第1791号第2第三号的规定。

＊3 梁具有充分的侧向支撑，以确保不发生承载力的突然下降。

（ ）内的值为 D_s 值。

柱、梁的类别一览　　　　　　　　　　表4.4

柱、梁的类别				FA	FB	FC	FD
构件	截面	部位	钢材	宽厚比	宽厚比	宽厚比	
柱	H型钢	翼缘	400N	9.5	12	15.5	左侧以外
			490N	8	10	13.2	
		腹板	400N	43	45	48	
			490N	37	39	41	
	方形钢管		400N	33	37	48	
			490N	27	32	41	
	圆形钢管		400N	50	70	100	
			490N	36	50	73	
梁	H型钢	翼缘	400N	9	11	15.5	
			490N	7.5	9.5	13.2	
		腹板	400N	60	65	71	
			490N	51	55	61	

【注释】基准强度是平12建告第2646号等所定的数值，但是当碳素钢的基准强度在400N级、490N级之外的情况时，宽厚比则采用 $\sqrt{235/F}$（H型钢和方钢管）、$235/F$（圆钢管）乘以400N级的宽厚比值。

D_s 值是需要对各层，各方向分别进行计算的。对各个构件的类别进行判定后，分层进行统计。由不同构件类别组成的柱梁群的承载力，是包含了梁和柱的局部结构的柱剪力。判定局部结构的类别可参照图4.21，在相关的柱和梁中，选择级别最低的构件类别。随后，用各个类别的承载力与整体承载力的比值，根据表4.5来判定该楼层的构件群的类别。另外，当柱或主梁存在类别D构件时，①可以忽略类别D的构件时（即使类别D的构件发生破坏，周边的构件可以分担该 D 构件所承受的竖向荷载），则忽略该 D 构件。但是，②在不能忽略类别 D 的构件时，层的类别判定为 D，并且必须将类别 D 构件的内力达到最大承载力时的结构整体承载力定义为保有水平耐力。

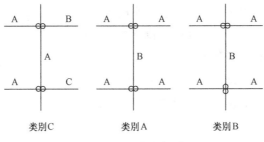

图 4.21　柱的类别

柱、主梁的构件群类别　　　　　　　　　　　　　　　　表 4.5

构件群的类别	类别 A 构件的承载力之和与各构件群*承载力之和的比	类别 B 构件的承载力之和与各构件群*承载力之和的比	类别 C 构件的承载力之和与各构件群*承载力之和的比
A	50％以上	—	20％以下
B	—	—	50％以下
C	—	—	50％以上

*：有类别 D 构件时，不考虑 D 构件。

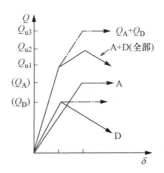

图 4.22　存在早期丧失承载力的 D 类构件时的保有水平耐力

斜撑类别一览　　　　　　　　　　　　　　　　表 4.6

BA	BB		BC
$\lambda_e \leqslant 495/\sqrt{F}$	$495/\sqrt{F} < \lambda_e \leqslant 890\sqrt{F}$	$\lambda_e \geqslant 1980/\sqrt{F}$	$890/\sqrt{F} < \lambda_e < 1980\sqrt{F}$

λ_e——斜撑的有效长细比；F——斜撑的基准强度（N/mm²）。

　　塑性变形能力强的构件 A 类别和塑性变形能力差的构件 D 同时存在时的框架变形特性如图 4.22 所示。Q_{u1}、Q_{u2} 分别是 D 和 A 到达最大承载力的变形状态下的各个构件所承受的水平承载力之和。而 Q_{u3} 是将 A 和 D 的最大承载力单纯相加之和。Q_{u1} 是前述②的情况所定义的保有水平耐力。但是，如果用 Q_{u2} 或 Q_{u3} 来定义保有水平耐力时，由于与构件的支撑能力以及 D_s 值相关，需要进行综合判断。

　　本设计例为纯框架结构，不需要计算斜撑的水平负担比 β_u，判定斜撑群的类别。但是当斜撑存在时，需通过斜撑的水平负担比 β_u 和斜撑的有效长细比来判定斜撑的类别（表4.6）。

6.4 所需保有水平耐力 Q_{un} 的计算

根据令第82条4的规定，所需保有水平耐力的计算式，如下所示。

$$Q_{un} = D_s \cdot F_{es} \cdot Q_{ud}$$

式中　Q_{un}——所需保有水平耐力；

　　D_s——结构特性系数（平7建告第1997号）；

　　F_{es}——形状特性系数（平7建告第1997号）；

　　Q_{ud}——地震层剪力。

（1）形状特性系数 F_{es}

通过在3.5项算出的偏心率 F_e 和刚度比 F_s 进行 F_{es} 的计算。

F_{es} 的计算结果一览

层	X 方向					Y 方向				
	偏心率	F_e	刚度比	F_s	F_{es}	偏心率	F_e	刚度比	F_s	F_{es}
8	0.01	1.0	1.27	1.0	1.0	0.03	1.0	1.39	1.0	1.0
7	0.08	1.0	1.02	1.0	1.0	0.04	1.0	1.00	1.0	1.0
6	0.07	1.0	0.89	1.0	1.0	0.05	1.0	0.85	1.0	1.0
5	0.07	1.0	0.81	1.0	1.0	0.05	1.0	0.81	1.0	1.0
4	0.07	1.0	0.77	1.0	1.0	0.06	1.0	0.77	1.0	1.0
3	0.07	1.0	0.74	1.0	1.0	0.05	1.0	0.74	1.0	1.0
2	0.07	1.0	0.82	1.0	1.0	0.07	1.0	0.80	1.0	1.0
1	0.24	1.3	1.68	1.0	1.3	0.05	1.0	1.65	1.0	1.0

（2）地震层剪力 Q_{ud} 的计算

根据令第88条第1项和第3项的规定，通过以下的公式进行计算。

$$Q_{ud} = Z \cdot R_t \cdot A_i \cdot C_0 \cdot W$$

Q_{ud} 的计算结果一览

层	Z	A_i	R_t	C_0	W(kN)	Q_{ud}(kN)
8	1.0	2.161	0.696	1.0	6660	10017
7	1.0	1.800	0.696	1.0	11307	14165
6	1.0	1.560	0.696	1.0	15447	16772
5	1.0	1.446	0.696	1.0	19611	19737
4	1.0	1.316	0.696	1.0	23809	21808
3	1.0	1.202	0.696	1.0	28011	23434
2	1.0	1.099	0.696	1.0	32219	24644
1	1.0	1.000	0.696	1.0	36564	25449

（3）所需保有水平耐力 Q_{un} 的计算

Q_{un} 的计算结果一览

层	X 方向				Y 方向			
	D_s	F_{es}	Q_{ud}	Q_{un}	D_s	F_{es}	Q_{ud}	Q_{un}
8	0.30	1.0	10017	3005	0.25	1.0	10017	2504
7	0.30	1.0	14165	4250	0.25	1.0	14165	3541
6	0.30	1.0	16772	5032	0.25	1.0	16772	4193
5	0.30	1.0	19737	5921	0.25	1.0	19737	4934
4	0.30	1.0	21808	6542	0.25	1.0	21808	5452
3	0.30	1.0	23434	7030	0.25	1.0	23434	5858
2	0.30	1.0	24644	7393	0.25	1.0	24644	6161
1	0.30	1.3	25449	9925	0.25	1.0	25449	6362

（4）保有水平耐力的确认

建筑物的保有水平耐力 Q_u 与所需保有水平耐力 Q_{un} 的比较

层	X 方向				Y 方向			
	Q_u	Q_{un}	Q_u/Q_{un}	判定	Q_u	Q_{un}	Q_u/Q_{un}	判定
8	4225	3005	1.41	OK	4345	2504	1.74	OK
7	6258	4250	1.47	OK	6145	3541	1.74	OK
6	7598	5032	1.51	OK	7460	4193	1.78	OK
5	8716	5921	1.47	OK	8559	4934	1.73	OK
4	9635	6542	1.47	OK	9461	5452	1.74	OK
3	10356	7030	1.47	OK	10169	5858	1.74	OK
2	10888	7393	1.47	OK	10691	6161	1.74	OK
1	11244	9925	1.13	OK	11041	6362	1.74	OK

通过以上结果可见，建筑物的保有水平耐力大于所需保有水平耐力。

［解说］

（1）形状特性系数 F_{es}

用内力分析计算出的偏心率 F_e 和刚度比 F_s，按表4.7算出形状特性系数 F_{es}。

（2）所需保有水平耐力 Q_{un}

所需保有水平耐力是根据令第82条的3，昭55建告第1792号的第1、第7规定的计算方法，通过结构特性系数、形状特性系数、地震层间剪力来计算所需保有水平耐力 Q_{un}。

形状特性系数　　　　　　　　　　　　　　　表 4.7

建筑物各层的 F_{es}，是用表(a) R_s 算出的 F_s，与用表(b) R_e 算出的 F_e 相乘所得的结果。

$$F_{es} = F_e \cdot F_s$$

（a）F_s 的值

R_s	F_s
$R_s \geq 0.6$	1.0
$R_s < 0.6$	$2.0 - \dfrac{R_s}{0.6}$

（b）F_e 的值

R_e	F_e
$R_e \leq 0.15$	1.0
$0.15 < R_e < 0.3$	直线插入法
$R_e \geq 0.3$	1.5

7. 二次构件的设计

7.1　楼板的设计

该部分的内容可以参阅第 2 章，此处省略。

7.2　悬臂楼板的设计

该部分的内容可以参阅第 2 章，此处省略。

7.3　次梁的设计

该部分的内容可以参阅第 2 章，此处省略。

7.4　悬臂梁的设计

该部分的内容可以参阅第 2 章，此处省略。

7.5　钢结构拼接节点的设计

该部分的内容可以参阅第 2 章，此处省略。

[解说]

对于不能采用一贯式结构计算程序进行验算的二次构件需要单独手算设计，构件的设计结果最好能标出设计应力与容许应力的比值。

在钢结构拼接连接节点的设计中，通常是使用高强螺栓，并进行保有耐力连接（连接部的承载力高于构件本身的塑性极限承载力）的设计。但是，在设计梁的拼接连接节点时必须注意连接盖板钢板的重量。连接盖板钢板的厚度超过 32mm、宽度 300mm 以上时，1 块钢板的重量有时会超过 30kg。劳动法规定 1 个人的搬运重量不应超过 20kg，而 H 型钢的翼缘连接节点的施工最多只能有 2 个人参与，因此连接节点设计时要考虑连接盖板钢板的重量不超过施工时的规定值。

8. 其他有关的设计

8.1　梁的跨度和梁高的确认

H12 建告第 1459 号告示规定，设计时要根据梁的跨度与梁截面高度的比值来确认构件的变形是否超过可能造成建筑物使用上的障碍的规定值。

详细的内容可以参阅第 2 章，此处省略。

8.2　梁柱承载力比的确认

设计时要确保梁先于柱发生屈服。

详细的内容可以参阅第 2 章，此处省略。

8.3　梁柱节点的验算

设计时要确保柱梁节点域符合有关规定。

详细的内容可以参阅第 2 章，此处省略。

8.4　侧向支撑的验算

设计时要确保侧向支撑符合有关规定。

详细的内容可以参阅第 2 章，此处省略。

8.5 钢楼梯的设计

详细的内容可以参阅第 2 章，此处省略。

8.6 梁开洞加固的设计

详细的内容可以参阅第 2 章，此处省略。

8.7 大跨度梁的振动验算

根据《各种组合结构设计指针》（日本建筑学会，2010 年）计算结构的基本振动频率和振幅，并按照《建筑物的振动对舒适性影响的评价指针》（日本建筑学会，2004 年）进行舒适度评估。

详细的内容可以参阅第 2 章，此处省略。

[解说]

本例题中虽然没有涉及，但有时会视情况进行梁端扩大翼缘的设计。防止柱梁连接部的梁端早期破坏的方法有①提高梁端连接部的韧性（保有性能），②减少梁端的应力（要求性能）。其中后者的设计方法就是采用梁端扩翼的方法，以提高梁的截面性能，达到减

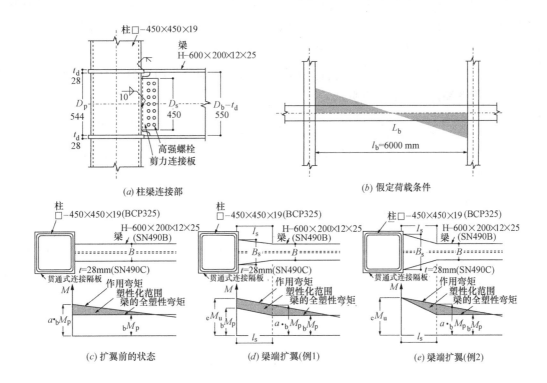

图 4.23 梁端扩翼连接设计例

[出处：日本建筑学会《钢结构接合部设计指针》P.206 图 C4.88（2012）]

少应力的目的。图 4.23 所示的设计例，在《钢结构接合部设计指针》（日本建筑学会，2012 年）中有很详细的说明。在设计梁端扩翼时，有以下 2 种设计方法，图中例 1 的梁端扩翼部强度＝无扩翼部强度，例 2 的梁端扩翼部强度＞无扩翼部强度。例 1 的优点在于梁端扩翼宽度较小，成本有利，而例 2 在防止构件破坏上效果更佳。

9. 其他的验算

9.1　极限状态设计的计算结果

本设计例题是按照日本设计规定的路径 ③ 进行的。而实际的设计是按照极限承载力设计法进行设计的，这里将两者的结果作一比较。

在进行极限承载力设计时，对于中等程度地震和最大级地震需要计算建筑物各层的强度和变形，所以手算难以完成，须利用计算程序采用荷载增量法等来进行计算。

对于建筑物使用期间内可能至少会遭遇 1 次的中等程度地震（罕遇地震），要验算确认结构不会达到损伤极限。验算方法是设定层间剪力的分布形式，同时考虑固定荷载后进行框架的弹性分析。只要有一个构件的应力达到短期容许应力就认为达到了损伤极限，此时的各层剪力称为损伤极限承载力，层间位移称为损伤极限位移。

对于建筑物使用期间内也许会遭遇到的最大级地震（极罕遇地震），要验算确认结构不能达到其安全极限。验算方法是采用类似于容许应力设计的二次设计法（设计路径 ③）的方法，验算确认建筑物不会发生倒塌破坏。

下图是中等程度地震作用下的损伤极限以及最大级地震作用下的安全极限的设计计算分析流程图和计算结果的说明。

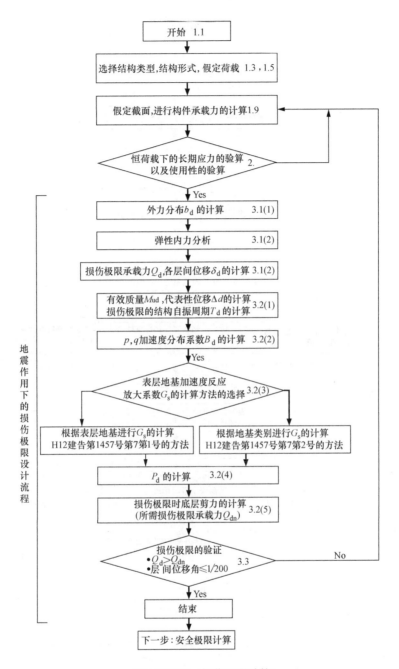

设计流程图（损伤极限计算）

[出处：日本建筑中心编《2001 年版极限承载力计算法的设计例及解说》]

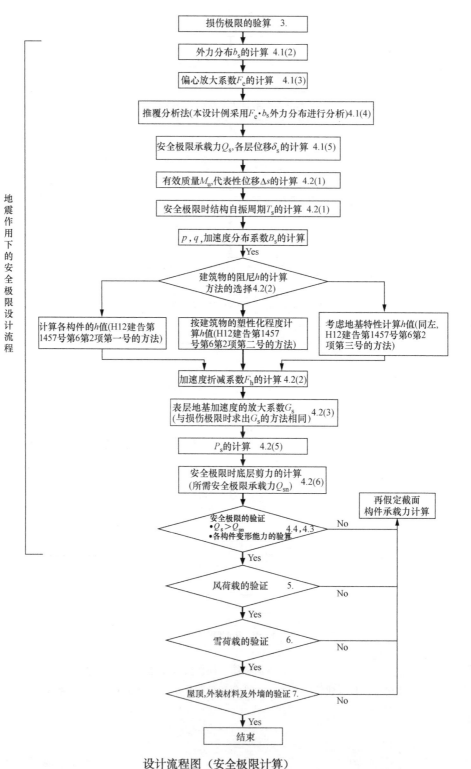

设计流程图（安全极限计算）

[出处：日本建筑中心编《2001年版极限承载力计算法的设计例及解说》]

损伤极限			X方向	Y方向
①极限值（设计值）	整体质量 $M=W/g$(t)		3687	3687
	损伤极限承载力 Q_d(kN)		4755	6108
	损伤极限时自振周期 T_d(s)		1.32	1.31
	水平地震影响系数 C_d		0.131	0.169
	层间位移角	最大	1/259	1/210
		平均	1/331	1/262
	有效质量 M_{ud}(t)		2898	2874
	有效质量比 $R=M_{ud}/M$		0.79	0.78
	等价位移 Δd(cm)		7.30	9.19
②反应值	所需损伤极限承载力时的水平地震剪力系数 $R \cdot S_{ad}/g$		0.067	0.067
	（安全系数①/②）		1.97	2.52
③反应值（根据 S_a-S_d 曲线）	反应剪力系数		0.067	0.067
	（安全系数①/③）		1.97	2.52
	等价位移 Δd_2(cm)		3.63	3.63
	（安全系数$=\Delta d/\Delta d_2$）		2.01	2.53
	层间位移角	最大	1/524	1/518
		平均	1/668	1/663

安全极限			X方向	Y方向
①极限值（设计值）	整体质量 $M=W/g$(t)		3687	3687
	安全极限承载力 Q_s(kN)		12677	12160
	安全极限时基本自振周期 T_s(s)		1.49	1.46
	水平地震剪力系数 C_s		0.351	0.336
	层间位移角	最大	1/75	1/75
		平均	1/101	1/108
	有效质量 M_{us}(t)		2916	2889
	有效质量比 $R=M_{us}/M$		0.79	0.78
	等效位移 Δs(cm)		24.38	22.78
②反应值*	所需安全极限承载力时的水平地震剪力系数 $R \cdot S_{as}/g$		0.252	0.256
	（安全系数①/②）		1.39	1.31
	特性值	塑性率 $\mu=\Delta s/\Delta d$	1.25	1.25
		等效阻尼比 H_{eq}	0.08	0.08
		阻尼折减系数 F_h	0.85	0.85
③反应值（根据 S_a-S_d 曲线）	反应剪力系数		0.300	0.312
	（安全系数①/③）		1.17	1.08
	等效位移 Δs_2(cm)		18.10	18.00
	（安全系数$=\Delta s/\Delta s_2$）		1.33	1.27
	反应安全极限基本自振周期(s)		1.38	1.35
	层间位移角	最大	1/103	1/101
		平均	1/134	1/135
	特性值	响应塑性率 μ	1.08	1.06
		等效阻尼比 H_{eq}	0.06	0.06
		阻尼折减系数 F_h	0.94	0.95
		$R \cdot F_h$	0.74	0.75

* ②反应值是根据损伤极限，安全极限承载力时的自振周期进行计算的结果。

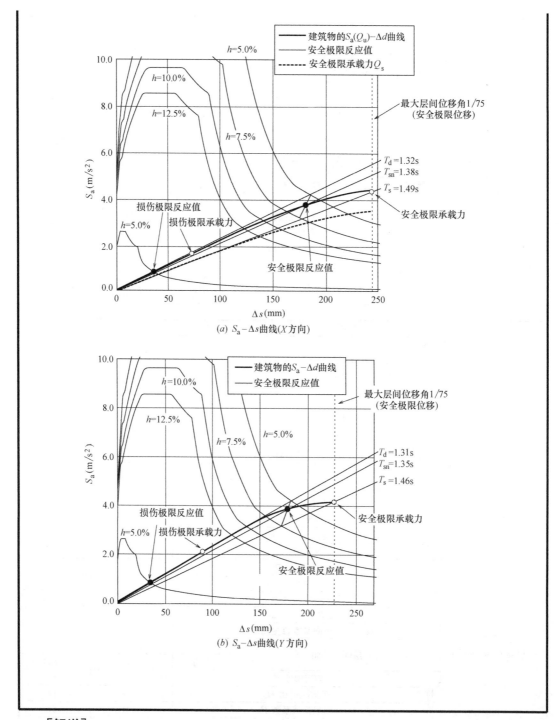

(a) $S_a - \Delta s$曲线(X方向)

(b) $S_a - \Delta s$曲线(Y方向)

[解说]

　　这里只列出了主要的计算结果，详细的计算分析可以参阅日本建筑中心主编《2001年版极限承载力计算法的设计例及解说》。

9.2 动力反应分析结果的比较

对刚性楼面的各楼层作为质点，底层固定的 8 质点振动模型进行动力时程反应分析。根据荷载增量法分析的结果，各刚性楼面的恢复力特性设定为双线型。

采用的地震波有三条历史强震记录波和三条人工波。历史强震记录波的 EL CEN-TRO 1940 NS 和 TAFT 1968 EW，以及含有长周期成分地震波的 HACHINOHE 1968 NS 进行标准化设定（加速度为 0.5m/s^2）后加以采用；三条人工波拟合 2000 年建告第 1461 号公布的罕遇地震加速度反应谱计算的拟速度反应谱，其相位采用历史地震波的 EL CENTRO 1940 NS、含有长周期成分地震波形的 HACHINOHE 1968 NS 和具有直下型地震特性的地震波 KOBE JMA 1995 NS 的相位而得到的工学地基地震波。

最大层剪力反应、最大加速度反应和最大层间位移角反应如下所示。

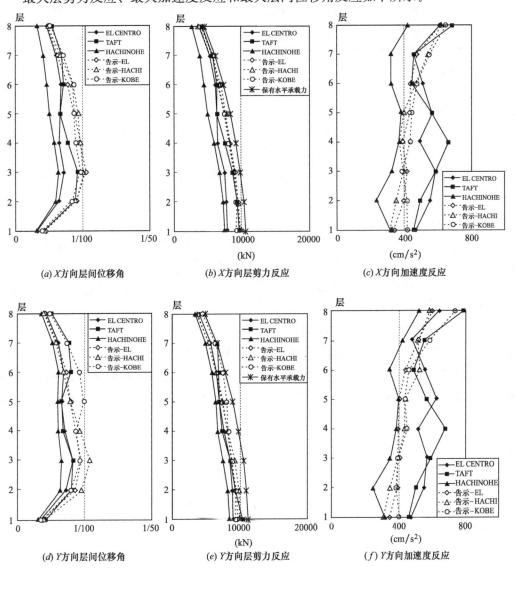

(a) X方向层间位移角   *(b) X方向层剪力反应*   *(c) X方向加速度反应*

(d) Y方向层间位移角   *(e) Y方向层剪力反应*   *(f) Y方向加速度反应*

[解说]

对于高度大约为 31m 的建筑物一般不需要进行动力反应分析。作为设计方法，虽然可以用动力分析进行设计，但是依据建筑施行令第 36 条第 2 款第三号的规定，采用动力反应分析进行设计时，必须通过建设大臣的审查、认证。

一般来说，设计方确定的设计原则是验算最大层剪力反应不大于保有水平耐力，最大层间位移角不大于 1/100。这是因为最大层剪力反应超过保有水平耐力时，建筑物可能会发生倒塌。关于最大层间位移角要小于 1/100，是因为作为非承重构件的外墙和隔墙，通常设计层间位移角为 1/100 以下。如果非承重构件的变形能力更大的话，1/100 可以放宽。

至于最大加速度反应，如果不大于 $0.25 \sim 0.30 \text{m/s}^2$ 的话，一般来说家具类不会出现翻倒，但是如果设计时以此作为标准的话，除非采用隔震结构或减震结构等具有较大的阻尼消能结构，否则是不可能实现的。在本设计例中，因为外墙等非承重结构的层间位移角允许达到 1/75，所以层间位移角虽然略微超过了 1/100，但其影响程度可以忽略不计。

---

10. 总结

（1）一次设计

- 长期荷载时，构件的设计应力与容许应力的最大比值为 0.86，满足设计要求。
- 短期荷载时，构件的设计应力与容许应力的最大比值为 0.86，满足设计要求。
- 水平荷载时的 X 方向最大层间位移角为 3 层的 1/235，Y 方向为 3 层的 1/203，均满足 1/200 的设计要求。

（2）二次设计

- X 方向主梁的构件类别为 FB，除此之外的柱和 Y 方向主梁的构件类别为 FA，因此 X 方向的结构特性系数 D_s 值为 0.30，Y 方向为 0.25。
- 刚度比的最小值为 3 层 X、Y 方向的 0.74，偏心率的最大值为 1 层 X 方向的 0.24。
- 柱梁承载力之比（某一楼层主梁承载力总和的 1.5 倍与柱承载力总和之比）的最小值在 1.5 倍以上，故本建筑的结构破坏机制为整体倒塌型。
- 设定某一楼层加载到层间位移角（X、Y 方向）为 1/100 时的承载力为保有水平耐力。本建筑的保有水平耐力和所需保有水平耐力的比值，X 方向为 1.13，Y 方向为 1.73，具有充裕的设计承载力。

[解说]

用于建筑审批的结构计算书并非必须有总结部分，但是它是设计者的综合性总结，所以尽可能给予记载。

D 结构设计图

1. 图纸目录和结构设计总说明

图纸编号	图纸的名称
S-00	封面
S-01	图纸目录
S-02	结构设计总说明(1)
S-03	结构设计总说明(2)
	配筋标准事项的说明
S-04	配筋标准图(1)
S-05	配筋标准图(2)
S-06	配筋标准图(3)
S-07	配筋标准图(4)
S-08	配筋标准图(5)
S-09	配筋标准图(6)
S-10	配筋标准图(7)
S-11	配筋标准图(8)
S-12	配筋标准图(9)
S-13	地质勘察土柱状图
S-14	基础平面图,B1~R层楼板梁平面布置图
S-15	框架图
S-16	基础主梁,基础次梁
	基础板,地下外墙,墙截面图
S-17	柱轴心布置图,柱截面图
S-18	主梁截面图
	钢梁连接节点标准图
S-19	RC次梁截面图,楼板截面图
	钢结构悬臂主梁、次梁、悬臂小梁截面图
S-20	焊接标准图
S-21	钢结构柱梁连接部标准图
S-22	X3轴钢结构框架详图
	Y3轴钢结构框架详图
S-23	X3轴配筋详图
	Y3轴配筋详图
S-24	楼梯详图
S-25	各附属部分详图
S-26	梁开孔部加固图

图 4.24 图纸目录

此处省略结构设计总说明。

[解说]

结构图通常包括图纸目录、结构设计总说明、标准图、地质勘察土柱状图、平面布置图、框架图、构件截面图、钢结构柱梁连接部标准图、钢结构框架详图、结构配筋详图、各附属部分详图等。

上面列出的是本设计例题的结构图纸目录。

结构设计总说明应列出结构标准说明书中不包括的建筑物特有的设计条件。结构标准说明书有国土交通省大臣办公室审查通过的一般情况下通用的公共建筑工程标准规格集，日本建筑学会发行的以 JASS6 为代表的建筑工程标准规格集等。所以，结构设计总说明也是千差万别的，由设计师酌情选用。有鉴于此，此处省略结构设计总说明。

从下页开始节选了一部分具有代表性的设计图。因编辑需要，对图面进行了整理以便于阅读。

另外，图表中的尺寸，一般是以 mm 单位表示的。

2. 基础平面图

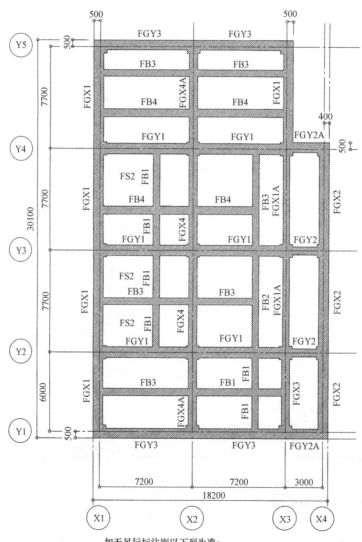

如无另行标注则以下列为准：

1.基础板符号FS1
2.基础板底面，基础梁底面的标高B1FL−3.260

图 4.25　基础平面图

3. 平面图

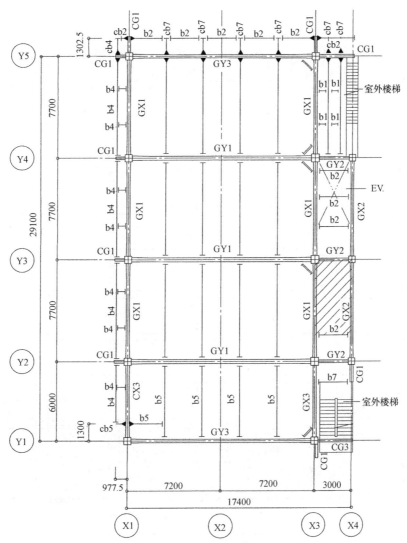

图 4.26 3~7 层楼板/梁平面图

[解说]

结构平面图是对从楼层上部大约 1000mm 位置向下看到的内容进行制图。

在本设计例中，由于各层柱符号布置相同，因此柱符号表示在柱轴心位置图上，没有表示在平面图上。设计者有时会标注在平面图上。

4. 框架图

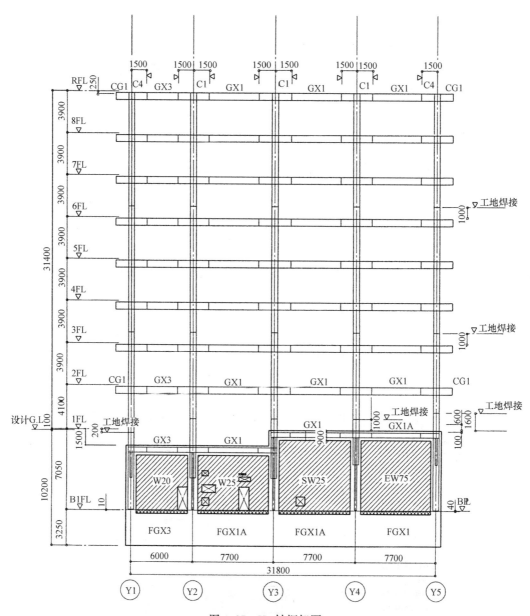

图 4.27 X3 轴框架图

[解说]

柱子的工地拼接多数是设置在楼面＋1000mm 的位置，这是从工地的施工便利性和设计受力分布的角度考虑的结果。分割后柱节的长度设定为 2～3 层高的 12m 左右，主要是运输时可能的最大尺寸。梁的工地连接通常设置在从柱心算起 1200～1400mm 的位置，这也是由运输时卡车的载货尺寸决定的。本设计例采用的 1500mm 是因为垂直方向为单跨结构的 T 字型，经确认可以装入卡车。

5. 柱轴心位置图

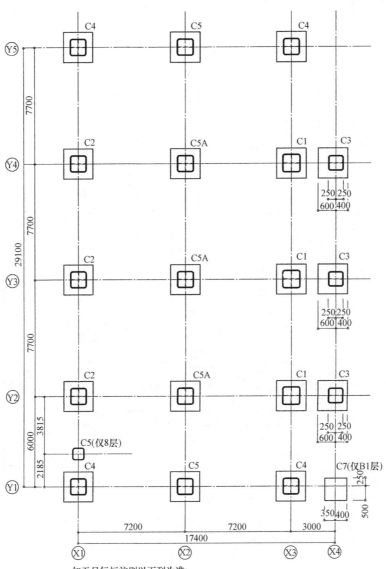

图 4.28 柱轴心位置图

6. 柱截面图

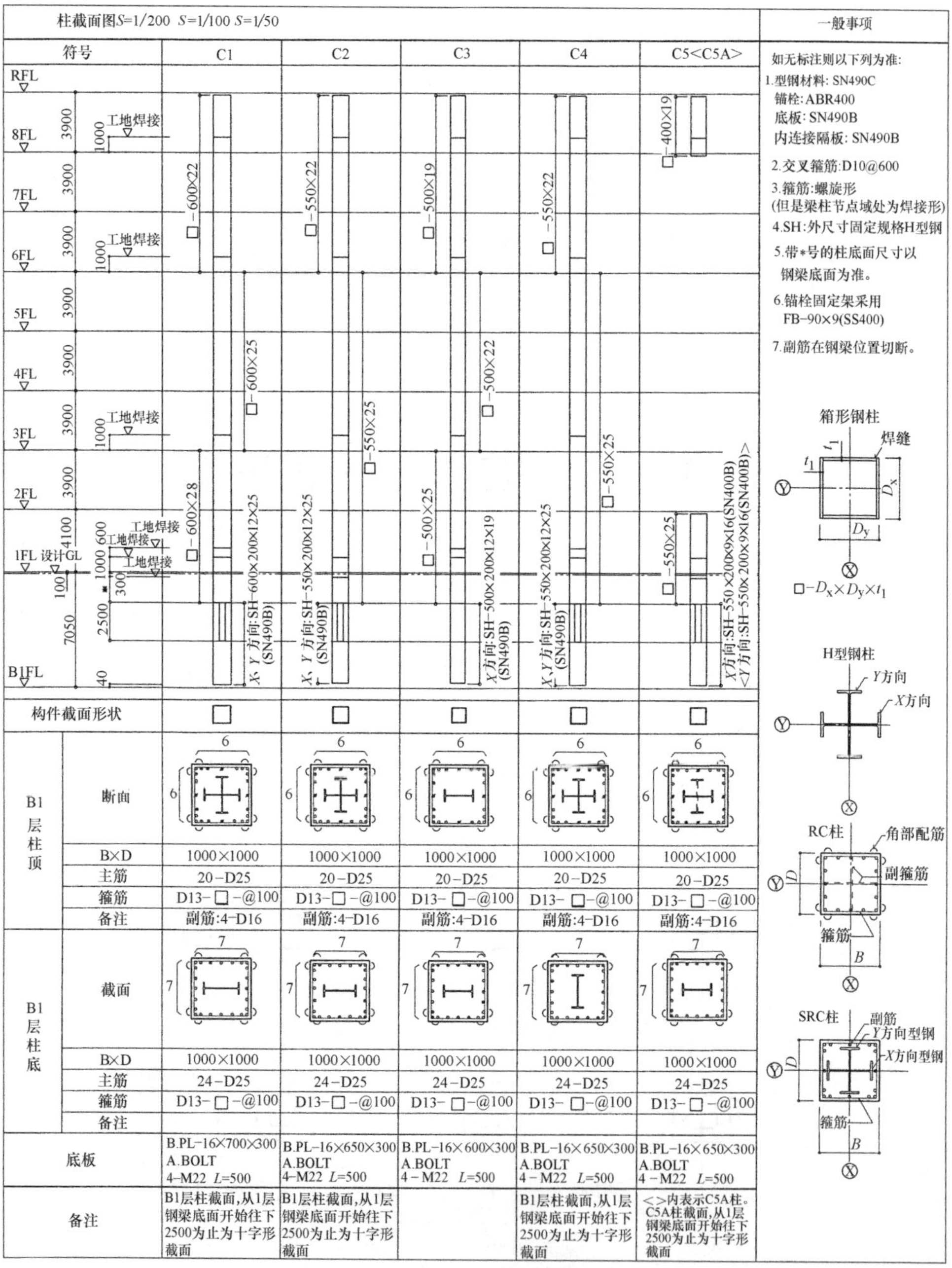

柱截面图 S=1/200 S=1/100 S=1/50						一般事项
符号	C1	C2	C3	C4	C5<C5A>	如无标注则以下列为准:

楼层标高：RFL, 8FL, 7FL, 6FL, 5FL, 4FL, 3FL, 2FL, 1FL 设计GL, B1FL（层高3900，1FL为4100，基础2500/7050等，工地焊接1000）

柱身型钢：
- C1：□-600×22、□-600×25、□-600×28，工地焊接，X、Y方向:SH-600×200×12×25(SN490B)
- C2：□-550×22、□-550×25，工地焊接，X、Y方向:SH-550×200×12×25(SN490B)
- C3：□-500×19、□-500×22、□-500×25，工地焊接，X方向:SH-500×200×9×19(SN490B)
- C4：□-550×22、□-550×25，工地焊接，X、Y方向:SH-550×200×12×25(SN490B)
- C5：400×19、□-550×25，工地焊接，X方向:SH-550×200×9×16(SN400B)，Y方向:SH-550×200×9×16(SN400B)>

一般事项：
1. 型钢材料: SN490C；锚栓:ABR400；底板:SN490B；内连接隔板:SN490B
2. 交叉箍筋:D10@600
3. 箍筋:螺旋形（但是梁柱节点域处为焊接形）
4. SH:外尺寸固定规格H型钢
5. 带*号的柱底面尺寸以钢梁底面为准。
6. 锚栓固定架采用 FB-90×9(SS400)
7. 副筋在钢梁位置切断。

（右侧图示：箱形钢柱 □-Dx×Dy×t₁，焊缝；H型钢柱 X方向/Y方向；RC柱 角部配筋、副箍筋、箍筋；SRC柱 副筋、X方向型钢、Y方向型钢、箍筋）

		C1	C2	C3	C4	C5<C5A>
构件截面形状		□	□	□	□	□
B1层柱顶	断面					
	B×D	1000×1000	1000×1000	1000×1000	1000×1000	1000×1000
	主筋	20-D25	20-D25	20-D25	20-D25	20-D25
	箍筋	D13-□-@100	D13-□-@100	D13-□-@100	D13-□-@100	D13-□-@100
	备注	副筋:4-D16	副筋:4-D16	副筋:4-D16	副筋:4-D16	副筋:4-D16
B1层柱底	截面					
	B×D	1000×1000	1000×1000	1000×1000	1000×1000	1000×1000
	主筋	24-D25	24-D25	24-D25	24-D25	24-D25
	箍筋	D13-□-@100	D13-□-@100	D13-□-@100	D13-□-@100	D13-□-@100
	备注					
底板		B.PL-16×700×300 A.BOLT 4-M22 L=500	B.PL-16×650×300 A.BOLT 4-M22 L=500	B.PL-16×600×300 A.BOLT 4-M22 L=500	B.PL-16×650×300 A.BOLT 4-M22 L=500	B.PL-16×650×300 A.BOLT 4-M22 L=500
备注		B1层柱截面,从1层钢梁底面开始往下2500为止为十字形截面	B1层柱截面,从1层钢梁底面开始往下2500为止为十字形截面	B1层柱截面,从1层钢梁底面开始往下2500为止为十字形截面	B1层柱截面,从1层钢梁底面开始往下2500为止为十字形截面	B1层柱截面,<>内表示C5A。C5A柱截面,从1层钢梁底面开始往下2500为止为十字形截面

图 4.29 柱截面图

［解说］

本设计例的钢柱虽然延伸至 B1 层，但是 B1 层的构件截面计算按钢筋混凝土构件进行。因此，从箱形钢柱到十字形的转换只考虑轴力的传递。将钢柱延伸至 B1 地下层，是因为考虑到钢构件的施工性。

组装箱型截面柱采用内连接隔板形式，梁的弯矩会在柱的板厚方向产生拉应力，因此柱采用 JIS 规格 SN490C 钢材，内连接隔板采用 SN490B 钢材。但是，如果采用梁贯通形连接隔板形式时，在连接隔板的板厚方向上会发生拉应力，因此连接隔板需采用 SN490C 钢材，但此时的柱材质可以选择 SN490B 钢材。

柱脚底板通常也会在板厚方向上发生拉应力，因此一般会采用 SN490C 钢材。但在本设计例中不考虑 B1 层的柱脚设计强度，因此采用 SN490B 形材。

JIS 规格中对材质为 ABR 和 ABM 的锚拴组件进行了规定，内容包括锚杆、垫片和螺母等，这时锚拴不能采用端部弯钩或弯曲的锚固方法。因此，若要采用端部弯钩或弯曲的锚固方法时，锚拴的材质可选用 SNR 或者一般结构用钢材 SS 钢材。

7. 主梁截面图

主梁截面表(S)

符号	GX1		GX2		GX3	
位置	端部	中央	端部	中央	端部	中央
R	SH-650×250×12×19	SH-650×200×9×19	SH-650×250×12×19	SH-650×200×9×19	SH-650×250×12×19	SH-650×200×9×19
8	↕	↕	↕	↕		
7	SH-650×250×12×19	SH-650×200×9×19			SH-650×250×12×19	SH-650×200×9×19
6	SH-650×250×12×22	SH-650×200×12×22	SH-650×250×12×19	SH-650×200×9×19	SH-650×250×12×22	SH-650×200×12×22
5	SH-650×250×12×25	SH-650×200×12×25	SH-650×250×12×22	SH-650×200×12×22	SH-650×250×12×25	SH-650×200×12×25
4	↕	↕	↕	↕		
3	SH-650×250×12×25	SH-650×200×12×25			SH-650×250×12×25	SH-650×200×12×25
2	SH-650×250×12×22	SH-650×250×12×22	SH-650×250×12×22	SH-650×200×12×22	SH-650×250×12×22	SH-650×200×12×22
备注						

符号	GX3A		GX4		一般事项
位置	端部	中央	端部	中央	如无标注则以下列为准:
R	—	—	—	—	1.钢材料:SN490B
8	SH-650×250×12×22	SH-650×250×12×22	—	—	2.SH:外尺寸固定规格H型钢
7	—	—	—	—	BH:焊接H型钢
6	—	—	—	—	3.圆柱头栓钉19∮200(L=100)
5	—	—	—	—	250≤B 250≤B 350
4	—	—	—	—	75 75
3	—	—	—	—	
2	—	—	SH-650×250×12×25	SH-650×200×12×22	
备注					

符号	GY1		GY2		GY3	
位置	端部	中央	端部	中央	端部	中央
R	BH-800×350×14×25	SH-800×300×14×22	SH-650×200×12×19		SH-800×300×14×22	SH-800×250×14×22
8	BH-800×350×14×22	SH-800×300×14×22	↕		SH-800×300×14×22	SH-800×250×14×22
7	BH-800×350×14×25	SH-800×300×14×25			SH-800×300×14×25	SH-800×250×14×25
6	BH-800×350×14×25	SH-800×300×14×25			↕	↕
5	BH-800×350×14×28	SH-800×300×14×25				
4	↕	↕	SH-650×200×12×19			
3	BH-800×350×14×28	SH-800×300×14×25	SH-650×200×12×22		SH-800×300×14×25	SH-800×250×14×25
2	SH-800×250×14×22	BH-800×200×14×22	SH-650×200×12×22		SH-800×250×14×22	SH-800×250×14×22
备注	3~RF的端部从柱心至3200为止,连接节点见详图				3~RF的端部从柱心至3200为止,连接节点见详图	

符号	GY3A	
位置	X1端	其他端部,中央
R	SH-650×250×12×25	SH-650×250×12×25
8	BH-650×200×12×19	SH-400×200×9×19
7	—	—
6	—	—
5	—	—
4	—	—
3	—	—
2	—	—
备注	见详图	

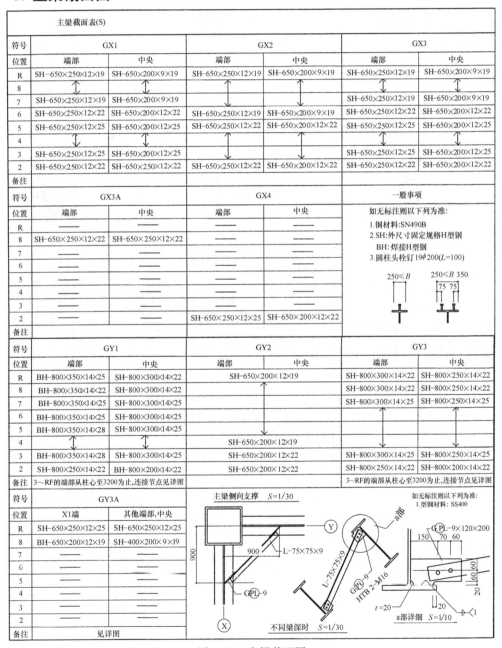

图 4.30　主梁截面图

8. H型钢拼接节点标准图

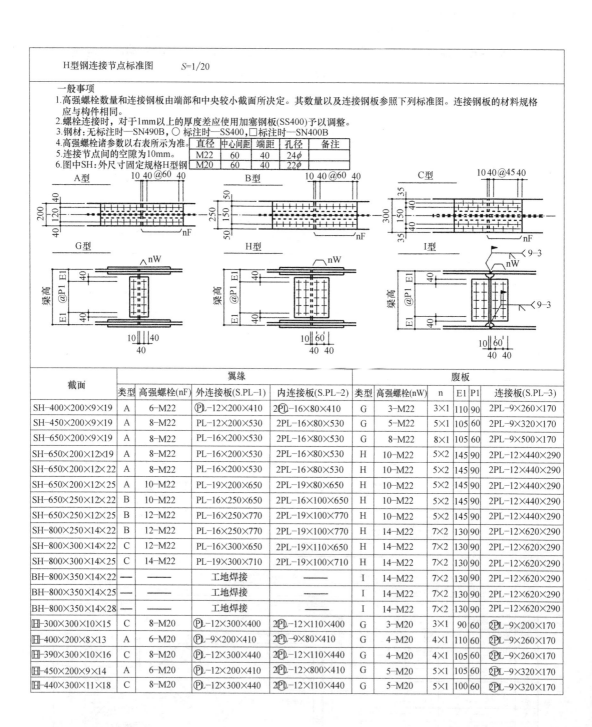

图 4.31 型钢螺栓拼接连接标准图

9. 次梁截面图

符号	断面	G.PL	H.T.B	@P1	备注	一般事项
悬臂主梁，次梁，悬臂次梁截面表				S=1/30 S=1/20 S=1/10		
CG1	SH－650×200×9×19	——	——	——	参照主梁连接节点标准图	
CG2	SH－650×250×12×22	——	——	——	参照主梁连接节点标准图	
CG3	H－300×300×10×15	——	——	——	参照主梁连接节点标准图	
b1	H－200×100×5.5×8	PL-6	2-M20	60		
b2	H－250×125×6×9	PL-9	3-M20	60		
b3	H－300×150×6.5×9	PL-9	3-M20	60		
b4	H－350×175×7×11	PL-9	4-M20	60		
b5	H－400×200×8×13	PL-9	4-M20	60		
b6	H－390×300×10×16	PL-12	4-M20	60		
b7	H－450×200×9×14	PL-12	5-M20	60		
b8	H－440×300×11×18	PL-12	5-M20	60		
cb5	H－400×200×8×13	——	——	——	参照主梁连接节点标准图	
cb6	H－390×300×10×16	——	——	——	参照主梁连接节点标准图	
cb7	H－450×200×9×14	——	——	——	参照主梁连接节点标准图	
cb8	H－440×300×11×18	——	——	——	参照主梁连接节点标准图	
CG1A	BH－450×200×12×25	——	——	——	参照主梁连接节点标准图	
CG1B	SH－650×300×12×19	——	——	——	参照主梁连接节点标准图	

一般事项栏：

如无另行标注以下列为准：
1. 型钢材料：
   无标记　SN490B
   ◯ 标记　　SS400
   ☐ 标记　　SN400B
2. SH:外尺寸固定规格H型钢
3. 圆柱头栓钉 19φ-@200 (L=100)

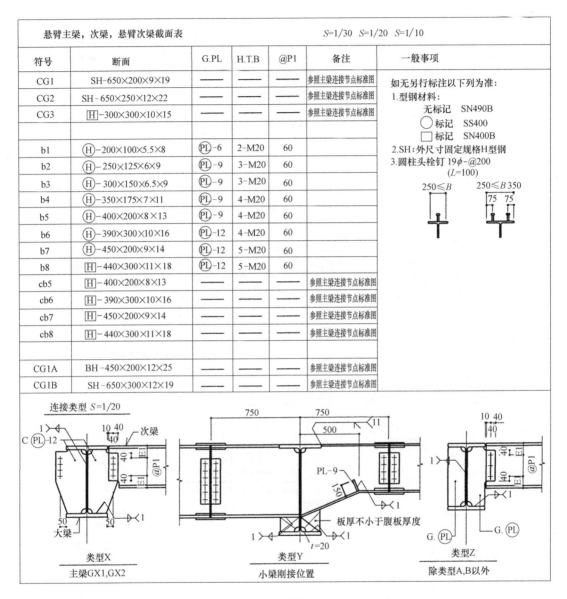

图4.32　次梁截面图

[解说]

连接类型 Y 是考虑到次梁的梁高不同时的详图。

10. 楼板截面图

楼板配筋图							
符号	板厚	位置	短边方向(主筋)		长边方向(主筋)		备注
			端部	中央	端部	中央	
DS1	150	上端筋	D13@200	←	D10,D13@200	←	
		下端筋	D10.D13@200	←	D10,D13@200	←	
S1	150	上端筋	D13@200	←	D10,D13@200	←	
		下端筋	D10.D13@200	←	D10,D13@200	←	
S2	150	上端筋	D13@200	←	D13@200	←	
		下端筋	D10.D13@200	←	D10,D13@200	←	
S3	200	上端筋	D16@200	←	D13@200	←	
		下端筋	D13@200	←	D13@200	←	
S4	200	上端筋	D16@200	←	D16@200	←	
		下端筋	D13@200	←	D13@200	←	
CS1	150	上端筋	D13@200	←	D13@200	←	
		下端筋	D13@200	←	D13@200	←	
CS2	250	上端筋	D13@100	←	D13@200	←	
		下端筋	D13@200	←	D13@200	←	
CS3	250	上端筋	D13@100	D13@200	D13@100	D13@200	端部从主梁端开始
		下端筋	D13@200	←	D13@200	←	到1000为止
CS4	350~250	上端筋	D13@100	D13@200	D13@100	D13@200	起始端从Y4轴开始
		下端筋	D13@200	←	D13@200	←	

一般事项

如无另行标注以下列为准:
1. DS型楼板的平顶压型钢板如下。

L≤2.7m　t=1.0mm　　2.9m<L≤3.0m t=1.4mm　　*L为两端梁翼缘之间的间隔距离。
2.7m<L≤2.9m　t=1.2mm　　3.0m<L≤3.1m t=1.6mm　　*L超过3.1m时,应与监理方协商选用适当的板厚。

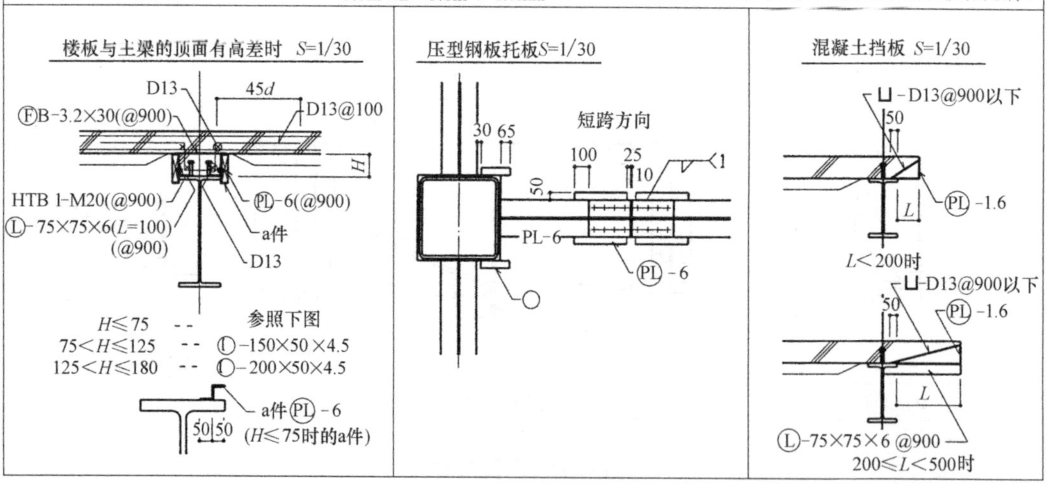

图 4.33　楼板配筋图

11. 梁柱节点标准图

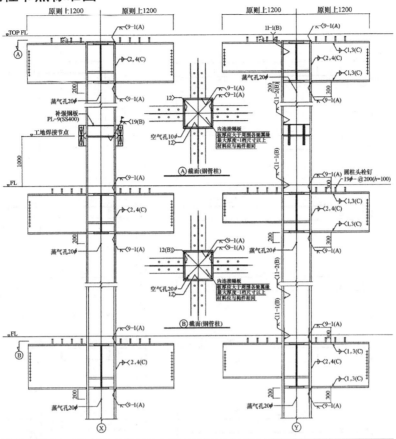

图 4.34 梁柱节点标准图

一般事项

1. 梁端全熔透焊接时使用立体引熄弧板(非钢制),但是工地焊接时应选用引熄弧板,焊接完成后应切断形成平滑的外形。引熄弧衬板的形状以及材料必须在施工计划书中明确记载,并得到监理方的同意。

2. 使用焊条YGW-18时,只能采用俯视焊接的姿势,并且热输入不能小于20kJ/cm。

3. 栓钉焊接、压型钢板的角焊以及工地临时构件用的角焊的位置必须距离全熔透焊接位置150mm以上,同时满足6t以上的要求。

4. H型钢梁的无过焊孔式的翼缘坡口加工时,机械处理须保留翼缘腹板连接处的圆弧部分。

5. 柱以及梁采用角焊时,须进行可期待有金属热处理效果的2道以上的焊接。

6. 对于主梁端部腹板的过焊孔,如果过焊孔底半径r=10的部分不够平整的话,应进行打磨处理。

7. 焊接热输入以及道间的温度管理须满足下列各项设计要求。
管理细则应该明确记录在施工计划书,并且取得监理方的认可。在制定管理细则时,应参照东京都建筑士事务所协会编写的《建筑结构设计指针2001》的12-8-2节有关钢结构等建筑工程的东京都的各项规程,以及焊接学会建筑钢结构焊接特别研究委员会编写的《关于建筑钢结构的焊接热输入以及道间温度管理的管理方法》等文献,充分协商后决定并获得结构设计方的同意。

部位	设计要求事宜	类型
1层柱底端部的柱翼缘的全熔透焊缝	发生塑性铰部位	A
固接于梁的底柱柱脚柱翼缘的全熔透焊缝		
顶层柱顶端部的柱翼缘的全熔透焊缝		
除SRC梁外的主梁端部的梁翼缘的全熔透焊缝		
H形钢横柱的柱头、柱脚的柱翼缘的全熔透焊缝		
除以上所述的全熔透焊缝	在弹性极限范围内	B
部分熔透焊缝以及角焊缝	在弹性范围内	C

[解说]

在结构设计总说明里记载的内容将直接影响工程造价,所以必须仔细斟酌。

12. 钢结构框架构造详图

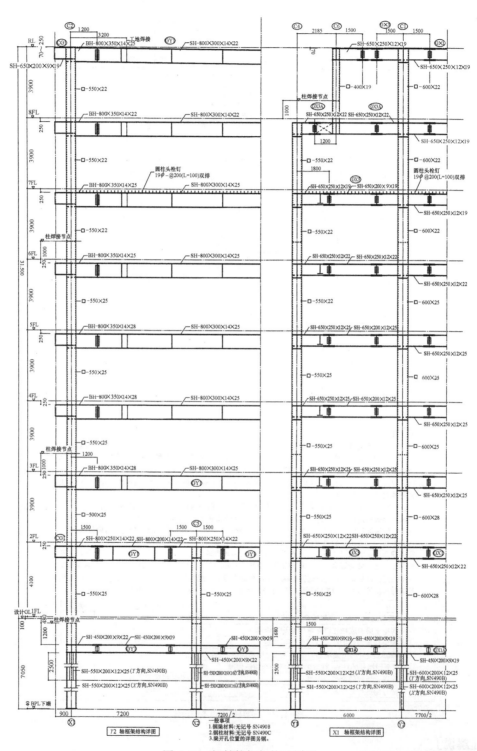

图 4.35　钢结构框架构造详图

中日英主要词汇对照一览表

中文	[日文]	[英文]
一般结构用轧制钢材（SS 钢材）	[一般構造用圧延鋼材（SS 材）]	[rolled steel for general structure (SS steel)]
全熔透焊接	[完全溶込み溶接]	[full penetration weld]
基准强度（F 值）	[基準強度（F 値）]	[design strength (F value)]
设计路径	[計算ルート]	[design route]
建筑结构用轧制钢材 （SN 钢材）	[建築構造用圧延鋼材（SN 材）]	[rolled steel for building structure (SN steel)]
加工图	[工作図]	[shop drawing]
刚性楼板假定	[剛床仮定]	[rigid floor assumption]
结构计算妥当性判定	[構造計算書適合性判定]	[structural calculation conformity judgment]
屈强比（YR）	[降伏比]	[yield ratio]
高强螺栓摩擦连接	[高力ボルト摩擦接合]	[high-tension bolt friction joint]
晃动	[スロッシング]	[Sloshing]
脆性破坏	[脆性破断]	[brittle fracture]
切削螺纹	[切削ねじ]	[cut threads]
正面角焊	[前面隅肉溶接]	[frontal fillet weld]
侧面角焊	[側面隅肉溶接]	[side fillet weld]
耐火钢材（FR 钢材）	[耐火鋼材（FR 鋼）]	[fire resistant steel (FR steel)]
抗震性能选项表	[耐震性能メニュー]	[seismic performance menu]
长周期地震波	[長周期地震動]	[long-period ground motion]
压型钢板	[デッキプレート]	[steel deck plate]
旋造螺纹	[転造ねじ]	[rolled threads]
部分熔透焊	[部分溶け込み溶接]	[partial penetration weld]
保有耐力连接	[保有耐力接合]	[held yield strength joint]
抗震性能目标	[目標耐震性能]	[target seismic performance]
焊接结构用轧制钢材（SM 钢材）	[溶接構造用圧延鋼材（SM 材）]	[rolled steel for welding structure (SN steel)]
冷成型方钢管（BCP，BCR）	[冷間成形角形鋼管]	[cold-formed rectangular steel tube (BCP, BCR)]
外露式柱脚	[露出柱脚]	[exposed column-base]
D 值法	[D 値法]	[D value method]
自振周期	[固有周期]	[natural period]
设计荷载	[仮定荷重]	[design load]
开孔加固	[貫通補強]	[reinforcement for beam web opening]
容许应力设计法	[許容応力度設計法]	[allowable stress design method]
桩承载力	[杭支持力]	[bearing capacity of pile]
组合应力	[組合せ応力]	[combined stress]
刚域	[剛域]	[rigid zone]
刚度增大系数	[剛性増大率]	[stiffness amplification coefficient]
组合梁	[合成梁]	[composite beam]

刚度比	［剛性率］	〔stiffness ratio〕
结构层高	［構造階高］	〔structural story height〕
恒荷载	［固定荷重］	〔dead load〕
地震层间剪力	［地震層せん断力］	〔seismic story shear force〕
地震层间剪力系数	［地震層せん断力係数］	〔seismic story shear force coefficient〕
地震作用	［地震荷重］	〔seismic load〕
场地地基种类	［地盤種別］	〔ground classification〕
振动特征系数	［振動特性係数］	〔vibration characteristic coefficient〕
活荷载	［積載荷重］	〔live load〕
雪荷载	［積雪荷重］	〔snow load〕
层间位移角	［層間変形角］	〔inter-story drift angle〕
地区系数	［地域係数］	〔zoning factor〕
柱脚的转动刚度	［柱脚の回転剛性］	〔rotational stiffness of column base〕
柱梁的承载力之比	［柱梁耐力比］	〔strength ratio of column to beam〕
节点域	［パネルゾーン］	〔panel zone〕
宽厚比	［幅厚比］	〔width-thickness ratio〕
标准剪力系数	［標準せん断力係数］	〔standard story shear force〕
风荷载	［風荷重］	〔wind load〕
构件表面位置的内力	［フェース応力］	〔face position stress〕
偏心率	［偏心率］	〔eccentricity〕
楼板振动	［床振動］	〔slab vibration〕
侧向支承	［横補剛］	〔lateral support〕
容许应力	［許容応力度］	〔allowable stress〕
吊车梁	［クレーンガーダ］	〔crane girder〕
吊车荷载	［クレーン荷重］	〔crane load〕
屈曲后的稳定承载力	［座屈後安定耐力］	〔post-buckling strength〕
失稳计算长度	［座屈長さ］	〔buckling length〕
动力系数	［衝撃係数］	〔impact factor〕
节点弯矩分配法	［節点振分け法］	〔joint distribution method〕
吊车	［クレーン］	〔crane〕
辅助桁架	［背面構］	〔back truss〕
制动梁	［バックガーダー］	〔back girder〕
疲劳	［疲労］	〔fatigue〕
保有水平耐力	［保有水平耐力］	〔horizontal load capacity〕
轨道支承梁	［ランウェイガーダー］	〔runway girder〕
建筑物高宽比	［アスペクト比］	〔aspect ratio〕
热轧 H 型钢	［圧延 H 形鋼］	〔rolled H-shaped steel〕
内连接板	［内ダイアフラム］	〔inner diaphragm〕
内尺寸统一热轧 H 型钢	［内法一定圧延 H 形鋼］	〔rolled H-shaped steel with uniform inner-dimension〕
电渣焊焊接	［エレクトロスラグ溶接］	〔electroslag welding〕

推覆分析法	［荷重増分解析］	﹇load incremental analysis﹈
自动焊接	﹇自動溶接﹈	﹇automatic welding﹈
结构特性系数 D_s	［構造特性係数］	﹇structural characteristics factor﹈
高炉钢	［高炉材］	﹇blast furnace steel﹈
振型分析	［固有値解析］	﹇eigenvalue analysis﹈
公差值	［寸法公差］	﹇dimensional tolerance﹈
塑性化	［塑性化］	﹇plastification﹈
塑性铰	［塑性ヒンジ］	﹇plastic hinge﹈
外连接板	［外ダイアフラム］	﹇external diaphragm﹈
外尺寸统一热轧 H 型钢	［外法一定圧延 H 形鋼］	﹇rolled H-shaped steel with uniform outer-dimension﹈
电炉钢	［電炉材］	﹇electric arc furnace steel﹈
贯通形式连接板	［通しダイアフラム］	﹇through-diaphragm﹈
结构设计总说明	［特記仕様書］	﹇structural design specifications﹈
箱形柱	［箱形断面柱、BOX 柱］	﹇box section column﹈
梁穿孔	［梁貫通］	﹇beam penetration﹈
所需保有水平耐力	［必要保有水平耐力］	﹇required held horizontal yield strength﹈
风压力	［風圧力］	﹇wind pressure﹈
破坏机制	［崩壊メカニズム］	﹇failure mechanism﹈
焊接 H 型钢	［溶接組立 H 形断面］	﹇welding built-up H-shaped section﹈
焊接箱型截面柱	［溶接組立箱形断面柱、ビルト BOX ］	﹇welding built-up box section column﹈
热镀锌	［溶融亜鉛めっき］	﹇hot dip galvanizing﹈